...RICLES

ÉTUDE PRATIQUE

DE CULTURE GÉNÉRALE

PAR

A. GODIN

Ancien Sous-Directeur de Ferme-École
de Colonie agricole pénitentiaire
de la Société d'agriculture d'Orléans, etc.

PARIS

LIBRAIRIE SCIENTIFIQUE, INDUSTRIELLE ET AGRICOLE

EUGÈNE LACROIX, IMPRIMEUR-ÉDITEUR

LIBRAIRE DE LA SOCIÉTÉ DES INGÉNIEURS CIVILS

54, RUE DES SAINTS-PÈRES, 54

1869

GUIDE PRATIQUE

D'AGRICULTURE GÉNÉRALE

Imprimerie Polytechnique de E. LACROIX, à St-Nicolas-de-Port (Meurthe).

BIBLIOTHÈQUE DES PROFESSIONS INDUSTRIELLES ET AGRICOLES

SÉRIE II, No 1

GUIDE PRATIQUE

D'AGRICULTURE GÉNÉRALE

PAR

A. GOBIN

Professeur de zootechnie, ancien Sous-Directeur de Ferme-École
ancien Directeur de Colonie agricole pénitentiaire
Membre correspondant de la Société d'agriculture d'Orléans, etc.

PARIS

LIBRAIRIE SCIENTIFIQUE, INDUSTRIELLE ET AGRICOLE

Eugène LACROIX, Imprimeur-Éditeur

LIBRAIRE DE LA SOCIÉTÉ DES INGÉNIEURS CIVILS

54, RUE DES SAINTS-PÈRES, 54

1869

INTRODUCTION

On a longuement discuté, il y aura vingt ans bientôt, la question assez futile de savoir si l'agriculture
était un *art*, une *science* ou un *métier* ; c'était viser
trop haut ou trop bas : l'agriculture, reposant presque exclusivement sur des données variables, privée
de bases fixes, formée d'axiomes essentiellement re-
latifs, ne saurait constituer une science, et là où la
science fait défaut, il ne peut y avoir d'art, celui-
ci ne pouvant être que l'application des données de
celle-là.

Longtemps, bien longtemps, depuis l'origine de
l'homme jusqu'à la fin, tout au moins du siècle dernier, on ne saurait contester que l'agriculture ait
été autre chose qu'un métier; mais elle a pris sa
part et sa bonne part dans la restauration encore
inachevée des sciences physiques et naturelles, et,
grâce aux savants d'abord, aux hommes éclairés
et dévoués ensuite, elle a pris rang parmi les autres
industries. C'est beaucoup, déjà; c'est assez pour
le présent même ! Ne demandons à chaque siècle
que ce qu'il nous peut donner et laissons le progrès

continuer sa marche en l'aidant de toutes les forces de notre intelligence et de notre cœur.

Faire de l'agriculture une science ou un art, c'était l'abaisser aux yeux de notre génération qui cherche avant tout les résultats financiers ; en faire une industrie, c'est lui rendre le rang qui lui revient dans la production générale, le titre en vertu duquel elle a droit à l'encouragement et au respect de tous. C'est en prouvant qu'elle est une industrie, et surtout une industrie lucrative, que l'agriculture attirera à elle les intelligences et les capitaux. Or, cette preuve nous semble avoir été déjà surabondamment fournie par l'institution des primes d'honneur dans nos concours régionaux. Plus de cinq cents noms inscrits au livre d'or de la noblesse agricole, constatent qu'un homme intelligent, instruit et habile, peut sans crainte confier à la terre sa fortune, le patrimoine de ses enfants, l'avenir de sa famille.

Elle est la première de toutes les industries, la base de la puissance et de la prospérité des États, non pas seulement parce qu'elle fournit à l'homme les aliments de première nécessité : le pain, le vin et la viande, non pas seulement parce qu'elle offre aux manufactures et au commerce une incommensurable masse de matières premières, mais encore et surtout parce qu'elle exige une instruction spéciale et complète, des connaissances étendues et je dirai presque générales, parce qu'enfin elle suppose un jugement droit, un coup d'œil sûr, une persévérance iné- branlable. Soumise comme les autres industries aux

perturbations des marchés, aux révolutions commerciales ou politiques, aux crises financières et industrielles, elle est encore en lutte constante avec les saisons, avec les éléments, avec les fléaux. Cela est banal
à force d'avoir été répété sur tous les tons, mais on
ne l'a pas toujours compris.

Les vainqueurs de nos luttes agricoles, les élus
entre tant d'autres, ont dû, sans exception, leurs
succès à ce qu'ils ont suivi dans leur marche les
principes d'une saine économie, se faisant fermiers
quand ils ne pouvaient être propriétaires, gagnant
souvent avec le sol le capital nécessaire pour acquérir ensuite le domaine ; c'est que n'ayant pas craint
de resteindre l'étendue cultivée pour pouvoir lui
appliquer un capital plus considérable, ils ont pu améliorer rapidement, mais prudemment, leur sol, afin de
n'obtenir que des récoltes pleines et assurées ; c'est
qu'ils ont su étudier les modifications qu'apportaient
dans la consommation et les débouchés, l'extension
des voies ferrées, la législation nouvelle, les besoins
du commerce et les mœurs modernes ; c'est qu'ils
ont su, dans une sage mesure, suppléer au déficit de
la main-d'œuvre par des machines vraiment économiques, appliquer les lois de la division du travail
dans la production, celles de la physiologie et de l'hygiène dans l'alimentation et l'élevage du bétail, contrôler enfin toutes leurs opérations par une comptabilité rigoureuse.

Il faut savoir tout cela, en effet, pour être agriculteur, et bien d'autres choses encore, vraiment ; et

ces choses ne s'apprennent guère tout seul et dans les villes. Jupiter a voulu que la culture des champs fut un rude labeur :

> .... Pater ipse colendi
> Haud facilem esse viam voluit..... (Virg. *Géorg.*).

S'il n'est pas indispensable que l'agriculteur puisse disserter comme Pic de la Mirandole : *de omni re scibili*, il n'en doit pas moins connaître toutes les sciences naturelles dans leurs applications diverses à la production animale et végétale : physique et météorologie, géologie et minéralogie, chimie organique et inorganique, physiologie animale et végétale, afin d'étudier le climat, le sol et les engrais, la végétation des plantes, l'élevage et l'engraissement des animaux ; il est bon encore et toujours qu'il possède l'économie politique afin d'apprécier les modifications que devront apporter à la valeur des denrées et aux débouchés les alliances des peuples, la législation, les progrès industriels, l'administration intérieure. Je ne parle pas des sciences mathématiques qui doivent être la base de toute instruction. Lorsqu'il aura acquis et digéré ce volumineux bagage scientifique, bien des choses lui manqueront encore qui toutes peuvent se résumer dans ce mot : l'expérience ; puis un don naturel, la rectitude de jugement et la sûreté de coup d'œil.

C'est beaucoup demander sans doute, et bien des agriculteurs, ne manquera-t-on pas de répondre, se sont embarqués dans de vastes exploitations agricoles,

sans toutes ces connaissances, et ils ont su néanmoins conduire leurs vaisseaux à bon port. D'autres,
peut-être, qui réunissaient toutes les conditions de
réussite, ont échoué. Mais si, d'un côté, Pascal enfant réinventait les mathématiques, d'un autre, tous
les premiers prix des Conservatoires ne deviennent
pas des Rossinis, et bien souvent, il serait facile de
dire pourquoi tel a réussi et tel autre a échoué.

De toutes les définitions qu'on a données de l'agriculture, je n'en vois point de plus simple et à la fois
de plus juste que celle-ci : *C'est une industrie qui a
pour but, tout en améliorant le sol, d'en tirer le produit net le plus élevé.* C'est le droit de l'homme,
c'est le devoir du père de famille et du citoyen. Elle
est conforme aux lois de la nature, de la science et
de l'économie politique, en un mot, aux progrès de
la civilisation.

Il y a loin de là, à coup sûr, à l'agriculture des premiers temps, à celle des contrées neuves encore, à celle
des pays arriérés ; il y a, en effet, toute la distance
qui sépare l'homme actuel de son berceau, vingt et
un siècles au moins d'ignorance et de barbarie, de luttes et d'oppression. Ce n'est que d'hier, pourrait-on
dire, qu'on a reconnu les droits de la terre jusque-là
traitée comme une marâtre ; ce n'est que d'hier
qu'est née cette importante question des instruments
et des engrais. C'est que, à côté de chaque homme,
il faut faire croître un pain, et qu'en échange du blé,
l'homme doit donner sa sueur au sol ; c'est que nos
sociétés actuelles, avec leurs besoins multiples, lais-

sent peu de bras disponibles pour la culture, et qu'il
y faut suppléer par les instruments, le bétail et bientôt même la vapeur.

Il y a quelques cinquante ans, on eût volontiers conduit à la mer le fumier des étables d'Augias : aujour-
d'hui, on traite notre agriculture de *vampire*, on
explore les îles désertes pour y chercher le guano,
on parcourt les anciens champs de bataille pour y
recueillir les ossements de nos ancêtres, on sonde les
entrailles de la terre pour y chercher des gisements
d'engrais minéraux. Mais aussi, quels progrès ! un
chiffre les renferme tous : depuis cinquante ans à
peine, le produit moyen de l'hectare de blé, en
France, a doublé, et, ô miracle, après tant de disettes, nous venons de traverser une période de crise,
de crise d'abondance !

J'ai confiance que la France ne périra pas de
pléthore, la production se réglera sur la consommation et les débouchés ; la valeur des denrées agricoles se nivellera ; les prix de revient s'abaisseront,
et nous verrons encore s'accroître la mesure du
bien-être général, but de tout progrès, la prospérité
des manufactures et du commerce, la grandeur de
notre patrie, et la fertilité de notre territoire. Tout
est prêt, en avant ! « All right, Forward ! »

GUIDE PRATIQUE
D'AGRICULTURE GÉNÉRALE

CHAPITRE PREMIER

CONSIDÉRATIONS GÉNÉRALES SUR L'ATMOSPHÈRE ET LES CLIMATS

Il est indispensable au cultivateur d'acquérir des notions au moins générales sur l'atmosphère dans laquelle doivent vivre les plantes qu'il fait spéculation de produire, et les météores qui, influant plus ou moins sur la végétation, peuvent modifier les circonstances de la production; le manufacturier qui fabrique sous des ateliers couverts, à l'abri des influences atmosphériques a, en outre, tous les moyens de choisir le milieu dans lequel il fait manipuler sa matière première; il peut même choisir, et jusqu'à un certain point, modifier l'air au milieu duquel il conserve, transforme et emmagasine, soit ses matières premières, soit ses produits; il peut faire artificiellement le froid et le chaud, la lumière ou l'obscurité, la sécheresse ou la fraîcheur; il suffit, pour cela, de monter au grenier ou de descendre à la cave, de diminuer ou de multiplier les ouvertures, de chauffer ou de ventiler; une fois qu'il s'est assuré, auprès d'une bonne compagnie contre l'incendie, il peut dormir tranquille, il ne court plus que des chances commerciales.

Il n'en est pas de même du cultivateur qui fait, lui, profession de produire, en plein air, des êtres organisés, plantes ou bestiaux ; qui doit chaque jour, accepter le temps tel qu'il lui vient, favorable ou nuisible ; qui peut parfois voir une partie de ses récoltes détruite entièrement en une nuit par la gelée, en une heure par la grêle, en un hiver par le déchaussement, en un printemps par une sécheresse, en tous temps par un ouragan, une inondation, un bouleversement des saisons ; son bétail lui-même lui peut être enlevé en peu de jours par des maladies contagieuses simplement enzootiques. Il peut s'assurer contre la grêle et l'incendie, mais qui osera le garantir contre les autres fléaux ?

Les seul moyens qu'il ait de s'en garantir partiellement, c'est de placer chacun de ses produits dans les circonstances normales de son existence, d'enrichir assez son sol pour que les plantes puissent promptement réparer le dommage que leur auront causé les dérangements atmosphériques ; d'entretenir son bétail en santé et en produit par un régime sagement calculé au point de vue de l'hygiène ; de modifier enfin les propriétés physiques et chimiques du sol pour le rendre plus favorable à la végétation de ses cultures, à la santé de son bétail. Un temps viendra sans doute où l'homme s'avisera de faire circuler dans le sol de l'air frais ou chaud, sec ou humide, comme il y fait circuler déjà les engrais liquides ; où non-seulement il saura prévoir les changements du temps et la chute de la pluie, mais encore où il pourra soutirer des nuages l'eau et l'électricité, attirer ou éloigner les grêles désastreuses. Mais ce sont là des horizons lointains, que les progrès sientifiques nous permettent de deviner, que l'avenir réserve seulement à nos arrière-neveux.

Jusqu'à ce moment, il nous faut nous borner à à agir d'une manière générale sur le climat qui nous régit, d'abord par une distribution raisonnée de nos cultures, puis par le reboisement ou le déboisement, enfin par l'observation des lois naturelles qui régissent la vie des plantes et celle des animaux.

§ 1er. L'air, la lumière, l'électricité.

L'air est le fluide gazeux qui entoure notre globe sur une épaisseur de 70 à 75 kilomètres Il est élastique, pesant, incolore quand il est vu sous une faible épaisseur, bleu lorsqu'il est réuni en grande masse et qu'il reçoit la lumière du soleil. Ce fluide gazeux a une composition peu variable, quant à ses éléments primordiaux qui sont les suivants :

	En poids.	En volume.
Oxygène....	2,301 parties	20,81 parties.
Azote	7,699 —	79,19 —

L'*oxygène* et l'*azote* sont ici à l'état de simple mélange, et non de combinaison ; le premier diminue de proportion dans les climats chauds et s'élève un peu dans les pays froids (de 20,3 à 21,9 0/0 en volume) ; l'azote diminue ou augmente dès lors dans des proportions inverses. On trouve encore dans l'air de 4 à 6 dix-millièmes environ d'*acide carbo-*

nique, un peu plus dans les grandes villes, près des foyers de combustion et de fermentation, un peu moins en pleine campagne. Cet acide carbonique provient, outre les deux sources que nous venons d'indiquer, de la respiration des plantes et des animaux, du sol, des éruptions volcaniques, etc. Dès que la proportion de ce gaz dans l'air a atteint un centième, il devient irrespirable. Mais l'agitation continuelle de l'atmosphère par les courants aériens, rend sa composition à peu près invariable.

On y rencontre constamment aussi de l'*ammoniaque* en proportion variable (de 2 à 478 centièmes de milligramme par mètre cube, soit 20 grammes à 3 kilog. 680 par million de kilogrammes d'air). Les météores aqueux, pluie, neige, rosée, brouillards, etc., dissolvent une partie de cette ammoniaque qu'elles entraînent dans le sol. Elle provient des exhalaisons volcaniques, de la combustion et de la décomposition, à la surface du sol, des matières organiques. Un autre gaz, l'*iode*, se rencontre constamment aussi dans l'air, et M. Châtin a constaté dans l'atmosphère de Paris, la présence de un cinquantième à un deux cent cinquantième de milligramme de ce gaz qu'on retrouve d'ailleurs dans les eaux pluviales ou courantes.

On retrouve toujours encore, dans l'air, une certaine quantité d'*eau* sous forme gazeuse, à l'état de vapeur, en proportion variable de (6,1 à 10,18 0/0 en volume), selon la température atmosphérique. C'est cette vapeur d'eau qui, en se condensant, sous l'influence de certaines circonstances, produit la pluie et alimente les sources, les rivières, les océans, auxquels la reprendront les rayons solaires qui la vaporiseront de nouveau. Enfin, l'air renferme encore, dans certains cas, des principes organiques fermen-

tescibles et infectieux qu'on divise en *miasmes*, émanations provenant directement du corps des animaux
et dues tant à l'exhalation cutanée et pulmonaire qu'à
la putréfaction des résidus et des matières excrémen-
tielles de tout genre qui accompagnent leur présence ;
et *effluves*, émanations provenant de la décomposition
et de la fermentation des matières végétales abondantes dans les marais, au bord des étangs peu profonds,
sur les terres inondées, sur celles récemment défrichées et à sous-sol imperméable. Les miasmes et les
effluves sont plus abondants et plus dangereux
sous les climats chauds que sous ceux tempérés,
pendant les chaleurs de l'été que durant les froids
de l'hiver. Les uns et les autres peuvent produire des
maladies fébriles sporadiques ou contagieuses, et on
se préserve de leur action nuisible en plaçant son
habitation et celle des animaux sur des hauteurs,
comme dans la Bresse, ou en entourant les fermes
de plantations d'arbres élevés, à feuillage abondant,
comme dans les marais de la Vendée.

L'air est pesant, avons-nous dit, et on a pu s'assurer que l'atmosphère pèse sur le sol et ses habitants
d'un poids moyen de 10336 kilogrammes par mètre
carré, pression qui se distribuant uniformément autour de nous et en tous sens, à l'intérieur comme à
l'extérieur, de bas en haut comme de haut en bas, se
fait équilibre à elle-même et n'a pas pour nous d'effet
sensible. Elle diminue à mesure qu'on s'élève dans
l'air ou sur une montagne, et s'accroît à mesure qu'on
s'enfonce dans les entrailles de la terre. Ces variations nous servent, étant indiquées par un instrument
de physique appelé Baromètre, à mesurer les hauteurs et à prévoir les variations du temps.

La lumière est l'agent qui nous permet de reconnaître l'existence des corps par l'organe de la vue ;

elle les revêt de couleurs diverses qui nous permettent de les distinguer entre eux. Elle provient
d'une source unique, le soleil, qui la distribue aux
étoiles, aux planètes et à la terre où elle arrive, à
travers l'atmosphère, sous forme de rayons doués de
diverses propriétés. La lumière est non moins indispensable que l'air à la respiration, à l'accroissement,
au développement complet, en un mot, des plantes,
à la santé des animaux. Les végétaux qui en sont
privés s'étiolent, restent jaunes, poussent des tiges
minces et frêles autant que longues, des feuilles impropres à respirer, et ne donnent ni fleurs ni fruits.
Les plantes placées à l'ombre sont composées de tissus aqueux, dénuées de fibres résistantes, privées
des principes aromatiques et odorants qui les carac-
térisent quand elles croissent en plein soleil. L'obscurité rend les animaux faibles, mous, lymphatiques,
aptes à l'engraissement, mais détruit leur énergie et
les prédispose aux maladies anhémiques et ca-
chectiques.

L'électricité est un agent physique dont on ignore
encore la nature, et qu'on ne connaît que par les phénomènes auxquels il donne naissance. Les éclairs, la
foudre, sont des décharges électriques, et c'est en
partie à l'électricité qu'on rapporte la formation des
grêlons pendant les orages. L'électricité joue dans
la nature, comme la lumière, un rôle très-impor-
tant et exerce sur la végétation une influence qui
ne paraît pas douteuse. Certaines plantes surtout,
comme le sarrasin, paraissent notablement favorisées
dans leur croissance par sa présence dans l'atmosphère, et on a tenté, il y a une vingtaine d'années,
de soutirer le fluide électrique de l'air au profit du
sol, mais sans y avoir réussi d'une façon appréciable.
Elle semble contraire, d'un autre côté, à la féconda-

tion des plantes, ou du moins de certaines plantes, et un orage suffit souvent pour faire avorter la fructification d'un champ de sarrasin.

§ 2. La chaleur, le froid, la gelée, le dégel et la neige.

On désigne sous le nom de calorique l'agent invisible, intangible et impondérable qui produit en nous ou sur nous l'impression de la chaleur. Il y a pour notre globe deux sources normales de calorique : la chaleur interne du globe et les rayons solaires. La chaleur interne du globe, due à un foyer permanent de combustion dont le noyau de la terre est le centre, et dont les volcans sont les cheminées, élève la température à mesure que l'on s'enfonce sous la terre; mais elle est peu sensible à la surface; d'un autre côté, les rayons calorifiques du soleil ne pénètrent que peu profondément dans le sol, de sorte qu'à une profondeur de 25 à 30 mètres au-dessous de la surface du globe, la température varie peu dans les différentes saisons et est de 10 à 12° c.

Les rayons solaires échauffent plus ou moins le sol, selon l'angle d'après lequel ils le frappent, et aussi selon sa couleur. Plus les rayons tombent perpendiculairement, en été, par exemple, et plus ils communiquent de calorique à la terre ; en hiver, ils sont plus obliques et produisent moins de chaleur. Un sol de couleur brune (ferrugineux) ou noire (terreau de bruyère ou de tourbe) s'échauffe beaucoup plus vite et atteint une température beaucoup plus élevée qu'une terre blanche (craie) ou qu'une terre jaune (sable); cependant, il faut ici tenir compte de la grosseur des agglomérations siliceuses qui constituent le sol, et savoir qu'un sable à grains blancs, mais d'un certain diamètre et de forme cubique, s'échauffe plus qu'un terrain de sable à gros cailloux ou à particules très-fines ; de même aussi, un sol remué par les façons absorbera plus de calorique qu'un sol compacte.

Avant d'arriver à la terre, les rayons du soleil traversent notre atmosphère dont ils échauffent plus ou moins la couche qui nous environne. La température de l'air se mesure à l'aide d'un instrument de physique appelé Thermomètre et dont le plus connu et le plus usité en France est le thermomètre centigrade. Des observations faites deux, trois ou quatre fois par jour, on déduit la moyenne de température journalière, mensuelle, par saisons et annuelle. Renvoyant le lecteur au *Guide pratique de Physique, Météorologie et Géologie*, nous nous bornerons ici à indiquer la température moyenne par saisons et par an, des principales contrées du globe :

Lieux d'observation.	Contrée.	Printemps.	Été.	Automne	Hiver.	Année.
Madras.	Inde.	28°6 c.	30°2 c.	27°5 c.	24°8 c.	27°8 c.
La Havane.	Cuba.	24,6	27,4	25,6	22,6	25,0
Saint-Louis.	Sénégal.	21,4	27,6	28,2	21,1	24,6
Le Caire.	Egypte.	22,0	29,2	23,5	14,7	22,4
Canton.	Chine.	21,0	27,8	22,7	12,7	21,0
Alger.	Algérie.	17,2	25,1	21,4	16,8	19,6
Messine.	Italie.	16,4	25,1	20,7	12,8	18,7
Natchez.	Etats-Unis.	19,1	25,4	18,6	10,0	18,3
Smyrne.	Asie mineure	14,6	26,0	21,1	11,1	18,2
Gibraltar.	Espagne.	17,3	22,7	17,8	13,8	17,9
Constantine.	Algérie.	12,3	26,6	19,7	10,2	17,2
Buenos-Ayres.	Brésil.	15,2	22,8	18,1	11,4	16,9
Uszansk.	Sibérie.	14,7	9,2	23,9	38,4	16,6
Lisbonne.	Portugal.	15,5	21,7	17,0	11,3	16,4
Rome.	Italie.	14,1	22,9	16,5	8,1	15,4
Madrid.	Espagne.	14,2	23,4	13,7	5,6	14,2
Toulon.	France.	12,1	23,4	15,0	6,10	14,15
Marseille.	Id.	12,8	21,11	14,96	7,42	14,07
Venise.	Italie.	12,6	22,80	13,30	3,30	13,70

TEMPÉRATURE MOYENNE DE

Lieux d'observation.	Contrée.	Printemps.	Été	Automne.	Hiver	Année.
Montpellier.	France.	12°60	22°00	14°30	5°80	13°67
Agen.	Id.	13,71	22,42	12,28	6,20	13,65
Bordeaux.	Id.	13,60	21,60	13,50	5,60	13,58
Orange.	Id.	12,00	21,50	13,50	5,00	13,00
Nantes.	Id.	12,50	20,90	13,10	4,98	12,87
Milan.	Italie.	12,00	22,70	13,20	2,10	12,80
Angers.	France.	11,57	18,12	13,13	5,98	12,20
Lyon.	Id.	10,90	21,11	12,84	2,30	11,79
Vienne.	Id.	11,80	20,80	11,80	2,47	11,72
Turin.	Italie.	11,70	22,00	12,10	0,80	11,70
Poitiers.	France.	11,20	18,50	12,40	4,40	11,63
Mulhouse.	Id.	10,00	19,60	11,50	1,00	11,53
Pithiviers.	Id.	10,50	19,32	10,78	2,85	11,36
Dijon.	Id.	11,01	20,27	11,01	1,90	11,05
Paris.	Id.	10,30	18,10	11,20	3,30	10,73
Londres.	Angleterre.	9,50	17,10	10,70	4,20	10,40
Carslruhe.	Allemagne.	10,40	18,90	10,20	1,10	10,20
Bruxelles.	Belgique.	10,10	18,20	10,20	2,50	10,20
Strasbourg.	France.	10,00	18,30	10,00	1,10	9,85
Stuttgard.	Allemagne.	10,00	17,80	9,70	0,80	9,60
Dublin.	Irlande.	8,40	15,30	9,80	4,60	9,50
Gœttingue.	Allemagne.	»	17,60	•	0,60	9,10
Munich.	Id.	9,00	17,40	9,10	0,40	8,90
Hambourg.	Id.	8,00	17,00	8,80	0,30	8,60
Berlin.	Prusse.	8,00	17,30	8,80	0,80	8,60
Dresde.	Allemagne.	8,40	17,20	8,40	0,40	8,50
Jhovshavon.	Norwége.	5,60	12,20	8,20	4,30	7,50
Varsovie.	Pologne.	7,00	17,50	8,00	2,50	7,50
Utica.	Etats-Unis.	6,70	19,00	8,40	4,00	7,40
Tilsitt.	Prusse.	5,90	16,70	7,30	3,60	6,70
Stockolm.	Suède.	3,50	16,10	6,50	3,60	5,60
Christiania.	Norwége.	4,00	15,30	5,80	3,80	5,40
Moscou.	Russie.	6,30	16,80	1,60	10,30	3,60
Pétersbourg.	Id.	1,70	15,70	4,70	8,40	3,50
Saint-Bernard	Hospice.	2,00	6,10	0,40	7,80	1,00
Saint-Gothard.	Sommet.	2,70	6,70	0,00	7,60	0,80
Cap Nord.	Norwége.	4,60	1,30	6,40	0,10	0,10

Ce tableau, pourtant, ne résout pas toute la question des climats par rapport à la végétation ; un point plus important encore que la température moyenne des saisons, c'est le maximum de froid ou, si l'on veut, l'intensité des gelées.

On appelle froid la sensation produite sur les êtres organisés par un degré relativement moindre de chaleur, et non pas l'absence de chaleur ; c'est un degré plus ou moins abaissé de la température, et il se mesure comme la chaleur, au moyen du thermomètre. Le froid a la propriété de contracter les métaux, de resserrer leurs molécules, tandis que la chaleur les dilate, les éloigne au contraire. Les liquides, et particulièrement l'eau, font exception à cette règle : en passant à l'état de glace, c'est-à-dire en se congelant, en se cristallisant sous l'influence du froid, elle augmente de volume, avec une force expansive considérable. En pénétrant dans le sol, la gelée cristallise l'eau qui y est renfermée, et qui, en augmentant de volume, sépare, éloigne, soulève les molécules terreuses ; en pénétrant dans les plantes, elle y congèle les liquides circulatoires qui, en augmentant de volume, rompent les canaux séveux. Ainsi s'expliquent les désastres causés à la végétation, non-seulement par la gelée, mais encore par les dégels et les gelées successives.

Nous venons de voir le sol soulevé par la gelée ; dans ce mouvement, il entraîne avec lui les racines des plantes qui croissent à la superficie ; quand le dégel survient, les molécules terreuses retombent à leur place primitive, mais les racines ne redescendent point avec elles, parce que le dégel n'a lieu que par couches successives, en commençant par la superficie ; si l'on suppose plusieurs gelées et dégels alternant entre eux, on comprendra le phénomène du *déchaussement*, qui remonte complétement sur le sol et expose directement à l'air les racines longues de 0^m,08 à 0^m,15 de certaines plantes,

comme les céréales, les fourrages, les jeunes semis
d'arbres forestiers, les plantes potagères, etc. Quand
le sol est gelé profondément, qu'il survient un dégel
à la surface seulement, puis une nouvelle gelée, les
racines retenues à leur extrémité inférieure, sollici-
tées vers leur collet, se rompent violemment et la
plante meurt. Les sols humides et compactes (argileux), ceux à molécules cubiques (granitiques) ou
formés d'un humus abondant (tourbes et bruyères),
sont plus exposés au déchaussement que les terres
siliceuses à molécules rondes, celles caillouteuses,
celles enfin qui ne renferment que peu d'humidité.

Tous les végétaux ne souffrent pas également du
froid de l'hiver ; la nature, la composition chimique
de leur sève ne l'expose pas à se congeler aux mêmes degrés de froid ; les uns, comme le bouleau, le
froment, peuvent supporter des froids très-intenses ;
les autres comme la vigne, l'olivier, le colza périssent dès que le thermomètre descend à certains
points variables pour chacun d'eux. Les variétés
mêmes de certaines plantes appartenant à un même
genre, sont plus ou moins sensibles à divers degrés,
et il n'est point suffisamment prouvé qu'une acclimatation lente et successive puisse augmenter leur
force de résistance au froid.

Il n'en est pas de même des animaux, qui peuvent supporter, à peu près tous, les mêmes températures extrêmes que l'homme, sans danger pour
leur vie ; mais ils ressentent indirectement, par les
végétaux qui leur servent d'aliments, l'influence de
la chaleur et du froid. C'est ainsi que le bétail des
climats chauds donne peu de lait, a une peau épaisse
et un poil fin ; que celui des climats froids donne
peu de lait aussi, a également la peau épaisse et un
poil abondant et grossier. Ce n'est que sous les cli-

mats tempérés, chauds à la fois et humides, que
l'on rencontre des races laitières et d'engrais, à
peau fine et souple, de haute taille et de formes ac-
centuées. Il est vrai que, pour le bétail, on peut modifier artificiellement la température, et corriger
plus ou moins complétement l'influence directe du
sol.

En dehors du froid de l'hiver, il faut tenir note
encore d'un phénomène important par les désastres
qu'il cause trop souvent, les gelées de printemps.
Elles se produisent en avril et mai, et sont dues au
rayonnement du sol pendant la nuit. Elles congèlent
la sève renfermée dans les bourgeons déjà plus ou
moins complétement développés, les désorganisent,
anéantissant ainsi du même coup les fleurs et l'espoir
des fruits. Parmi les arbres forestiers, le bouleau, le
charme, le châtaignier, le chêne, le noyer, le noise-
tier ; parmi les arbustes, la vigne, les arbustes fruitiers, le mûrier ; parmi nos plantes cultivées, le
colza, le haricot, la betterave, le maïs, le lin, le
chanvre, etc., souffrent souvent de ces gelées qui
atteignent leurs bourgeons à feuilles ou à fleurs,
leurs tiges ou leurs cotylédons, retardent ou détruisent leur végétation. Pour la vigne et les arbustes
fruitiers, on se préserve de ces ravages en plaçant
un abri, toile ou paillasson au-dessus des plantes,
afin d'intercepter à la fois le rayonnement du sol et
l'impression directe des rayons solaires lorsque l'astre apparaît, le matin, à l'horizon.

La neige provient de la congélation des vapeurs
atmosphériques ; elle affecte la forme de cristaux
plus ou moins réguliers qui parfois s'agglomèrent
plusieurs ensemble. C'est, en général, avant et non
pendant les grands froids, qu'elle tombe à la surface
du sol comme pour lui fournir un abri naturel. L'eau

qui provient de sa fonte contient de l'ammoniaque qu'elle a dissous dans l'air, et une autre portion qu'elle a absorbée et fixée à la surface du sol. La neige tombe rarement, ou plutôt, elle persiste fort peu de temps sur la terre, dans les contrées voisines de la mer, sous les climats tempérés ; sur les hautes montagnes, elle se conserve souvent pendant toute l'année et forme des glaciers éternels.

§ 3. Les vents, les orages, la grêle.

Le vent est le résultat de la différence de température qui existe entre deux points plus ou moins étendus, et plus ou moins rapprochés, sur notre globe. L'air chaud, étant plus léger que l'air froid, tend à s'élever, tandis que l'air froid descend ; il ne tarde donc pas à s'établir, dans l'atmosphère, un courant inférieur d'air froid, et supérieur d'air chaud. Mais les portions en contact de ces deux courants, établissent peu à peu l'équilibre de leur température, en même temps que l'air chaud se refroidit au contact des espaces célestes ; il tend donc à redescendre et à se rapprocher de plus en plus du sol qu'il échauffe de toute la température qu'il a conservée. La direction de ces courants peut être modifiée pourtant par des abris naturels, de hautes montagnes ou de grandes plaines, par exemple, ou encore le voisinage de la mer.

Sous le climat vosgien, les vents dominants sont ceux du S.-O. et du N.-E.; sous le climat séquanien, ce sont ceux du S.-O.; sous le climat girondin, ce sont ceux de l'O., du N.-O. et du S.-E.; sous le climat rhodanien, ceux du N. et du S.; et enfin sous le climat provençal, ceux du N.-O. Les vents, qui ré-

sultent de l'inégale distribution de la chaleur dans
l'atmosphère, ont pour rôle de mélanger les diverses
couches de l'air, de diminuer les différences que
présenteraient les températures des continents et des
mers ; enfin, de répartir plus équitablement à tous
les climats, dans les diverses saisons, la somme de
chaleur développée par les rayons solaires à la surface du globe.

Le sol brûlant en été du désert africain appelé le
Sahara, détermine dans le bassin de la Méditerranée
et sous le climat provençal en France, un vent du
Nord presque constant, tandis qu'en hiver le sable
du désert rayonnant plus que la mer et se refroidissant plus vite qu'elle, donne presque constamment
naissance, pour la région indiquée, à un vent du Sud.
Dans le centre de la France, les vents du Sud-Ouest
sont plus communs en hiver, et ceux du Nord-Est
plus fréquents en été.

Suivant la contrée qu'ils ont traversée, suivant
leur température propre aussi, les vents sont chargés d'humidité, de vapeur d'eau, à un degré variable.
En France, les vents d'Ouest qui viennent de traverser l'Océan, sont plus humides en été ; les vents d'Est
sont plus humides en hiver. Malgré la moindre
quantité de vapeur que contiennent les vents du Nord,
ils sont souvent plus humides que ceux de l'Ouest,
parce que leur température est plus basse ; mais en
général, les vents du Sud et du Nord sont secs.

Les orages sont dus, les uns (orages d'été) à l'action
d'un courant ascendant, les autres (orages d'hiver) à
la lutte de deux vents opposés. Les orages ne se produisent d'ordinaire qu'autant que, le sol étant humide,
une cause quelconque vient déterminer une rapide
condensation des vapeurs et donner lieu à un développement considérable d'électricité. Les parties

supérieures de l'atmosphère sont, en général, chargées d'électricité positive, et la tension y augmente
à mesure qu'on s'élève ; la surface du globe, au contraire, est électrisée négativement. Les nuages ainsi
chargés d'électricité contraire s'attirent et se repous-
sent, se rapprochent et s'éloignent, et lorsque la
tension est devenue suffisante pour franchir les distances qui séparent les nuages l'un de l'autre ou les
nuages du sol, il se produit une décharge électrique,
l'éclair brille, la foudre tombe et le tonnerre retentit.
« Les orages, dit M. F. Zurcher, sont distingués par
« les météorologistes, en deux espèces : les uns se
« forment sur un point par une évaporation bornée
« à un espace circonscrit. Transportés par les vents,
« ils éclatent sur leur passage et finissent par s'é-
« puiser sans s'étendre en tous sens ; ce sont
« les *orages linéaires*. D'autres sont *rayonnants :* les
« nuages électriques, d'abord circonscrits, s'étendent
« autour d'eux en tous sens et parviennent à couvrir
« de vastes surfaces, parfois toute l'étendue d'un
« continent. » (*Biblioth. utile. — Les Phénom. de
l'atmosphère*, p. 116.)

On donne le nom de *grêle* à la chute de globules
plus ou moins sphériques formés par de l'eau congelée, et celui de *grêlon* à chacun de ces globules ;
lorsqu'ils sont très-durs et d'un faible volume, ces grêlons reçoivent le nom générique de *grésil*. La
chute des grêlons ou du grésil accompagne souvent
les orages ; dans ce cas, elle précède souvent la
pluie, l'accompagne quelquefois, mais ne la suit jamais et ne tombe en général que pendant quelques
minutes, temps suffisant pour détruire des moissons entières sur un espace plus ou moins étendu.
Elle tombe beaucoup plus fréquemment pendant le
jour que pendant la nuit, plutôt au printemps et en

hiver en France et en Angleterre, plus souvent en été en Allemagne et en Russie. Elle tombe aussi plus souvent dans les plaines étendues que sur les montagnes et les plateaux. Ce fléau est rare entre les tropiques, dans les plaines, mais commun sur les montagnes. Quoique presque tous les physiciens accordent à l'électricité une influence importante sur la formation de la grêle, cette question est encore fort obscure et les savants se partagent entre plusieurs théories[1]. On se préserve de la foudre en établissant des paratonnerres sur les bâtiments, mais la protection due à cet engin ne s'étend qu'à 20ᵐ de circonférence environ. On a essayé, mais sans succès reconnu jusqu'ici, de préserver les récoltes au moyen de paragrêles établis au milieu des champs et à des distances rapprochées ; on préserve les vignes et les arbres fruitiers des ravages de ce météore en les abritant de toiles ou de paillassons étendus au-dessus d'eux ; enfin, il est prudent de faire assurer les diverses récoltes, dans les pays souvent exposés à la grêle, par des compagnies d'assurances mutuelles ou à prime fixe.

§ 4. Le brouillard, la rosée, le serein, les gelées blanches.

Quand la vapeur d'eau tenue en suspension dans l'atmosphère se condense et devient visible, elle prend le nom de *brouillard* à la surface du sol et de nuage lorsqu'elle est à une certaine hauteur dans

---

[1] Voir *Guide pratique de physique, météorologie et géologie appliquées.* — Biblioth. des Profess. industr. et agric.

l'atmosphère. Le brouillard se compose d'une multitude de petites sphérules, probablement creuses, d'où vient le nom de vapeur vésiculaire qu'on lui a donné. Leur diamètre moyen est d'environ $0^m,0001865$, deux fois plus considérable en hiver qu'en été, d'autant plus ténu que la température est plus élevée. Si l'air est à la fois chargé de vapeurs d'eau et plus froid que le sol, il y a formation de brouillard ; c'est alors qu'on voit des vapeurs s'élever de la surface des rivières, des étangs, des marais et des sources. Les pays, tels que Terre-Neuve et l'Angleterre, où l'air est froid et humide en automne, en hiver et au printemps, tandis que la mer est relativement chaude à cause des courants équatoriaux, sont souvent enveloppés d'épais brouillards. La rencontre d'un vent chaud, chargé de vapeurs d'eau, avec un vent froid, produit souvent aussi du brouillard. L'odeur, parfois pénétrante et irritante des brouillards, s'explique par la proportion relativement élevée de gaz ammoniaque qu'ils renferment, surtout dans les grandes villes.

On nomme *rosée* les gouttelettes d'eau qui, pendant la nuit, se déposent sur les plantes et les autres corps à température très-basse, lorsque la température de l'air s'abaissant, il ne peut plus tenir en dissolution la même quantité de vapeur d'eau que pendant le jour. Pour que la rosée se produise, il faut que l'air soit calme et le ciel découvert ; ce n'est que dans ces circonstances, en effet, que les végétaux peuvent rayonner avec toute l'intensité nécessaire. Plus les corps ont la faculté de rayonner la chaleur, plus l'humidité se précipite abondamment à leur surface ; sa quantité est d'autant plus grande que moins de corps voisins peuvent restituer, en échange, la portion de calorique perdue. Ainsi, la

rosée est plus abondante sur les plantes que sur la
terre, sur du sable meuble que sur un sol compacte,
sur du verre que sur des métaux, sur les corps
munis de petites aspérités que sur ceux à surfaces
lisses ; elle est d'autant plus abondante encore que
l'air est plus chargé d'humidité, que le lieu d'observation est plus rapproché de la mer, que la température du jour précédent a été plus élevée. Elle est
inconnue dans les déserts de l'Afrique et de l'Asie.
Un abri qui s'oppose au rayonnement du sol ou
des plantes, placé près d'eux ou sur eux, empêche
la formation de la rosée. L'eau qui provient de cette
condensation des vapeurs atmosphériques renferme
une notable proportion d'ammoniaque sous forme
d'acide nitrique.

Le *serein* ou refroidissement humide de l'air, au
moment où arrive le crépuscule, n'est autre chose
que le commencement de ce phénomène de condensation des vapeurs atmosphériques rendu plus sensible par la transition brusque de la température
chaude de la journée, au froid résultant du rayonnement du sol et des plantes. L'air, en se refroidissant,
laisse tomber des particules très-ténues d'eau condensée.

La *gelée blanche* n'est qu'une rosée congelée sur
le sol dont la température est descendue au-dessous
de 0° c.; à mesure que le refroidissement augmente,
la gelée devient moins abondante. Elle peut se former aussi, lorsque, à la suite d'une longue série de
jours très-froids, un vent plus chaud élève la température de l'air presque jusqu'à 0° c.; on voit alors
les plantes, les arbres, les toits des maisons se couvrir de *givre*. La gelée blanche, comme la rosée, ne
se produit que lorsque le ciel est découvert et que
la terre et les plantes peuvent rayonner librement.

Un abri horizontal placé à 1^m,50 au-dessus du sol empêche le gelée blanche de se déposer sur les plantes qu'il recouvre, en les préservant du rayonnement vers le zénith. Les gelées blanches du printemps sont souvent fort nuisibles aux bourgeons déjà développés et qui se trouvent souvent désorganisés à la suite de la congélation et surtout d'un dégel trop rapide ; et comme le moment où elles sont le plus à redouter est le mois de mai, on en a accusé la lunaison de ce mois d'être la cause unique de ces ravages qu'elle ne favorise qu'indirectement en éclaircissant le ciel, lorsqu'elle arrive à la période de son plein ; on l'a baptisée la lune rousse, parce que les bourgeons atteints revêtent promptement cette couleur. On préserve plus ou moins complétement les champs et plantations de ces ravages en y allumant de distance en distance des feux destinés à produire une abondante fumée, afin d'intercepter, le matin, au lever du soleil, les rayons de cet astre qui viendraient, en frappant subitement les bourgeons, déterminer un dégel trop rapide. On peut encore arroser les arbres fruitiers d'eau très-froide, au moyen d'une pompe de jardin.

§ 5. Les nuages, la pluie.

Un *nuage* est un brouillard élevé, composé de petites sphérules pleines formées de vapeur condensée. Il peut se produire de diverses manières : tantôt, ce sont des vapeurs qui se produisent à la surface de la terre, sur les prairies et dans les lieux humides, au-dessus des forêts, sur les montagnes et les plateaux élevés, sous l'influence du refroidissement de l'air ; le premier vent qui souffle l'emporte dans l'atmosphère où il se dissout sous l'action calorifique du soleil levant. D'autres fois, il se forme au milieu de l'air lui-même par la condensation des vapeurs qui s'élèvent à une grande hauteur dans des couches d'air plus froides ou par la rencontre de deux vents humides, inégalement chauds. Souvent encore, un nuage élevé interceptant les rayons solaires devient le siége d'une active évaporation, et produit au-dessus de lui une seconde couche de nuages qui peut elle-même en produire une troisième, et ainsi de suite (Lecoq).

Quand les vésicules des nuages grossissent, elles deviennent plus lourdes que l'air qui les soutient, elles tombent et produisent ainsi la *pluie*. Si l'air est sec, elles s'évaporent en partie avant d'arriver au sol, et il tombe plus d'eau sur les montagnes que dans les plaines ; si, au contraire, l'air est humide, s'il est abondamment chargé de vapeurs, les gouttes d'eau dans leur chute les condensent autour d'elles, grossissent, et, dans ce cas, il tombe plus d'eau dans les plaines que sur les montagnes. Quelquefois, les gouttes de pluie arrivent congelées sur le sol, c'est ce qu'on appelle des giboulées ; si elles gèlent en touchant le sol seulement, elles forment du *verglas;* enfin, quand l'air est à une température voisine de 0° c., la pluie tombe sous forme de neige (§ 2).

L'influence des vents dans la production de la pluie est démontrée par toutes les observations qui ont été faites. Nous avons vu, en effet, qu'ils transportent les vapeurs d'un lieu plus chaud dans un autre plus froid. Dans nos climats, par exemple, le temps sec domine, soit lorsque l'atmosphère est tranquille, soit lorsque le même vent souffle depuis un long temps ; qu'au contraire, le vent change fréquemment et brusquement, de fortes ondées accompagneront presque toujours ce phénomène. Ainsi, les vents d'Ouest qui, pour nous arriver ont dû franchir l'Atlantique, nous amènent des pluies. Les brises de mer laissent très-souvent un dépôt d'humidité. Les vents qui poussent l'air dans les gorges de montagnes assez élevées et par conséquent froides, décident la formation de nuages, surtout si les arbres d'une forêt, en altérant l'humidité de l'air supérieur, favorisent le mélange des masses. Les vents du Nord sont secs, parce qu'ils sont froids et capables en s'échauffant de contenir plus de vapeurs ; le contraire a lieu pour ceux du Sud.

Entre les tropiques, la pluie a lieu avec une grande régularité ; lorsque le soleil est arrivé au Zénith, ces grandes pluies périodiques s'appellent *pluies équinoxiales*. Elles s'étendent de 12 à 15° hors de la ligne équinoxiale et elles ont lieu alternativement du côté du tropique du Cancer et du côté du tropique du Capricorne. Il y a sous ces climats deux saisons seulement : celle des pluies et celle des sécheresses. Dans l'Amérique du Sud, au nord de l'équateur, la saison des pluies commence vers la fin d'avril ; en Afrique, près de l'équateur, en avril ; dix degrés plus au nord, sur les bords du Sénégal, en juin et dure jusqu'en septembre. En Amérique, elles surviennent, à Panama, au commencement de mars ; à St-Vélas de Californie, au milieu de juin. A mesure qu'on s'éloigne de l'équateur, l'alternance régulière d'une saison de pluies avec une saison de sécheresse disparait ; ainsi, déjà sous la latitude de Madère, il pleut pendant toute l'année, et plus abondamment en hiver qu'en été, tandis que c'est le contraire entre les tropiques (Ch. Martins).

Dans les vastes plaines des continents, où de moins puissantes actions tendent à mélanger les couches d'air, et où l'évaporation ne suffit point à saturer l'atmosphère, il pleut plus rarement. Dans les pays de montagnes, au contraire, dans le voisinage des mers et des iles, les pluies sont plus fréquentes.

La quantité de pluie qui tombe annuellement de l'atmosphère en un même lieu est un élément météorologique dont la détermination est importante. Elle s'obtient avec précision à l'aide d'un instrument qu'on appelle udomètre, ombromètre ou pluviomètre (voir *Physique, Météorologie et Géologie appliquées*). Cette quantité est très-variable pour un même lieu suivant les iverses années qui se succèdent. Renvoyant le lecteur au volume précité pour les quantités moyennes de pluie par saison, le nombre de jours de pluie, etc., nous nous contenterons d'indiquer ici par le tableau suivant, la quantité moyenne annuelle de la pluie dans divers lieux du globe.

Lieux d'observation.	Pluie moyenne totale par an.
Upsal (Suède)	0^m,430
Bade (Allemagne)	0 ,460
Saint-Pétersbourg (Russie)	0 ,460
Londres (Angleterre)	0 ,530
Kinfaus (Écosse)	0 ,604
Chiswick (Angleterre)	0 ,625
Bruxelles (Belgique)	0 ,700
Genève (Suisse)	0 ,758
Delft (Allemagne)	0 ,763
Dunino (Écosse)	0 ,782
Oran (Algérie)	0 ,343
Bône (Algérie)	0 ,397
Béziers	0 ,449
Marseille	0 ,510
Toulon	0 ,513
Bourges	0 ,515
Paris	0 ,561
Poitiers	0 ,579
Metz	0 ,583
Alger (Algérie)	0 ,584
Venise (Italie)	0 ,810

Lieux d'observation.	Pluie moyenne totale par an.
Liverpool (Angleterre)	0 ,863
Zurich (Suisse)	0 ,870
Naples (Italie)	0 ,950
Lausanne (Suisse)	0 ,978
Rothesay (Écosse)	0 ,979
Berne (Suisse)	1 ,139
Gênes (Italie)	1 ,400
Calcutta (Inde)	2 ,050
Bombay (Inde)	2 ,080
Carfagnana (Inde)	2 ,490
Fernambuco (Brésil)	2 ,780
La Grenade (Antilles)	2 ,840
Le Cap (Saint-Domingue)	3 ,080
Toulouse	0 ,599
Nîmes	0 ,642
Cherchell (Algérie)	0 ,650
La Rochelle	0 ,650
Strasbourg	0 ,667
Dijon	0 ,671
Mulhouse	0 ,755
Lille	0 ,756
Lyon	0 ,774
Montpellier	0 ,823
Mâcon	0 ,846
Grenoble	0 ,914
Pau	1 ,085
Constantine (Algérie)	1 ,206

La ville de l'Europe où il tombe annuellement la plus forte quantité d'eau est celle de Bergen, en Norwège; en effet, sur toute la côte de ce pays, les vents du S.-O. accumulent sans cesse les nuages qui s'arrêtent sur la crête des Alpes scandinaves ; pendant ce temps, le ciel est serein en Suède et il y tombe à peine quelques gouttes de pluie. Bien qu'il puisse pleuvoir à toutes les heures du jour et de la nuit, il est prouvé par l'observation que la pluie est plus fréquente le jour que la nuit, en Europe ; c'est le contraire dans les régions équinoxiales. En outre, quand on veut apprécier la situation hydrométrique d'un climat, il faut

tenir, non-seulement compte de la quantité d'eau
tombée par saison ou par an, mais encore du nombre
de jours sur lesquels cette quantité d'eau se trouve
répartie. Ainsi, la quantité de pluie qui tombe en
une seule fois est souvent très-considérable : en cinq
heures de temps, M. de Humboldt a vu tomber près
du Rio-Negro, $0^m,047$ de pluie ; une autre fois, en
trois heures, $0^m,031,5$; à Bombay, il tomba chaque
jour, pendant un certain temps, $0^m,108$ d'eau.

L'amiral Roussin a observé, à Cayenne, que pendant une pluie qui dura de 8 heures du soir jusqu'à
6 heures du matin, il tomba $0^m,280$ de pluie. Dans les
latitudes septentrionales, les pluies ne sont plus aussi
abondantes. Toutefois, le 9 août 1807, il tomba à
Joyeuse, dans le bassin du Rhône, $0^m,250$ en 12
heures, et le 9 octobre 1827, par un orage, $0^m,792$
en 22 heures ; à Cuiseaux (Jura), on recueillit $0^m,270$
d'eau en 68 heures, avant les inondations de 1841
(Ch. Martins).

On conçoit l'importance pour la culture, d'une
répartition régulière des pluies entre les diverses
saisons ; les pluies abondantes de l'automne, de
l'hiver et du printemps pénètrent dans le sous-sol
qui leur sert de réservoir, alimentent durant l'été
les sources et les fleuves, et, pendant les chaleurs,
sous la double influence de l'hygroscopicité capil-
laire et de l'évaporation, fournissent à la superficie
du sol une partie de la fraîcheur dont les plantes
ont besoin. Mais encore faut-il que la pluie vienne,
de temps en temps, rafraîchir la terre et la végétation pendant la saison chaude, sinon la transpiration ne sera plus équilibrée par l'absorption, et les
cultures cessant de végéter, pourront même périr. Or,
les pluies remplissent différemment ce rôle, suivant
qu'elles tombent d'une manière continue, à des

intervalles à peu près réguliers, en masses modérées, ou qu'elles descendent à grands flots, par averses ou giboulées ; dans le premier cas, elles pénétrent lentement dans le sol et s'y emmagasinent; dans le second, elles ruissellent à sa surface, descendent dans les vallées, enflent les ruisseaux et les rivières, font déborder les fleuves et déterminent des inondations désastreuses.

L'effet est différent encore selon que le terrain est boisé, engazonné ou cultivé. Une forêt présente, par ses feuilles, une surface considérable qui absorbe momentanément une portion importante de la pluie, et ne la cède que petit à petit au sol qui la boit ainsi presque en entier, en quelque proportion qu'elle descende des nuages, pourrait-on dire. Si le sol est engazonné, s'il est en pente, la pluie d'averse glisse en grande partie, mais sans raviner le plus ordinairement. Sur les sols cultivés, les pluies d'averse entraînent les particules les plus ténues, les engrais solubles, souvent les récoltes elles-mêmes, suivant que la pente est plus ou moins rapide, pour les porter aux ruisseaux, aux torrents ou aux fleuves.

Il est à remarquer que souvent, le nombre des jours de pluie est moins grand en été qu'en hiver bien que, dans l'intérieur des continents surtout, il tombe plus d'eau dans la première saison que pendant la seconde ; qu'enfin l'altitude influe sur la quantité d'eau qui arrive à la suface du sol, et on a trouvé qu'à Paris, la quantité d'eau recuillie à 28^m au-dessus du sol n'était que des huit neuvièmes environ de celle qui arrive à la surface ; ce fait ne paraît vrai cependant que pour un même lieu, quoiqu'il ait été vérifié à Copenhague, Manchester, Yorck et Pavie, car il est avéré qu'il tombe plus d'eau au sommet du mont Saint-Bernard que dans les villes situées au pied de cette montagne, et que la quantité d'eau recueillie dans les pluies annuelles augmente à mesure qu'on remonte les bassins des fleuves.

§ 6. Les climats de l'univers.

Le mot climat, qui signifie proprement *région ou degré*, représente aujourd'hui, en météorologie, des régions déterminées par des lignes d'égale température d'été, d'automne, de printemps, d'hiver et annuelle. C'est au savant M. de Humboldt qu'on doit cette division vraiment pratique, substituée à celle aussi absolue qu'insignifiante basée sur les cercles parallèles à l'équateur. Le système des lignes isothermes conduit donc à distinguer sept espèces de climats :

1° *Climat brûlant*, dans la zone torride, de 27°5 c. à 25° c. de température moyenne annuelle : Madras, la Havane, Maracaïbo, Colombo, Bombay, Seringapatnam, la Véra-Cruz, etc.

2° *Climat chaud*, dans la zone de 25° à 26° c. de température moyenne annuelle : Port-Louis (Ile-de-France), Saint-Louis (Sénégal), Rio-Janeiro, Candie, Le Caire, Canton, etc.

3° *Climat doux*, dans la zone de 20° à 15° c. de température moyenne annuelle : les iles Bermudes, Alger, Nouvelle-Orléans, Montevideo, le cap de Bonne-Espérance, Messine, Natchez, Smyrne, Paramatta, Gibraltar, Constantine, Palerme, Buenos-Ayres, Naples, Mexico, Lisbonne, Cagliari, Quito, Rome, etc.

4° *Climat tempéré*, dans la zone de 15° à 10° c. de température moyenne annuelle : Trieste, Madrid, Ootacamend, Toulon, Marseille, Venise, Montpellier, Agen, Bordeaux, Orange, Nantes, Milan, Toulouse,

Padoue, Angers, Lyon, Vienne, Turin, Sébastopol, Poitiers, Mulhouse, Pithiviers, Penzance, Dijon, Fort-Vantcouvert, Paris, Londres, Manheim, Bruxelles, Carlsrhüe, Vienne (Autriche), etc.

5° *Climat froid*, dans la zone de 10° à 5° c. de température moyenne annuelle : Prague, Strasbourg, Boston (États-Unis), Stuttgard, Epinal, Dublin, Abbeville, Gœttingue, Zurich, Munich, Aberdeen, Hambourg, Ratisbonne, Berlin, Dresde, Bergen, Augsbourg, Copenhague, Varsovie, Utica (Etats-Unis), Tilsitt, Kœnisberg, Stockholm, Christiania, etc.

6° *Climat très-froid*, dans la zone de 5° à 0° c. de température moyenne annuelle : Ano, Moscou, Saint-Pétersbourg, Kasan, le cap Nord, etc.

7° *Climat glacé*, dans la zone au-dessous 0° c. de température moyenne annuelle : Irkutzk, couvent de Saint-Bernard, Tobolsk, Karasuando, Nain, Felsen-Bay, Jakutzk, Fort-Reliance, île Winter, Port-Bowen, île Melville, etc.

Chacun de ces climats ou bandes isothermes peut se subdiviser en climats constants, variables ou excessifs : dans les premiers, les maxima de chaleur et de froid présentent peu de différence ; dans les seconds, cette différence se prononce davantage (12° à 30° c.) ; dans les troisièmes, enfin, la différence touche, par un point ou l'autre, aux extrêmes. Voici des exemples de ces subdivisions sous plusieurs climats :

Subdivision des climats.	Localités observées.	Temp. moy. du mois le plus chaud.	Temp. moy. du mois le plus froid.	Différence de température.
	Singapore .	35°,70 c.	34°00 c.	1°70 c.
	La Véra-Cruz.	33 ,03 »	30 ,06 »	2 ,97 »
Constant.	Madras. . . .	35 ,15 »	30 ,25 »	4 ,90 »
	Calcutta. . .	34 ,25 »	28 ,55 »	5 ,80 »
	Funchal . . .	24 ,20 »	17 ,20 »	7 ,00 »

Subdivision des climats.	Localités observées.	Temps moy. du mois le plus chaud.	Temps moy. du mois le plus froid.	différence de température
	Bénarès . . .	37 ,84 »	25 ,08 »	12 ,76 »
	Saint-Màlo. .	19 ,40 »	5 ,40 »	14 ,00 »
	Nice	23 ,60 »	8 ,30 »	15 ,30 »
	Londres . . .	18 ,00 »	3 ,20 »	15 ,80 »
	Paris.	18 ,61 »	2 ,05 »	16 ,56 »
	La Rochelle.	20 ,20 »	2 ,90 »	17 ,30 »
Variable.	Poitiers . . .	19 ,00 »	1 ,50 »	17 ,50 »
	Toulouse . .	21 ,99 »	4 ,12 »	17 ,87 »
	Avignon . . .	23 ,80 »	4 ,80 »	19 ,00 »
	Strasbourg .	18 ,80 »	— 0 ,40 »	19 ,20 »
	Pau	23 ,47 »	3 ,98 »	19 ,49 »
	Genève . . .	18 ,91 »	— 0 ,86 »	19 ,77 »
	Alais.	25 ,05 »	5 ,00 »	20 ,05 »
	Toulon. . . .	25 ,90 »	4 ,60 »	21 ,30 »
Excessif.	New-York. .	27 ,10 »	3 ,70 »	30 ,80 »
	Pékin	29 ,10 »	4 ,10 »	33 ,20 »

La classification des climats, d'après les lignes isothermes, et isochimènes, ne constitue, il est vrai, que des stations et non des régions, car une égale température moyenne de l'année, de l'été ou de l'hiver, ne confère pas aux régions du globe l'aptitude à produire les mêmes végétaux, ni même à faire vivre les mêmes animaux; les températures extrêmes exercent sous ce rapport une influence tout à fait décisive; quelques degrés du thermomètre en plus ou en moins suffisent pour faire mûrir le fruit ou la semence, ou pour geler la plante. Il arrive souvent que des circonstances parfois invisibles, souvent ignorées ou négligées, modifient profondément le climat d'une localité au point de le rendre complétement différent des contrées voisines. Au point de vue agricole, la division théorique des climats est donc sans utilité, et c'est à l'observation qu'il a fallu demander de fixer les limites des espèces animales et végétales, et de déterminer les régions spéciales à telles plantes ou telle culture.

L'homme jouit, quant à son organisme, d'une si grande malléabilité, que nous le voyons occuper la surface entière du globe, de l'équateur aux pôles ; son industrie et son intelligence sont si développées (n'en soyons pas trop fiers pourtant) qu'il a su entraîner partout à sa suite certaines espèces animales domestiquées et acclimatées ; quand il le voudra, il agira certainement de même sur toutes les espèces qui lui peuvent être utiles, et c'est la tâche que poursuivent ardemment, depuis quelques années, les sociétés d'acclimatation partout organisées en Europe. Jusqu'ici, à l'exception du cheval, du chien, du bœuf et du mouton, du porc, du coq et du canard, les autres espèces utiles étaient restées cantonnées sous un climat qu'on leur croyait nécessaire ; les espèces sauvages fuyaient partout devant l'homme. Aujourd'hui, on a importé en France le lama l'alpaca et la vigogne, le yack et le zébu, l'hémione, le kanguroo et l'agouti, l'autruche et l'agami, les vers à soie de la Chine et du Bengale, et leur domestication est un problème à peu près résolu.

Quant aux espèces non encore domestiques ou acclimatées, voici les limites provisoires de leur existence :

Le lama, l'alpaca et la vigogne, dans l'Amérique du Sud, ne dépassent guère le 10° lat. S.; néanmoins, on a maintenant la preuve qu'ils peuvent vivre et se reproduire sous des climats plus froids, dans le centre et, sans doute, plus tard, dans le nord même de la France, et peut-être de l'Europe ; les expériences faites dans les montagnes des Vosges et du Dauphiné le font du moins espérer.

Le renne ne dépasse pas, au sud, dans l'Amérique du Nord, le 45° lat. N., en Europe le 65°, et en Asie le 50° lat. N.

L'élan a pour limites septentrionales, dans l'Amérique du Nord, le 52° lat. N., remonte jusqu'au 64° en Europe, et redescend au 62° en Asie.

Le bison ne franchit guère, au nord, le 54° lat. N., dans l'Amérique septentrionale.

Le sanglier ne dépasse guère, partout, la limite septentrionale du 58° lat. N., tandis que le porc est domestique jusque sous le 64° lat. N.

Le bœuf qui suit l'homme jusqu'à la Terre-de-Feu, ne dépasse que rarement, au nord, le 64° lat. en Amérique, monte jusqu'au 72° en Europe pour redescendre encore au 64° en Asie.

L'âne est très-rare, sur tous les continents au-delà du 58° lat. septentrionale.

Le rat et la souris ne se rencontrent plus, vers le nord, au-delà du 60° lat. N., tandis que le chat monte, en Amérique, jusqu'au 62°, et en Europe jusqu'au 72° et redescend en Asie au 62°.

La martre a pour limite, au sud, le 60° lat. N. en Amérique, le 68° en Europe et le 64° en Asie.

Le cerf et le chevreuil ne dépassent pas, en Europe, le 41° lat. N. au midi et le 64° au nord, mais ils ne s'avancent pas, en Asie, plus au nord que le 4° lat. N.

Le lièvre et la marmotte sont limités, au nord, par le 55° lat. N.

Le buffle, en Europe et en Asie, ne dépasse pas le 46° lat. N ; cependant on l'a vu vivre, au moyen-âge, en France, dans la Bourgogne, par 47° 5.

La loutre vit dans une zone confinée entre 70° lat. N. et 20° lat. N.

L'éléphant ne dépasse guère, en Afrique, le 20° lat. N, mais il monte, en Asie, jusqu'au 30° lat. N., avec le rhinocéros.

Le chacal ne descend pas, en Afrique, plus bas que le 8° lat. N., ni le couguar, en Amérique, plus bas que le 45° lat. S. ; mais le chacal, en Asie, monte au nord jusqu'au 43° lat. N., et en Afrique, jusqu'au 38°.

L'autruche, le colin, le hocco, la bernache, etc., sont autant de conquêtes nouvelles assurées pour nos basses-cours, comme diverses races de vers à soie de l'Inde, de la Chine et de l'Amérique méridionale pour notre industrie. On peut presque dire qu'il n'y a point de limites climatériques pour les animaux des espèces un peu supérieures, et qu'en les domestiquant graduellement, l'homme pourra à peu près les acclimater partout. Il n'en est pas de même des végétaux ; on peut bien donner un climat artificiel à certaines plantes d'ornement d'une taille peu développée, mais on ne saurait, croyons-nous, malgré toutes les précautions transitoires, accoutumer leurs tissus à supporter la gelée sans dangers ; en un mot, on peut souvent les naturaliser, mais rarement les acclimater.

On a dû étudier l'influence des climats sur les différentes plantes, arbustes et arbres cultivés, et déterminer les zones entre lesquelles la nature les a réparties ; il en est résulté la connaissance de diverses régions botaniques, agricoles et forestières. Nous allons décrire succinctement ces deux dernières :

A, *région forestière*. Le botaniste Schow a distingué en Europe quatre régions forestières : 1° *celle des arbres à feuillage toujours verts*, qui commence à la côte nord-ouest de l'Espagne, suit les Pyrénées au sud sous le 44° lat., s'élève en Provence jusqu'à Montmeillan, passe par le fond du golfe Adriatique, redescend le long de sa côte orientale, traverse le nord de la Grèce, passe par Constantinople et se continue en Asie par le 38° lat. N. Telle est la limite septentrionale du chêne liége, du palmier nain, du laurier rose, de l'olivier, etc. ; 2° *celle du châtaignier et du chêne*, limitée au nord par une ligne qui

3

part du comté de Cornouailles, en Angleterre, traverse la France de Boulogne-sur-Mer à Weissembourg, et dans laquelle le chêne et le hêtre dominent ; 3° *celle du chêne* qui est limitée au nord, en Angleterre, par le 58° lat., en Norwège par le 66°, en Suède par le 62°, entre en Russie par le 61°, passe par le 60° à Saint-Pétersbourg, et vient se terminer au 59° dans l'intérieur de la Russie d'Europe ; elle est caractérisée par l'orme, le tilleul, le bouleau, le pin, le sapin et le hêtre ; 4° *celle du bouleau*, dont la limite supérieure commence en Islande, au 67° lat., passe en Norwège par le 70°, s'abaisse vers l'est, et vient se terminer près de l'Obi par le 67° ; elle est caractérisée par le bouleau nain, le mélèze, le pin sylvestre et le sapin.

Les régions secondaires sont limitées au nord : pour le pin sylvestre, par une ligne qui traverse l'Ecosse du 59° au 60° lat., la Norwège du 68° au 67°, la Russie du 67° au 66° lat. Pour le hêtre, la limite septentrionale passe par 56° en Irlande et en Ecosse, 58° et 57° en Suède, entre en Russie par 66°, puis descend obliquement à 46° en Crimée, pour se terminer par 44° sur la mer Caspienne. Pour le châtaigner, la limite au nord est une ligne qui entre en France par 52°, et de là descend en Autriche à 50°, puis en Turquie à 43°, et vient se terminer au sud de la mer Caspienne par 52° lat.

La limite extrême, au nord, des plantes céréales et industrielles paraît fixée, savoir : pour l'orge, à 68° en Norwège et à 66° en Russie ; pour le seigle, à 63° en Europe ; pour le froment, par une ligne qui commence à 57° en Ecosse, remonte par 62° en Norwège puis redescend à 61° en Russie. La vigne entre en France par 47° 25 lat. et en sort par 49° pour remonter en Allemagne et en Prusse jusqu'au 52°, sur les côtes les mieux exposées. Le riz, dont la culture commence vers 23° lat. N., ne croît plus au-delà de 45° lat. La culture de l'olivier est limitée au nord par une ligne qui passe par Bayonne, Montmeillan, s'élève un peu au nord de l'Adriatique et vient se terminer aux environs de Constantinople. Celle de l'oranger est bornée au nord par le versant sud des Pyrénées, en Italie par le 44° 30 lat., en Grèce par le 40° lat. On a donc pu diviser le globe en plusieurs régions culturales qui sont les suivantes :

B, *Régions culturales.* 1° *La région de l'olivier*, qui comprend l'Espagne, l'Italie, la Sicile et la portion occidentale de la Grèce. Au nord, elle est limitée par une ligne qui part de Bayonne, passe par Montmeillan, s'élève un peu au nord de l'Adriatique, et se termine dans le voisinage de Constantinople ; elle comprend la culture du coton, de l'oranger, et du figuier. L'oranger cependant, s'arrête, en Espagne, au sud des Pyrénées, en France au nord des îles d'Hyères, s'élève en Italie jusqu'à 44°30 pour redescendre en Grèce à 40°. En Amérique, le coton occupe la région comprise entre 29° et 33° lat. N. aux Etats-Unis ; la totalité de l'Egypte, une partie de l'Algérie française et de l'Inde anglaise. 2° *Celle de la vigne*, qui est limitée au nord par une ligne partant de l'embouchure de la Loire, passant un peu au nord de Paris, puis par Bonn et Dresde, d'où elle redescend au sud du 50° lat. et se termine au sud du 45° environ, près de la mer Caspienne. La région du maïs est limitée par une ligne à peu près parallèle, mais située à un degré environ plus au sud. 3° *Celle des céréales* est limitée, au nord, en Écosse, par le 58°, en Suède par le 64°, en Russie par le 59°. L'orge, dont la limite extrême est un peu plus avancée vers le nord, s'élève jusqu'au 70° lat. en Laponie et jusqu'au 65° en Russie. 4° *La région inculte* s'étend au nord de la précédente et ne permet plus que la culture des légumes pour leur feuillage.

L'altitude peut modifier fort sensiblement la latitude ; ainsi, les céréales réussissent plus ou moins régulièrement à une hauteur de 900 mètres sur les Andes, jusqu'à 1400 mètres dans les Apennins, jusqu'à 2350 mètres sur le Caucase ; la vigne s'élève jusqu'à 900 mètres à l'exposition sud, dans les Alpes, jusqu'à 560 mètres à l'exposition est, jusqu'à 1000 mètres dans les Apennins, etc. Sur le mont Ventoux, en Provence, l'olivier s'élève jusqu'à 480 mètres, et à 500 mètres sur le versant sud des Apennins. Les neiges éternelles se rencontrent à 4795 mètres sur le mont Blanc, à 3600 mètres sur le Caucase, à 2665 mètres sur le versant méridional des Alpes suisses.

§ 7. Les climats de la France.

La France appartient aux climats variables tempérés, mais on a dû, pour l'étude, subdiviser ce climat en régions, d'après les différences de température qu'elles présentent entre elles. Il serait facile de multiplier encore ces subdivisions, chaque localité ayant, en quelque sorte, un climat particulier, suivant son exposition, son altitude, les abris qui la protègent, les courants d'air réguliers ou irréguliers qui la traversent, etc.

M. Ch. Martins a divisé la France en cinq climats secondaires qui sont les suivants :

1° *Climat vosgien*, comprenant les départements des Ardennes, de la Meuse, Moselle, Haute-Marne, Meurthe, Haut et Bas-Rhin et Vosges.

2° *Climat séquanien*, comprenant les départements du Nord, Pas-de-Calais, Somme, Aisne, Seine-Inférieure, Oise, Manche, Calvados, Eure, Seine-et-Oise, Seine, Orne, Seine-et-Marne, Marne, Finistère, Côtes-du-Nord, Morbihan, Ille-et-Vilaine, Mayenne, Sarthe, Eure-et-Loire, Loire-Inférieure, Maine-et-Loire, Indre-et-Loire, Loir-et-Cher, Loiret, Cher, Aube, Yonne et Nièvre.

3° *Climat girondin*, comprenant les départements de la Vendée, Deux-Sèvres, Vienne, Indre, Charente-Inférieure, Charente, Haute-Vienne, Creuse, Allier, Puy-de-Dôme, Loire, Gironde, Dordogne, Corrèze, Cantal, Haute-Loire, Lot-et-Garonne, Lot, Aveyron, Lozère, Landes, Gers, Tarn-et-Garonne, Tarn, Basses et Hautes-Pyrénées, Haute-Garonne et Ariége.

4° *Climat rhodanien*, comprenant les départements de la Côte-d'Or, Haute-Saône, Doubs, Saône-et-Loire, Jura, Rhône, Isère, Ardèche, Drôme, Hautes-Alpes.

5° *Climat méditerranéen*, qui comprend les départements des Pyrénées-Orientales, de l'Aube, l'Hérault, Gard, Bouches-du-Rhône, Vaucluse, Basses-Alpes et Var.

Voici comment le même météorologiste résume les principaux phénomènes climatériques de chacune de ces régions :

PHÉNOMÈNES MÉTÉOROLOGIQUES.	Climat vosgien.	Climat séquanien.	Climat girondin.	Climat rhodanien.	Climat méditerranéen.
Température moyenne annuelle........	9° 6 c.	10° 9 c.	12° 7 c.	11° 0 c.	14° 8 c.
— moyenne de l'été...........	18° 6 c.	17° 6 c.	20° 6 c.	21° 3 c.	22° 6 c.
— moyenne de l'hiver........	0° 6 c.	3° 95 c.	5° 0 c.	2° 5 c.	6° 5 c.
Nombre moyen de jours de gelée par an...	70	56	23	72	11
Quantité de pluie, moyenne annuelle	0m,669	0m,546	0m,586	0m,946	0m,651
Nombre moyen de jours de pluie par an...	137	140	130	116	53
Nombre moyen d'orages par an..........	24	16	18	28	12
Vents dominants pendant l'année........	S.-O. N.-E.	S.-O. O.	S.-O. N.-E.	N. S.	N.-O. O.

On a souvent agité la question de savoir si le climat de la France avait varié depuis les temps historiques : M. Fuster se prononce pour l'affirmative et M. Ch. Martins pour la négative. Bien qu'aux preuves alléguées par le premier on puisse opposer le progrès des connaissances agricoles, l'extension pratique de la culture de certains végétaux aux dépens de divers autres, il n'en paraît pas moins certain que le déboisement général de la France a dû modifier son climat général d'une manière sensible. (Voir *Guide prat. de Physique, Météorologie et Géologie.*)

§ 8. Les Régions agricoles de la France.

On a divisé la France en un assez grand nombre de régions, les unes naturelles ou agricoles, et les autres officielles. Nous nous occuperons des premières d'abord. Selon le climat et surtout les maxima du froid, on a dû chercher à fixer les limites de la culture économique de diverses plantes, comme l'olivier, la vigne, le maïs, le châtaigner, etc.

1° *La région des oliviers* est limitée au nord par une ligne qui passe sur Perpignan, Carcassonne, Saint-Pons, Saint-Gervais, Lodève, Saint-Pierre, le Vigan, la Salle, Saint-Jean-du-Gard, Alais, Pont-Saint-Esprit, Nions, Orpierre, Sisteron et Digne. L'oranger, dans cette région, ne peut vivre en pleine terre que dans les iles d'Hyères.

2° *La région de la vigne*, est limitée au nord par une ligne qui traverse à peu près les villes de Nantes, Ancenis, Le Mans, Nogent-le-Rotrou, Dreux Mantes, Pontoise, Senlis, Soissons, Laon, Vervins et Rocroi. Elle tend, en outre, chaque année à s'abaisser vers le sud, soit que l'incertitude des récoltes engage à lui substituer d'autres cultures, soit que par une modification climatologique, les années de récolte moyenne deviennent plus rares.

3° *La région du maïs* part, comme celle de la vigne, de l'embouchure de la Loire, mais tandis qu'elle s'élève un peu plus au nord en passant par Savenay, Blain, Châteaubriant, Laval, Mamers, Chartres, elle redescend davantage au sud, en passant par Etampes, Fontainebleau, Nogent, Troyes, Chaumont, Vesoul et Montbéliard. Au nord de

cette ligne, le maïs peut encore être cultivé pour fourrage, mais ses semences ne mûrissent que rarement
et dans des années exceptionnellement chaudes.

4° *La région du châtaignier* est limitée au nord
par une ligne traversant à peu près les villes de
Boulogne, Hazebrouck, Béthune, Valenciennes et
Avesne.

La première idée de ces divisions de la France
en régions agricoles est due à l'abbé Rozier,
áuquel Arthur Joung l'emprunta, en la faisant
sienne et la compliquant sans profit pour la pratique. Tandis que l'abbé Rozier se bornait à tracer
quatre zônes climatériques pour la production végétale, d'après les bassins de nos quatre fleuves prin-
cipeaux. Arthur Joung distingua huit régions.

1' Celle *du Nord*, limitée par la mer à l'ouest, les
frontières au nord, puis les villes de Grandville,
Blois, Orléans, Auxerre et Avesne.

2' Celle *du Nord-Est*, limitée par les frontières
au nord et à l'est, puis les villes d'Avesne, Auxerre
et Ferney.

3° Celle *des landes ou des ajoncs*, limitée par la
mer à l'ouest, puis les villes de Grandville, Blois,
Orléans, Auxerre, Nevers, Roanne, Montmorillon,
Saumur et Nantes.

4° Celle *de l'Ouest* bornée par la mer à l'ouest et
enfermée entre les villes de Nantes, Saumur, Montmorillon, Montauban, et Blaye.

5° Celle du *Centre ou des montagnes*, dont le
périmètre est tracé par Montmorillon, Roanne, Lyon
Donzère, Carcassonne et Montauban.

6 Celle *du Sud-Est ou des Alpes*, bornée par
la frontière à l'est et limitée par les villes de Ferney
Auxerre, Nevers, Lyon, Donzère, Digne et Colmar.

7° Celle *du Sud-Ouest ou des Pyrénées*, enfermée

entre la mer à l'ouest, les frontières au sud, à l'est
et au nord par les villes de Port-Vendres, Carcassonne, Montauban et Blaye.

8° Enfin celle *du Sud ou des oliviers*, renfermée
entre la mer au sud et les villes de Port-Vendres,
Carcassonne, Donzère, Digne et Colmars.

Il ne sera peut-être pas sans utilité de faire remarquer la concordance de ces régions agricoles, assez
bien justifiées du reste, avec les bassins naturels,
principaux et secondaires.

La première région comprend les bassins de la
Somme et de l'Escaut, et la partie inférieure de celui
de la Seine ; la deuxième correspond à la partie supérieure du bassin de la Seine et à celui du Rhin. La
troisième est formée du bassin de la Vilaine et de la
plus grande partie de celui de la Loire ; la quatrième n'est autre que le bassin de la Charente ; la
cinquième se compose des plateaux et montagnes
qui séparent les bassins de la Loire, du Rhône, de
l'Aude, de la Garonne et de la Charente ; la sixième
répond à peu près au bassin du Rhône ; la septième
au bassin de l'Adour ; la huitième à ceux de l'Aude
et de l'Argens.

M. Bella, en traçant ses régions de pâturages, a dû diviser la France en quatre régions,
savoir : 1° celle *des pâturages d'automne, d'hiver
et de printemps*, bornée au nord par une ligne tendue
de Nantes à Mantes ; à l'est, par une ligne qui
passe sur Mantes, Paris, Nevers, Lyon et Grenoble.
2° Celle *des pâturages de printemps et d'automne*, limitée à l'ouest par la précédente, et au
nord par une ligne partant de Mantes et passant par
Lyon et Mézières, pour aboutir à Mayence. 3° Celle
des pâturages de printemps, d'été et d'automne,
fermée au sud-ouest par la ligne de Rouen à Man-

tes, au sud par la région précédente. Enfin, 4° *celle
des pâturages pérennes*, embrassant la Bretagne et
la Normandie, limitée au sud-est par la première et
au nord-est par la troisième région.

M. de Gasparin avait déjà partagé notre territoire en quatre régions, savoir : 1° celle des *oliviers*,
dont une ligne passant par Perpignan, Montpellier,
Nimes, Avignon et Draguignan, forme la limite septentrionale ; 2° la région des *vignes*, bornée au nord
par une ligne qui part de Nantes, passe par Le Mans,
Chartres, Etampes, Reims et Mézières ; 3° la région des *céréales*, comprise au nord de la précédente et limitée au septentrion par une ligne allant
de Boulogne à Bruxelles ; 4° enfin la région des
pâturages qui s'étend au nord de la précédente.

On a attaché, jusqu'à ces derniers temps, et avec
raison sans doute, une certaine importance à cette
division par régions culturales ; mais elle a dû bien
diminuer aujourd'hui devant les progrès de la
météorologie et surtout de l'agriculture. De même
qu'un grand nombre de plantes qu'on avait longtemps cru devoir garder en serres chaudes ou tem-
pérées, ont prouvé qu'elles pouvaient sans dangers
supporter notre climat en pleine terre, sans qu'on
pût voir là un effet d'acclimatation ; de même, les
essais de tous genres tentés dans ces derniers temps
ont prouvé que beaucoup de plantes cultivées pouvaient être introduites dans des climats beaucoup
plus rigoureux que ceux dans lesquels on les avait
cantonnées jusque-là, témoins le mûrier, le trèfle
incarnat, le sorgho, etc. Il n'existe presque plus de
limites culturales pour la France, quant aux plantes
de grande culture ; il n'est pas jusqu'à l'arbre à thé
qu'on ait pu conserver en pleine terre aux environs
d'Angers, le riz dans la Camargue, le cotonnier dans

la Provence, etc. La condition la plus importante, la question la plus utile à déterminer, est celle du maximum de froid qui peut se présenter sous chaque climat, sachant à quel degré se congèle la sève des différents végétaux. Nous croyons utile de donner ici le tableau suivant des températures minima et maxima observées sur différents points de la France et de l'étranger :

Lieux d'observation.	Minima.	Maxima.
Pondichéry.	+ 21°,6 c.	+ 39°,70 c.
Surinam	+ 21 ,3	+ 32 ,30
Madras	+ 17 ,3	+ 40 ,00
La Martinique. . . .	+ 17 ,1	+ 35 ,00
Le Caire	+ 0 ,10	+ 40 ,20
Bagdad, Bassora. .	— 5 ,00	+ 45 ,30
Rome.	— 5 ,00	+ 31 ,30
Arles.	— 6 ,20	+ 37 ,50
Perpignan	— 6 ,30	+ 35 ,00
Saint-Brieuc	— 8 ,80	+ 31 ,30
Nice	— 9 ,60	+ 33 ,40
Marseille.	— 10 ,10	+ 34 ,40
Rouen	— 10 ,30	+ 32 ,30
Londres	— 11 ,40	+ 33 ,10
Toulouse.	— 11 ,50	+ 38 ,50
Dijon.	— 11 ,90	+ 33 ,80
Hyères	— 11 ,90	»
Carcassonne	— 12 ,00	»
Agen	— 12 ,00	+ 37 ,00
Alais	— 12 ,25	+ 36 ,50
Pau.	— 12 ,30	+ 33 ,80
Poitiers.	— 12 ,40	+ 31 ,50
Narbonne.	— 12 ,50	»
Avignon	— 13 ,00	+ 38 ,10
Nimes.	— 14 ,60	+ 36 ,90
Vire	— 15 ,00	+ 33 ,10
Orange.	— 15 ,00	+ 40 ,20
Padoue.	— 15 ,60	+ 36 ,30
Nantes	— 15 ,60	+ 40 ,40
Joyeuse	— 15 ,60	+ 31 ,50
Montpellier	— 16 ,10	»
La Rochelle	— 16 ,50	+ 34 ,40
Besançon.	— 16 ,90	+ 35 ,00

Lieux d'observation.	Minima.	Maxima.
Paris.	— 17 ,20	+ 36 ,30
Châlons-sur-Marne.	— 17 ,50	+ 35 ,30
Pithivers	— 17 ,50	+ 36 ,90
Copenhague	— 17 ,80	+ 33 ,70
Auxerre.	— 18 ,30	+ 35 ,80
Mâcon	— 18 ,60	+ 38 ,00
Chinon.	— 18 ,80	+ 35 ,00
Bruxelles.	— 18 ,80	+ 33 ,10
Dieppe.	— 19 ,80	+ 33 ,50
Metz	— 20 ,50	+ 36 ,10
Mulhouse.	— 22 ,40	+ 36 ,60
Bourges	— 23 ,10	+ 35 ,00
Strasbourg.	— 23 ,40	+ 35 ,80
Cambridge (Ét.-Un)	— 24 ,40	+ 33 ,50
Genève	— 25 ,30	+ 36 ,20
Épinal	— 25 ,60	+ 36 ,50
Nancy	— 26 ,30	+ 37 ,60
Prague.	— 27 ,50	+ 35 ,40
Saint-Pétersbourg .	— 34 ,00	+ 33 ,40
Moscou.	— 38 ,80	+ 32 ,00
Port Élisabeth . . .	— 50 ,80	+ 16 ,70
Fort-Reliance . . .	— 56 ,70	»
Eyafiord (Islande) .	.	+ 20 ,90

Nous savons que l'olivier ne peut résister à une température de — 8° à — 12° c., suivant la variété à laquelle il appartient, suivant l'état physique du sol, et aussi suivant le mode dont s'opère le dégel. « Toutes les variétés d'oliviers, dit M Raybaud-Lange, n'ont pas la même aptitude à supporter les variations atmosphériques ; celles de nos pays, plus au nord, semblent plus rustiques et mieux acclimatées ; par un temps sec, lorsque la sève est stationnaire, ils résistent sans difficulté à un abaissement de 12° c. ; après une pluie ou lorsque le dégel est rapide, 8° est un terme fatal, même sous tout notre climat. A Grasse, dans de pareilles conditions, les arbres ne résistent pas à 6° c. » (*Econ. de l'Agric. prat.*). Pendant le xviii° siècle, les oliviers gelèrent partiellement ou complétement en Provence ; depuis le commencement de notre siècle, ils ont subi cinq fois le même fléau. L'oranger, plus délicat encore que l'olivier, ne supporte guère sans périr un froid de 4° c. au-dessous de 0° ; aussi, ne le rencontre-t-on en pleine terre en France qu'aux environs de Marseille et de Toulon, dans les jardins abrités, et aux îles d'Hyères.

Le bois de la vigne supporte sans dommage, en hiver, un froid de 18° à 20" c. et même plus ; il n'en est pas de même de ses bourgeons, qu'une gelée blanche de 0°,50 c. suffit pour détruire au printemps, lorsque le sol est humide, la séve en mouvement, et le ciel clair.

L'altitude, nous l'avons dit, modifie sensiblement le climat ; en moyenne, une altitude de 170 mètres correspond à une diminution de température de 1° c. Aussi, la limite de l'olivier est-elle placée à 480 mètres au-dessus du niveau du sol, sur le versant méridional du mont Ventoux, en Provence, et à 500 mètres sur celui des Apennins ; cependant, Risso l'a trouvé jusqu'à une hauteur de 1000 mètres aux environs de Nice, M. de Villeneuve à celle de 700 mètres auprès de Grasse, à 600 mètres à Draguignan, à 500 mètres au nord de Marseille, à 400 mètres seulement aux environs de Nîmes.

Les abris viennent, en sens inverse, influer encore sur le climat que tant de causes contribuent à déterminer, comme les courants marins et aériens, la proximité ou l'éloignement des mers, la direction des vallées, la hauteur des chaines de montagnes, etc. Le courant marin, dit Gulfstream, qui traverse la Manche, réchauffe les côtes de la France et de l'Angleterre, en hiver, et les rafraîchit en été. En Irlande, le myrte croit en pleine terre comme en Portugal ; sur les côtes du Devonshire aux environs de Plymouth, à Penzance, on a vu l'agavé fleurir en pleine terre, et des orangers en espalier, à peine abrités par des nattes, porter des fruits. En Portugal même, les plaines voisines du littoral jouissent de deux véritables printemps et font deux récoltes par année.

Toutes les plantes n'exigent pas, on le sait, la même somme de chaleur pour amener à maturité leurs feuilles, leurs tiges, leurs fruits ou leurs graines. Comme il était intéressant de connaître la température nécessaire à chaque végétal et à chacune même de ses variétés pour fournir les produits qu'on lui demande, on a cherché une base de calcul qui a été la somme des moyennes diurnes de tous les jours pendant lesquels s'accomplit la végétation, non pas enregistrée à l'ombre, mais bien au soleil, ou si mieux on aime, à l'exposition du sud ; c'est ce qu'on appelle la somme de chaleur solaire. A ce chiffre, on peut comparer celui de la somme de la température moyenne à l'ombre, et établir la relation entre les deux. Seulement, et cela est regrettable, on n'est point convenu à partir de quelle température on commencerait à totaliser au printemps, pour les plantes bisannuelles ou vivaces, ni à partir de quelle période de végétation, pour les plantes annuelles, semis, germination, floraison, etc. Cette incertitude jette souvent de la confusion dans les données, leur enlève une partie de leur importance, et il serait vivement à souhaiter que tous les observateurs adoptassent une base uniforme. Nous donnons ici la moyenne des résultats qui ont été enregistrés par divers observateurs, MM. Boussingault, de Gasparin, Pouriau, etc.

Végétaux cultivés.	Somme de chaleur solaire.
Lin de printemps (floraison).	1'205° c.
Haricots (maturité).	1,400
Lin d'hiver (maturité).	1,450
Lin d'automne (id.) (1).	1,450
Houblon (maturité des cônes).	1,477
Sarrazin.	1,600
Orge d'été.	1,738
Colza d'hiver.	1,750
Orge d'hiver.	1,752
Millet paniculé (pan. milliac.).	1,850
Froment d'hiver.	2,134
Froment de mars.	2,180
Pavot opium.	2,300
Avoine d'hiver.	2,351
Seigle.	2,383
Mûrier (feuilles).	2,415
Fèves d hiver.	2,500
Madia sativa.	2,500
Millet d'Italie (à grappes).	2,650
Riz (variété sans barbes).	2,730
Pommes de terre.	2,845
Melon maraîcher.	2,860
Sésame.	3,046
Cardère.	3,070
Maïs.	3,073
Vigne (2).	3,085
Citrouille (3).	3,200
Patate.	3,645
Riz commun.	3,650
Sorgho.	4,000
Courge potiron (3).	4,000
Vigne (depuis la pousse des bourgeons).	4,000
Garance.	4,147

(1) A partir du moment où la température moyenne du jour s'est élevée à + 10° c.

(2) Comptés de l'ouverture des bourgeons à la vendange.

(3) A partir du moment où la température moyenne du jour s'est élevée à + 12° c.

Végétaux cultivés.	Somme de chaleur polaire.
Cotonnier (basse Égypte)	4,500
Figuier (fruits) (1)	4,838
Betteraves (racines)	5,017
Cotonnier (Cayenne et Fernambouc) . . .	5,500
Vigne (depuis le com. de la végétation) . .	6,250

Enfin, depuis 1860, la France est divisée officiellement en douze *régions* pour les concours régionaux savoir :

1re *région ou circonscription :* Calvados, Eure, Eure-et-Loir, Manche, Orne, Sarthe, Seine-Inférieure, ensemble 7 départements.

2e *région :* Côtes-du-Nord, Finistère, Ille-et-Vilaine, Loire-Inférieure, Maine-et-Loire, Mayenne, Morbihan, ensemble 7 départements.

3e *région :* Aisne, Nord, Oise, Pas-de-Calais, Seine, Seine-et-Marne, Seine-et-Oise, Somme, ensemble 8 départements.

4e *région :* Allier, Cher, Indre, Loir-et-Cher, Loiret, Nièvre, Indre-et-Loire, ensemble 7 départements.

5e *région :* Ardennes, Meurthe, Moselle, Meuse, Bas-Rhin, Haut-Rhin, Vosges, ensemble 7 départements.

6e *région :* Aube, Côte-d'Or, Doubs, Marne, Haute-Marne, Haute-Saône, Yonne, ensemble 7 départements.

7e *région :* Charente, Charente-Inférieure, Dordogne, Gironde, Deux-Sèvres, Vendée, Vienne, Haute-Vienne, ensemble 8 départements.

8e *région :* Ariége, Haute-Garonne, Gers, Landes,

(1) A partir du moment où la température moyenne du jour s'est élevée à + 8° c.

Lot-et-Garonne, Hautes-Pyrénées, Basses-Pyrénées, Tarn-et-Garonne, ensemble 8 départements.

9ᵉ *région :* Aveyron, Cantal, Corrèze, Creuse, Lot, Puy-de-Dôme, Tarn, ensemble 7 départements.

10ᵉ *région :* Ain, Jura, Loire, Rhône, Saône-et-Loire, Savoie, Haute-Savoie, ensemble 7 départements.

11ᵉ *région :* Alpes-Maritimes, Aude, Bouches-du-Rhône, Corse, Gard, Hérault, Pyrénées-Orientales, Var, Vaucluse, ensemble 9 départements.

12ᵉ *région :* Basses-Alpes, Hautes-Alpes, Ardèche, Drôme, Isère, Haute-Loire, Lozère, ensemble 7 départements.

Pour les concours de boucherie qui ne sont qu'au nombre de six, la France est divisée en six *régions,* savoir :

1ʳᵉ *région* : Nord, Pas-de-Calais, Somme, Seine-Inférieure, Eure, Calvados, Orne, Manche, Eure-et-Loir, Aisne, Oise, Seine-et-Oise, Seine, Seine-et-Marne, Ardennes et Marne, soit ensemble 16 départements.

2ᵉ *région :* Finistère, Côtes-du-Nord, Morbihan, Ille-et-Vilaine, Loire-Inférieure, Mayenne, Sarthe, Maine-et-Loire, Indre-et-Loire, Vendée, Deux-Sèvres et Vienne, soit ensemble 12 départements.

3ᵉ *région :* Charente, Charente-Inférieure, Gironde, Dordogne, Lot-et-Garonne, Tarn-et-Garonne, Landes, Gers, Haute-Garonne, Basses-Pyrénées, Hautes-Pyrénées, Ariége, soit ensemble 12 départements.

4ᵉ *région :* Cantal, Puy-de-Dôme, Creuse, Haute-Vienne, Corrèze, Lot, Tarn, Aveyron, Lozère, Haute-Loire, Ardèche, Gard, Hérault, Aude, Pyrénées-Orientales, Drôme, Vaucluse, Bouches-du-Rhône, Hautes-Alpes, Basses-Alpes, Alpes-Maritimes, Var et Corse, soit ensemble 23 départements.

5e *région :* Loire-et-Cher, Loiret, Indre, Cher, Aube, Yonne, Nièvre et Allier, soit ensemble 8 départements.

6e *région :* Moselle, Meuse, Meurthe, Vosges, Bas-Rhin, Haut-Rhin, Haute-Marne, Haute-Saône, Doubs, Jura, Côte-d'Or, Saône-et-Loire, Ain, Loire, Rhône, Isère, Savoie, Haute-Savoie, soit ensemble 18 départements.

La première région a pour chefs-lieux, alternativement Lille et St-Quentin ; la seconde a pour chef-lieu, Nantes ; la troisième, Bordeaux ; la quatrième, Nîmes ; la cinquième, Nevers ; et la sixième, alternativement Metz et Nancy. Paris est chaque année le lieu d'un concours général entre toutes les régions.

Nous ferons remarquer, en dernier lieu, que si la division administrative en départements convient mieux, ainsi qu'il le faut bien dire, à notre constitution politique et sociale, elle est loin d'offrir les mêmes avantages pour l'agriculture que l'ancienne division par Provinces, Duchés et Comtés. Presque toujours et partout, les circonscriptions provinciales englobaient une étendue de sols de même nature, situés dans le même bassin, sous le même climat, aptes aux mêmes produits, et si bien caractérisés que chaque comté représentait, en quelque sorte, un système particulier de culture, une race ou des races distinctes d'animaux. Aussi, les agriculteurs ont-ils conservé cette division dans le langage moderne, et est-il bon de la mettre aussi complète que possible sous les yeux du lecteur.

Provinces et leurs capitales.	Subdivisions, duchés, comtés, pays.	Chefs-lieux des subdivisions.
1° FLANDRE (Lille).	Flandre maritime.	Dunkerque.
	id. Wallonne.	Lille.
	Hainault.	Valenciennes.
	Cambraisis.	Cambrai.
	Pays reconquis.	Courtrai.
2° ARTOIS (Arras).		.
3° PICARDIE. (Amiens).	Calaisis.	Calais.
	Boulonnais.	Boulogne.
	Vimeux.	Montreuil.
	Ponthieu.	Abbeville.
	Marcanter.	.
	Santerre.	Péronne.
	Vermandois.	St-Quentin.
	Tiérrache.	Guise.
4° ILE-DE-FRANCE (Paris).	Soissonnais.	Soissons.
	Vexin français.	Pontoise.
	Valois.	Crespy.
	Brie française (basse).	Brie-Comte-Robert
	Hurepois.	Corbeil.
	Gâtinais français.	Château-Landon.
	Senonais.	Sens.
5° NORMANDIE. (Rouen).	Pays de Caux.	Caudebec.
	Houlme.	Domfront.
	Roumois.	Pont-Audemer.
	Pays-d'Auge.	Pont-l'Evêque.
	Bessin.	Bayeux.
	Cotentin.	Coutances.
	Hague.	Beaumont.
	Bautois.	Valognes.
	Avranchain.	Avranches.
	Bocage.	Vire.
	Ouche.	Bernay.
	Marches.	Alençon.
	Merlerault.	Nonnant.
	Braie.	Neufchâtel.
	Lieusaint.	Lisieux.
	Vexin normand.	Gisors.
6° BRETAGNE. (Rennes).	Penthièvre.	Lamballe.
	Léonais.	St-Pol-de-Léon.
	Cornouailles.	Quimper.

Provinces et leurs capitales.	Subdivisions, duchés, comtés, pays.	Chefs-lieux des sub-divisions.
7° MAINE. (Le Mans).	Perche. Thimerais.	Nogent-le-Rotrou. Châteauneuf-en-T.
8° ANJOU (Angers).		
9° TOURRAINE. (Tours).		
10° ORLÉANAIS. (Orléans).	Beauce. Gâtinais orléanais. Blaisois. Sologne. Puisaye.	Chartres. Pithiviers Blois. Romorantin. St-Fargeau.
11° CHAMPAGNE. (Rheims).	Rémois. Argonne. Rethelois. Perthois. Vallage. Brie champenoise. Haute-Brie.	Reims. Ste-Menehould. Rethel. Vitry-le-Français. Bar-sur-Aube. Epernay. Meaux, Ch.-Thiér.
12° BERRY. (Bourges).	Champagne. Brenne. Brionnais. Vallée noire. Fromental. La Varenne. Pays fort.	Vatan. Mézières. Brion. La Châtre. Le Châtelet. Culan. Aubigny-sur-Nère.
13° NIVERNAIS. (Nevers).	Morvan. Donzois. Baxois. Pays d'entre Loire.	Clamecy. Donzy. Châtillon-en-Bax. St-Pierre-le-Mout.
14° LORRAINE. (Nancy).	Luxembourg français. Verdunois. Messin. Barrois. Toulois. Le Bitschwald.	Montmédy. Verdun. Metz. Bar-le-Duc. Toul. Bitche.
15° ALSACE. (Strasbourg).	Le Sundgau. Thouarsais. Mirebalais.	Belfort, Altkirck. Thouars. Mirebeau, Montcr.

Provinces et leurs capitales.	Subdivisions, duchés, comtés, pays.	Chefs-lieux des subdivisions
16° POITOU. (Poitiers).	Le Marais. La Gâtine. Les Plaines ou Bocage. Loudunois. Niortais.	La Rochelle. Parthenay. Napoléon-Vendée Loudun. Niort.
17° MARCHE. (Guéret).		
18° BOURBONNAIS. (Moulins).		
19° SAINTONGE. (Angoulème).	Aunis. Brouage (Pays de) Angoumois. Pays de Cognac.	La Rochelle. Brouage. Angoulème. Cognac.
20° BOURGOGNE. (Dijon).	Dijonnais. Auxerrois. Semurois. Châlonnais. Charollais. Bresse. Màconnais. Dombes. Bugey. Gex-et-Valromey.	Dijon. Auxerre. Semur. Châlons. Charolles. Bourg. Mâcon. Trévoux. Belley. Gex.
21° LIMOUSIN. (Limoges).		
22° AUVERGNE. (Clermont).	Pays de Combraille. Limagne. Velay. Mezenc (pays de). Franc-Alleu.	Evaux. Clermont. Le Puy. Mezenc. Sermur, Manizat.
23° LYONNAIS. (Lyon).	Beaujollais. Forez.	Sens-Beaujeu. Feurs.
24° GUIENNE. (Bordeaux).	Bordelais. Bazadais. Périgord. Agennais. Quercy. Médocain.	Bordeaux. Bazas. Périgueux. Agen. Cahors. Médoc.

Provinces et leurs capitales.	Subdivisions, duchés, comtés, pays.	Chefs-lieux des sub-divisions.
25° GASCOGNE. (Auch).	Lomagne.	Lectoure.
	Albret.	Nérac.
	Gabarret.	Gabarret.
	Condommet.	Condom.
	Chalosse.	St-Séver.
	Armagnac et Fezensac.	Vic-de-Fezensac.
	Astarrac.	Montfort, Mirande.
	Comminges.	St Bertrand.
	Conserran.	St-Gondon.
	Bigorres.	Bigorres, Tarbes.
	Nébouzan.	St-Gaudens.
	Terre de Labour.	Bayonne.
26° BÉARN ET NAVARRE. (Pau).	Béarn.	Pau.
	Navarre.	Pampelume.
	Sôule.	Mauléon.
	Quatre-Vallées.	Aure, Barousse. Magnoac, Neste.
27° Cté DE FOIX. (Foix).	Donezan.	Orthès, Quérigut.
28° ROUSSILLON (Perpignan).	Valespir.	Arles-en-Valespir.
	Capsir.	Perpignan.
	Cerdagne.	Montlouis.
	Conflans.	Villefranche, Espira.
29° Cté D'AVIGN. (Avignon).	Pays d'Orange.	Orange.
30° FRANCHE-Cté. (Besançon).	Baillage d'Amont.	Vesoul.
	Baillage d'Aval.	Lons-le-Saulnier.
31° PROVENCE. (Aix).	La Crau.	.
	La Camargue.	Arles.
32° LANGUEDOC. (Toulouse).	Uzégeois.	Uzès.
	Nemosez.	Nimes.
	Agadez.	Agde.
	Rosez.	Limoux.
	Carcassez.	Carcassonne.
	Rouergue.	Rhodez.
	Albigeois.	Alby.
	Lauraguais.	Castelnaudary.
	Gévaudan.	Mende.
	Larzac.	Sainte-Affrique.
	Vivarais.	Viviers.
	Maguelonne.	Montpellier.

Provinces et leurs capitales.	Subdivisions, duchés, comtés, pays.	Chefs-lieux des subdivisions.
33° DAUPHINÉ. (Grenoble).	Diois.	Die.
	Royannès.	Pont-en-Royan.
	Viennois.	Vienne.
	Briançonnais.	Briançon.
	Valentinois.	Valence.
	Les Barronnies.	Forcalquier.
	Comtat Venaissin.	Apt.
	Tricastin.	Digne.
	Gapençois.	Gap.
	Embrunois.	Embrun.

Ce tableau n'est peut-être pas parfaitement complet, mais au moins comprend-t-il les principales subdivisions de provinces dont on ne tient plus nul compte sur les atlas géographiques ni dans les études élémentaires. Il est essentiel, cependant, qu'un agriculteur sache où étaient situés le Charollais, le Cotentin, la Limagne, le Perche, le Gâtinais, ou la Châlosse.

CHAPITRE II.

CONSIDÉRATIONS GÉNÉRALES SUR LE SOL ET LE SOUS-SOL.

On appelle *sol* la couche de terre que retourne la charrue et dans laquelle les plantes prennent leur développement ; il sert à la fois de support aux végétaux et doit fournir en grande partie à leurs racines, les principes nécessaires à leur accroissement. Le *sous-sol* est la partie de la terre qu'on ne cultive pas ordinairement, qu'on se borne à remuer de temps en temps et qui est placée en-dessous du sol.

Le sol provient de la désagrégation des roches composant l'écorce du globe, soit que cette désagrégation ait eu lieu sur place, par l'effet des gelées et

des dégels, de la pluie, de la chaleur, de l'air ou
sous l'action de tous les autres agents météorologi-
ques ; soit que les molécules désagrégées aient été
transportées par les eaux, d'un point plus élevé à un
point situé plus bas. Ainsi les sols granitiques du
Limousin se sont formés sur place par la décomposition des roches qui formaient la superficie de cette
contrée, tandis que les sols d'alluvion de la Flandre,
de la Sologne, de la Bresse, des Landes, etc., proviennent de grands diluviums qui y ont apporté des
molécules, des galets, et des rochers même, arra-
chés au faîte supérieur de leurs bassins.

§ 1er. Des principes constituants du sol.

On rencontre dans tous les sols des gaz, des éléments minéralogiques et des éléments organisés, non
moins essentiels les uns que les autres à la végétation normale des plantes adventives et cultivées.
C'est la proportion relative de ces principes, aussi
bien que leur nature, qui constituent la richesse du
sol, et lui communiquent différentes propriétés physiques que doit pouvoir apprécier le cultivateur.

A. Gaz. Le sol, entre ses molécules, contient des
proportions variables d'air atmosphérique, suivant
que ces molécules sont plus ou moins rapprochées
par leur poids, leur tassement, leur adhérence, leur
volume et leurs formes, par les engrais et les façons
culturales. C'est ainsi que les expériences de MM. Boussingault et Lévy nous apprennent :

Qu'une terre tourbeuse renferme	420 litres	6	d'air, par mètre cube ;
Une terre argilo-calcaire, culti-vée en luzerne...........	420	6	—
Une terre de bruyère, en jardin.	361	2	—
Une terre siliceuse, en vigne..	282	4	—
Une terre argilo-siliceuse, en betteraves	235	3	—

Une terre argileuse, en topinam-		
bours........	235 litres 3	d'air, par mètre cube ;
Une terre argileuse, en prairie..	161 8	—
La terre silicieuse très-tassée		
d'une forêt...............	117 6	—
Le sable du sous-sol de la même		
forêt...................	88 2	—
Le loam, sous-sol très-tassé		
d'une forêt...............	70 6	—

Cet air renferme, en moyenne, de 19,77 à 21,03 d'acide carbonique pour cent en volume, provenant évidemment de la combustion lente du carbone des matières organiques, et représente à peu près le volume du gaz oxygène disparu.

Quant à l'azote, M. Isidore Pierre a dosé, sur un champ, ayant porté depuis deux ans un mélange de trèfle et sainfoin, et n'ayant pas reçu de fumure depuis quatre ans, l'azote combiné à tout autre état que celui de nitrate ; il l'a trouvé dans les proportions suivantes :

1° de la surface du champ
à 0m,20 de profondeur   1gr,659, soit 6,036 kil. d'azote, par hect.
2° de la profondeur de
0m,20 à 0m,40.....   1 ,732, soit 4,628   —

Dans une autre expérience, sur un champ où avaient été ouvertes plusieurs carrières, et dont la culture avait été négligée depuis deux ans, il a trouvé :

1° de la surface du champ
à 0m,25 de profondeur   1gr,732, soit 8,366 kil. d'azote, par hect.
2° de la profondeur de
0m,25 à 0m,50.....   1 ,008, soit 4,959   —
3° de la profondeur de
0m,50 à 0m,75.....   0 ,765 5, soit 3,479   —
4° de la profondeur de
0m,75 à 1m,00.....   0 ,837, soit 2,816   —

Soit ensemble....,.   19,620 kil. d'azote, par hect.

Cette immense proportion d'azote provenant des matériaux constitutifs du sol, de l'atmosphère et des engrais, forme une sorte de réserve pour l'avenir, et explique la réussite, pendant un certain temps, de la luzerne, du sainfoin, des arbres, etc., sur des sols qu'on jugerait presque stériles d'après leur superficie. Les plantes à racines profondes, pivotantes ou traînantes vont puiser dans le sous-sol les éléments gazeux, minéraux et organiques que réclame leur développement ; mais quand elles ont épuisé l'amas de ces principes, qui ne se reconstituent que lentement, elles refusent d'y reprendre une végétation nouvelle ou périssent après s'être couronnées, si elles sont ligneuses et arborescentes.

Nous avons vu que l'acide carbonique provenait de la fermentation des matières organiques (engrais) incorporées au sol ; nous ajouterons que les plantes le puisent dans le sol par leurs racines, aussi bien que dans l'atmosphère par leurs feuilles, ce que prouve la prodigieuse quantité de ce gaz qui s'échappe du tronc coupé des arbres en pleine séve. Quant à l'azote, il se rencontre dans le sol sous la forme de nitrates ; les pluies, la rosée, la neige, les brouillards restituent au sol toute l'ammoniaque qui s'en était dégagée, et cela en proportion importante, puisque, à Lyon en 1853, M. Bineau a constaté que les pluies avaient versé sur le sol 68 kilog. et les rosées 29 kilog. d'ammoniaque par hectare, ensemble 97 kilog., presque la moitié de ce que lui aurait pu fournir une bonne fumure !

On a acquis la certitude, par les expériences de M. Boussingault, que c'est dans l'atmosphère d'un côté, et dans le sol de l'autre, que les végétaux puisent la plus grande partie du charbon qui constitue leurs fibres ligneuses. On en peut donc conclure la nécessité des façons culturales qui éloignent les molécules terreuses à une profondeur plus ou moins grande, permettent à l'air de s'introduire entre elles, à l'oxygène de brûler l'humus et de dégager l'acide carbonique. L'azote ne se trouve pas seulement dans le sol sous la forme d'ammoniaque, mais souvent aussi sous celle de nitrate (de potasse, de chaux, de soude, de magnésie, etc.). M. Becquerel nous a appris qu'il y a production constante d'ammoniaque dès que, sous l'influence de l'air, l'eau se trouve en contact avec une substance oxydable. L'air et l'eau se décomposent alors : l'oxygène s'unit à la matière oxydable, et l'hydrogène de l'eau s'unit à l'air. Or, conclut M. de Gasparin, la plupart des terres sont remplies d'oxyde de fer, de terreau qui passe à l'état d'acide carbonique, substances qui ne sont pas parvenues à leur degré le plus avancé d'oxygénation. Il y a donc constante formation d'ammoniaque chaque fois que le sol est mouillé, et que l'eau s'évapore ; cette ammoniaque est saisie en partie par l'eau surabondante qui la transporte dans l'intérieur du sol, et se dissipe en partie dans l'air. Revenue sur le sol avec les eaux de pluie et de neige, une partie de l'ammoniaque est encore retenue par l'eau, par l'argile, par l'oxyde de fer ; une autre passe immédiatement dans la végétation par la succion des racines et l'absorption des feuilles ; enfin, une autre partie s'évapore et se disperse de nouveau dans l'atmosphère. Les cultures bien garnies de plantes, et faisant ombre au sol, retardent l'évaporation et augmentent la quantité d'ammoniaque qui tourne au profit des plantes (*Cours complet d'Agriculture*, t. 1er, p. 137-140). Nous reviendrons sur ce sujet dans le chapitre Ve.

B. Éléments minéraux. Si nous brûlons une

feuille, une tige, une semence, sèches, d'un végétal, sur une plaque de fer ou de verre, il s'échap-
pera de la vapeur d'eau, des gaz (oxygène, hydrogène, azote, carbone) et des cendres qui constituaient
le squelette de la plante, de la feuille, de la tige, de
la semence. Pour les éléments minéraux, il n'y a
point de doute possible ; ils n'ont pu être puisés
dans l'air, ils ne peuvent provenir que du sol. Mais
tous les végétaux n'absorbent pas les mêmes principes, et le même sol peut porter un grand nombre
de plantes différentes ; aussi, sa composition est-elle
en général très complexe, bien que trop souvent
encore elle soit incomplète. On y rencontre presque
toujours, bien qu'en proportions variables, de la
chaux, de la magnésie, de la silice, de l'argile, de
l'acide phosphorique, de la potasse, de la soude, du
fer et du manganèse.

1° La *chaux*, ou plutôt l'oxyde de calcium, se
rencontre dans la terre presque toujours combinée
avec l'acide carbonique (carbonate de chaux) ou
avec l'acide phosphorique (phosphate de chaux). La
chaux non combinée ne se trouve qu'accidentellement et artificiellement incorporée dans les terres
arables, et toujours en faibles proportions (Isid.
Pierre). Il est peu, il n'est point de terrain peut-être,
qui ne renferme une proportion appréciable de chaux
à l'état combiné. A elle seule, elle forme des chaines
de montagnes entières, comme le Jura, les Vosges,
les Apennins, une partie des Alpes et des Pyrénées ;
les courants diluviens et les alluvions l'ont répandue
dans presque tous les terrains meubles ; on en trouve
dans presque toutes les eaux courantes ; on en rencontre dans presque tous les animaux.

Le carbonate de chaux, ou combinaison de chaux
et d'acide carbonique, forme ce que nous appelons

la chaux à bâtir ; il est à peu près insoluble dans
l'eau pure ; sa couleur est blanche quand il est pur,
jaunâtre ou rougeâtre quand il est mélangé d'argile
ou de fer. Comme il est très-peu soluble dans l'eau
et que les plantes ne le peuvent absorber que sous
la forme diluée, M. de Gasparin fut amené à conclure que c'est en passant à l'état soluble par sa
transformation en nitrate et en bicarbonate, que sa
présence dans le sol favorise l'action de la végétation.
M. Théod. de Saussure a observé que dans les terres
riches en carbonate de chaux et pauvres en silice,
les carbonates de chaux et de potasse remplaçaient
la silice dans la formation du squelette des plantes.
Enfin, la chaux vive a la propriété de rendre soluble
une légère quantité de silice. Suivant les uns, le
carbonate de chaux aurait la propriété de neutraliser
les acides qui se développent pendant la végétation
et surtout dans sa première période, celle qui accompagne et suit la germination, et ceux qui abondent
dans certaines terres végétales (tourbe, terre de
bruyères) ; selon d'autres, au contraire, ces acides
rendraient la chaux plus soluble et prépareraient
son assimilation par les plantes.

Les sols dans lesquels abonde le carbonate de
chaux ont en général une couleur plus ou moins
blanchâtre, réfractent fortement la chaleur, sont
très-poreux en été et très-humides en hiver. Enfin,
leurs propriétés physiques sont modifiées différemment, selon l'état dans lequel s'y trouve le carbonate de chaux. Il peut en effet se rencontrer dans un
sol : 1° à l'état de fragments d'un volume plus ou
moins considérable ; 2° à l'état de sable calcaire ;
3° à l'état de très-grande division en poudre impal-
pable. Sous ces différentes formes, il joue des rôles
divers, communique au sol des propriétés distinctes,

4.

et c'est sous la dernière surtout, qu'il est susceptible d'intervenir plus facilement dans la nutrition
des plantes. C'est sans doute en partie à ces différents états qu'il faut attribuer le fait de l'existence
du même degré de fertilité dans des terres très diversement riches en carbonate de chaux, et la fertilité souvent très-différente de sols également riches
en calcaire.

Le carbonate de chaux se reconnaît par l'analyse
chimique en ce qu'il se dissout en faisant effervescence dans les acides.

Le phosphate de chaux, ou combinaison du
calcium avec l'acide phosphorique, est beaucoup
moins abondamment répandu dans le sol que le
carbonate, parfois même il fait presque complètement
défaut; en Espagne, il forme presque exclusivement
les montagnes de l'Estramadure ; en France, on en a
découvert des carrières abondantes dans les Ardennes
(nodules phosphatés, coprolithes), et sur divers autres
points de la France. Quand on considère, en effet,
que le squelette, le lait et la plupart des liquides et
des organes animaux en renferment une notable proportion, que les graines des céréales et la plupart des
semences en contiennent une proportion plus ou moins
notable, on est amené à conclure qu'il est important de
l'incorporer artificiellement au sol qui n'a guère pour
ressources que les débris animaux qu'il a fournis.
Ajoutons que, d'après les curieuses expériences du
prince de Salm, l'acide phosphorique, sous forme de
sel, serait doué de l'importante faculté de favoriser
la germination et la première végétation de la plupart des plantes. Enfin, on sait que le phosphore est
reconnu pour un excitant des fibres organiques des
végétaux aussi bien que des animaux.

Presque aussi insoluble que le carbonate de chaux

dans l'eau pure, le phosphate de chaux l'est davantage dans l'eau chargée d'acide carbonique ; on le rencontre dans presque tous les sols, ou tout au moins est-il remplacé par le phosphate de magnésie. Certaines plantes, les crucifères surtout et particulièrement les navets-turneps, sont avides de cet élément. On peut le leur procurer artificiellement en apportant dans le sol de la poudre d'os, de la poudre de coprolithes (nodules calcaires, superphosphates de chaux), qui paraissent avoir en outre la propriété d'éloigner les altises ou puces de terre qui détruisent fréquemment ces plantes dans leur jeunesse. On sait que les phosphates sont tous solubles dans les acides énergiques, que 100 parties de phosphate de chaux correspondent à 46,15 d'acide phosphorique et à 53,85 de chaux ; que la présence des phosphates se dénote par un précipité blanc de phosphate de plomb obtenu au moyen de quelques gouttes d'acétate de plomb versé dans un liquide nitrique et alcoolique qu'on a fait bouillir avec la terre à analyser et qu'on a filtré ensuite.

Le sulfate de chaux ou plâtre, est une combinaison de l'acide sulfurique avec la chaux (gypse, sélénite, plâtre). Il est très-commun dans la nature où on le rencontre tantôt en prismes volumineux, tantôt en lames, en aiguilles ou en masses grossièrement cristallisées sous forme lamellaire. Il est très-peu soluble dans l'eau, puisqu'il faut 461 parties d'eau pour dissoudre une partie de plâtre. C'est pourquoi on le trouve rarement, et en petites quantités seulement, dans les sols qui appartiennent à d'autres formations que celle du gypse, à moins qu'il n'y ait été artificiellement ajouté. On ignore encore de quelle manière le plâtre agit sur la végétation ; beaucoup de théories ont été émises sans qu'aucune ait encore

été généralement admise ; tout ce qu'on sait, c'est
que son action ne se fait sentir que sur les sols qui
renferment déjà une certaine proportion de carbonate et de phosphate de chaux ; et qu'il doit être répandu à la surface du terrain et non mélangé à la
couche arable. On l'emploie aussi pour fixer l'am-
moniac des engrais en fermentation ; mais aussi, il
a la propriété de dégager de l'acide sulfhydrique,
dont on connait l'odeur infecte, et qui caractérise
alors les eaux du fumier et le fumier lui-même ; il
s'est produit d'un côté du sulfate d'ammoniaque, et
de l'autre, du sulfure de calcium qui dégage de
l'hydrogène sulfuré (acide sulfhydrique ou hydro-
sulfurique).

2" *Magnésie*. La magnésie ou oxyde de magné-
sium, se rencontre le plus fréquemment dans la
terre sous forme de carbonate, et accompagne presque toujours le carbonate de chaux. On le rencontre parfois en masses assez abondantes (magnésite),
comme à Salinelles, dans le département du Gard ;
il est encore trouvé en quantités notables dans les
vallées d'alluvion dont le bassin supérieur est formé
de schistes magnésifères, de dolomites ou de roches
talqueuses. On avait longtemps regardé cet élément
comme funeste pour la végétation ; mais la chimie
a démontré sa présence (7 à 12 0/0) dans d'excellentes terres du Languedoc, dans des marnes très-
énergiques (20 0/0), dans le limon du Nil (10 0/0).

Le carbonate de magnésie absorbe deux fois plus
d'eau que le carbonate de chaux, et rend ainsi le terrain plus frais en été, et plus humide en hiver. Dans
la végétation, ces deux sels paraissent pouvoir se
remplacer mutuellement, d'après les expériences de
de Saussure ; en effet, le carbonate de magnésie
peut être transformé par l'eau chargée d'acide car-

bonique, en bicarbonate soluble, tout aussi bien que le carbonate de chaux. Une plante de la famille des graminées, le nardus stricta ou nard raide caractérise souvent les sols où cet élément prédomin ·.

3° La *Silice*, ou sable, est de l'acide silicique (silicium et oxygène), corps très-divisé en général, en poudre blanche très-fine, très-mobile et fuyant sous les doigts comme de l'eau, sans odeur ni saveur, fusible à de très-hautes températures seulement et prenant alors l'aspect du verre ; elle est aussi très-répandue dans la nature sous la forme de masses plus ou moins transparentes et cristallisées, plus pures dans le cristal de roche, plus ou moins combinées avec des oxydes métalliques dans les quartz. Dans les sols arables, on rencontre de la silice pure, provenant de la décomposition des roches (silicates) ; de la silice impure, à l'état de combinaison avec d'autres substances et formant avec elles des silicates (de chaux, de potasse, de soude, d'alumine), et plus ou moins mélangée d'oxydes métalliques. Sous cette dernière forme, elle présente tantôt l'aspect de petits cubes plus ou moins anguleux, de sphérules ou de sphères, de rognons, de galets ou de cailloux, de diamètres et de couleurs variables. Dans tous ces états, elle a la propriété de rayer le verre, d'être insoluble dans l'eau et dans les acides même les plus concentrés sauf l'acide fluorhydrique. Cependant, dit M. Bobierre, quand elle provient de la décomposition des silicates, avant de devenir pulvérulente par la dessication, et particulièrement *à l'état naissant*, c'est-à-dire au moment où elle se sépare des substances avec lesquelles elle était combinée, la silice peut se dissoudre dans l'eau en quantité assez notable (*Chimie agricole*, p. 93). Or, ce n'est que sous cet état soluble qu'elle peut être ab-

sorbée par les végétaux dont elle contribue à former surtout le squelette extérieur, ainsi qu'on le
peut voir sur le chaume des céréales (seigle, avoine,
froment), les prêles, les roseaux (rotang, arundo do-
nax), etc. La chaux à l'état caustique peut solubiliser aussi une certaine proportion de silice. MM. Ver-
deil et Risler se sont assurés que toutes les terres
arables renferment de la silice soluble dans l'eau,
ce qu'il était facile de prévoir d'après la proportion
notable de ce corps contenue dans les diverses parties du plus grand nombre, sinon de toutes les plantes.

Les propriétés communiquées au sol par la silice,
varient suivant l'état dans lequel elle s'y trouve :
quand elle est très-finement pulvérisée (porphyrisée),
elle prend toutes les propriétés physiques de l'alumine ; c'est à-dire qu'elle acquiert une certaine force
de cohésion, qu'elle absorbe et retient l'eau et se
fendille (se retrait) en se desséchant. A l'état de sable
très-fin, elle retient 30 0/0 d'eau ; en sable à gros
grains, elle n'en conserve plus que 20 0/0. Les cailloux plats paraissent augmenter l'hygroscopicité du
sol, tandis que les cailloux ronds et d'un certain
diamètre la diminuent, et exposent le sol à souffrir
de la sécheresse en été. C'est d'après le volume de
ces agglomérations siliceuses que M. de Gasparin a
établi sa distinction des terres en : 1° *sablonneuses*,
celles dont les particules les plus grosses ont de un
demi-millimètre à deux millimètres de diamètre ;
2° *graveleuses*, celles qui sont remplies de particules de deux à dix millimètres de diamètre ; 3° *caillouteuses*, celles qui portent des fragments de pierres
de un à vingt centimètres de diamètre ; enfin,
4° *rocheuses*, celles à la surface et dans le sein
desquelles on trouve des roches ayant plus de $0^m,20$
de diamètre.

La silice semble indispensable à la constitution des végétaux dont elle forme en partie le squelette ; elle remplit donc un but plutôt mécanique que nutritif ; mais pour cela, il faut qu'elle soit solubilisée dans le sol ; nous avons vu que, tantôt elle se trouvait naturellement dans cet état, et que d'autres fois, on pouvait l'y amener artificiellement par l'emploi de la chaux. C'est elle, c'est la silice solubilisée d'abord, combinée ensuite, qui s'amasse en concrétions dans les nœuds des graminées et revêt extérieurement leur tige d'une pellicule mince et transparente, analogue à du verre et qui fait leur résistance sans nuire à leur élasticité, les garantit contre la verse sans les empêcher d'onduler sous le vent. Admise dans la plante, elle revêt la forme de silicates doubles de soude et de potasse, d'alumine et de chaux. Mais sitôt que la silice a subi le degré de chaleur rouge, ainsi que cela peut arriver dans l'écobuage, elle devient complétement insoluble dans l'eau. A mesure que la végétation s'avance, on trouve dans les plantes, la silice plus abondante, son peu de solubilité ne lui permettant pas de se dissoudre de nouveau, ni d'être entraînée après qu'elle a été déposée. Elle s'accumule surtout dans les feuilles et se manifeste ensuite dans le terreau qui résulte de leur décomposition et où elle se trouve abondante (de Gasparin, *Cours complet d'Agriculture*, t. 1er, p. 66). C'est à ce fait que les terres de bruyères doivent en partie leurs propriétés physiques.

4° L'*argile*, dans son état de pureté est une substance habituellement formée, sur cent parties, d'environ : 52 parties de silice, 33 parties d'alumine et 15 parties d'eau. Bouillie avec de l'acide chlorhydrique concentré, elle peut donner ensuite de l'alumine par l'addition d'un alcali. Bouillie avec une dissolution de potasse, l'argile peut donner ensuite, avec un acide, de la silice gélatineuse. Lorsqu'elle a été un peu calcinée, elle est plus facilement attaquable, surtout si elle contient un peu de chaux en combinaison (Isid Pierre, *Chimie agricole*, p. 64). Lorsque la calcination est poussée plus loin, au rouge blanc, par exemple, les propriétés physiques de l'argile sont notablement modifiées.

L'alumine (du mot latin *alumen*, alun) est un oxyde d'aluminium, combinaison d'aluminium et d'oxygène ; elle est très-répandue dans la nature, sous la forme surtout de silicate d'alumine. En cet état, elle est grasse et onctueuse au toucher, est très-avide d'eau avec laquelle elle forme une pâte consistante et très-liante adhérente à tous les corps, plus au fer qu'au bois ; quand elle est desséchée, elle doit à son avidité pour l'eau de happer à la langue ; soumise à une température rouge, elle perd son hygroscopicité et sa faculté d'adhérence et prend en partie les propriétés physiques de la silice. Avant la cuisson, elle peut absorber et retenir jusqu'à 70 p. 0/0 de son poids d'eau ; après, elle n'en conserve que 25 à 30 p. 0/0. Mais, avant comme après, elle est douée de l'heureuse propriété d'absorber les gaz ammoniacaux et de les fixer. Aussi, trouve-t-on toujours de l'ammoniaque dans les argiles des sols cultivés, que ce gaz provienne de l'atmosphère ou des engrais incorporés au sol. « Les agriculteurs, dit M. de Gasparin, savent que quand ils mettent en valeur des terres argileuses, depuis longtemps épuisées. la première fumure semble ne produire aucun effet; l'argile s'en est emparée, retient dans son tissu les gaz ammoniacaux, et ce n'est quelquefois qu'après plusieurs fumures et quand elle est saturée, que la terre paraît se ressentir de nouvelles doses d'engrais ;

mais alors, ces terres amenées à cet état sont très-fertiles. Si l'on continue à en tirer des récoltes sans les fumer, les produits baissent peu à peu, et quand l'humidité de la saison, en humectant fortement l'argile, met de l'eau surabondante à la portée de l'ammoniaque contenue dans les pores de l'argile, cette eau s'empare de ce gaz et le transmet aux racines des plantes ; l'argile s'appauvrit ainsi de nouveau. Il est assez facile à un praticien exercé, à un homme qui tient un compte exact de ses opérations, de juger si une terre argileuse se trouve dans cette position moyenne où l'engrais donne exactement des produits proportionnels à sa quantité. Si l'on analyse des terres en cet état, on trouve qu'avant la fumure, elles contiennent environ 0,005 d'azote pour chaque centième d'alumine contenue dans l'argile non brûlée du sol.

« Cette donnée est de la plus grande importance, elle nous apprend que toute terre argileuse doit posséder un capital en fumier avant d'être portée à toute sa valeur ; que dans les années de sécheresse, où la masse d'argile n'est pas pénétrée d'une humidité surabondante, ce capital reste improductif ; qu'il reparait en partie par l'effet des saisons plus humides ; mais que, dans tous les cas, il est nécessaire pour que le fumier ajouté produise son effet. » (*Ibid.*, p. 70-71).

C'est dans ce même but, de faire absorber les gaz ammoniacaux par l'argile, qu'on a conseillé de répandre cette terre par couches alternatives dans les bergeries, d'en recouvrir les tas de fumier, enfin, d'enfouir les engrais dans le sol pour qu'ils y achèvent sans pertes leur fermentation.

La consistance moléculaire de l'argile mouillée, son adhérence aux corps étrangers, la dureté qu'elle acquiert par la dessication, la rendent difficile, pénible et coûteuse à travailler en hiver et en été ; il faut la saisir au moment où elle n'est ni trop humide ni trop sèche, période qui passe rapidement. Si d'un côté, elle fournit plus longtemps que la silice de la fraîcheur aux plantes pendant les premiers temps de sécheresse, d'un autre côté, elle ne laisse pénétrer que peu profondément les rosées et les pluies d'orage ; les fentes et crevasses qui s'y forment sous l'influence prolongée de la chaleur et de la sécheresse permettent un facile accès à l'air ambiant jusqu'aux radicules des plantes ; en hiver, elle forme une pâte molle, augmentant de volume par la gelée et expose les racines au déchaussement.

On modifie, ainsi que nous le verrons, ces différentes propriétés, par les façons aratoires, l'écobuage, le drainage, etc.

5° La *potasse* se rencontre dans tous les sols et dans presque tous les végétaux, sous diverses combinaisons chimiques dans la terre, en différents organes dans la plante. Elle se présente le plus souvent sous la forme de sels solubles (carbonate, nitrate, chlorhydrate), parfois sous celle de combinaisons insolubles (sulfate, silicate). La formation du nitrate se fait dans la nature par la combustion de l'ammoniaque. Quand l'ammoniaque se combine avec l'oxygène, il se forme de l'acide nitrique et de l'eau, et cela se fait encore plus facilement si l'acide nitrique rencontre de la potasse, et peut s'unir avec elle pour former un sel (J. Moleschott). C'est sous forme de sulfate de potasse qu'on la rencontre dans les feuilles réunie à l'acide silicique et au carbonate de chaux (Berthier) ; sous celle de carbonate qu'on la trouve dans les sarments et les feuilles de la vigne, et généralement dans toutes les parties des végétaux abondantes en cellulose (Wolff). M. Isidore Pierre a expérimenté que ce même carbonate de potasse est un excellent engrais pour les betteraves destinées à l'extraction du sucre, tandis que le nitrate convient merveilleusement au trèfle. C'est à l'état de nitrate, c'est-à-dire combinée à l'ammoniaque, et de carbonate, qu'on rencontre le plus ordinairement la potasse dans la terre.

Tandis que dans certains terrains, fertiles néanmoins, on ne la trouve parfois que dans la proportion d'un millième, dans d'autres (midi de la France, Espagne, Inde) le nitrate de potasse est tellement abondant qu'il vient s'effleurir à la surface du sol. Fuchs a trouvé 3 à 4 p. 0/0 de sels de potasse et de soude dans certaines argiles marneuses, et Kuhlman a constaté leur présence dans toutes les craies qu'il a analysées. On augmente artificiellement la proportion de ces éléments importants par l'apport dans le sol de cendres et surtout de cendres lessivées qui produisent alors des résultats merveilleux. « Il est évident, toutefois, dit M. Pierre, que la présence dans un sol d'une quantité de potasse bien plus considérable que celle dont une plante a besoin, ne suffit pas pour établir que le sel dont il s'agit ne serait pas amélioré encore par une addition nouvelle de potasse faite sous une forme convenable. »

6° La *soude* se rencontre le plus souvent dans le sol sous forme de carbonate, sulfate, phosphate, silicate, nitrate, etc., jamais, non plus que la potasse, à l'état libre. Elle accompagne presque toujours la potasse, et ces deux corps semblent pouvoir, à défaut l'un de l'autre, se substituer réciproquement dans certaines plantes. On trouve la soude sous forme de chlorure dans toutes les terres peu éloignées des océans, et elle leur est fournie par la pluie et les rosées. D'après les expériences de M. Isidore Pierre, un hectare de terre situé aux environs de Caen (Calvados) recevait annuellement par les eaux pluviales :

Chlorure de soude..	$37^k,500$	Chlorure de potasse..	$8^k,200$
Sulfate de soude....	8 ,400	Sulfate de potasse...	8 ,000
Total.....	$45^k,900$	Total.....	$16^k,200$

Ensemble, $62^k,100$ de sels de potasse et de soude, c'est-à-dire un peu plus que n'en enlève au sol la plus abondante récolte de froment, paille et grains. Le sel marin des eaux des océans est un chlorure de soude et de potasse parfois employé comme engrais ; mais nous ferons remarquer que, dès qu'il se trouve dans une terre en proportion de 2 à 3 p. 0/0, les végétaux cultivés refusent d'y croître, et elle ne porte plus que des plantes marines, comme la soude (salsola soda), des atripex ou arroches (halimus, portulacoïdes, crassifolia, etc), des salicornes, des tamarix, etc.

C'est dans les feuilles, à leur maturité, qu'on trouve la soude comme la potasse, plus abondante dans les plantes, et surtout dans celles qui vivent dans les terrains salés au bord de la mer, ou près des mines de sel gemme. Ailleurs, certaines plantes n'en témoignent que des doses très-minimes. Dans les minéraux (albite, pierre d'amazone, feldspath, mica) la proportion de la soude est plus élevée que celle de la potasse ; M. Kuhlman l'a rencontrée, comme la potasse, dans toutes les craies qu'il a analysées.

Puisque les organes foliacés des végétaux, des fourrages, renferment de la soude, les excréments du
bétail et les litières, en un mot, les engrais en doivent contenir aussi, et M. Isid. Pierre estime que les
fumures et les pluies sont suffisantes pour compenser
l'épuisement du sol par les récoltes.

7° Le *fer* n'est pas moins répandu dans la nature
que les différents corps que nous venons d'étudier.
On le rencontre principalement, dans les sols arables,
sous forme d'oxyde et de sulfate ; c'est lui qui, oxydé
à différents degrés, les colore en jaune, en rouge,
en noir, augmentant leur pesanteur spécifique, accroissant leur ténacité et leur faculté d'échauffement.
Autant ces propriétés peuvent être favorables sous
un climat froid et tardif, autant elles sont nuisibles à
la culture sous un climat un peu chaud où les premières chaleurs dessèchent le sol et tuent toute végétation. Quand il accompagne, en proportion notable, un terrain siliceux, celui-ci, au dire de M. de
Gasparin, s'échauffe et se dessèche si rapidement
qu'il devient presque impropre aux cultures dans les
pays méridionaux ; le seigle lui-même a de la peine
à y épier. Le même savant a remarqué que, sur les
terrains où il manque, on trouve un grand nombre
de variétés blanches de fleurs naturellement rouges
(authirrinum entre autres) ; que le vin produit sur
ces sols contient moins d'alcool et plus de mucilage,
qu'il est plus pâle en couleur et se conserve difficilement ; nous savons aussi, par les expériences de
M. Salm-Hortsmar, que l'avoine qui manque de fer
perd sa couleur verte, devient pâle et ne peut produire de fleurs ni de fruits ; par celles de MM. E. Gris
et Schatenmann, que le sulfate de fer rend aux
plantes étiolées (chlorosées) leur couleur verte et
leur vigueur de végétation, qu'il change même la

coloration de plusieurs fleurs et fait passer celle de l'hortensia, par exemple, du rose au bleu [1].

Des effets favorables obtenus dans l'emploi comme engrais d'une tourbe vitriolique, en Angleterre, et d'un charbon de terre vitriolisé, en Allemagne, Thaër concluait que le vitriol (sulfate de fer) a une grande influence sur la végétation lorsqu'il est intimement combiné avec le charbon. Probablement, dit-il, l'action de la lumière et de l'air opère ici la décomposition de l'acide sulfurique, dont l'oxygène se combine avec le carbone et forme de l'acide carbonique ou quelqu'autre substance favorable à la végétation. Il est également vraisemblable que, par le moyen de l'hydrogène qui est uni au charbon, le soufre et ce charbon lui-même entrent en combinaison et contribuent aussi à activer la végétation. Il n'en est pas moins vrai que les terrains où le sulfate de fer est abondant sont à peu près stériles, et que le long des ruisseaux qui charrient des eaux vitrioliques, on ne rencontre que quelques menthes chétives, quelques joncs et plusieurs carex.

Mais l'oxyde de fer est doué d'une précieuse propriété, celle d'absorber et de fixer, sous forme d'ammoniaque, l'azote de l'air, exactement comme les argiles qui peut-être ne doivent cette faculté qu'à sa présence. Mais ici, M. Isid. Pierre fait une distinction importante : « L'oxyde de fer que l'on ramène à la « surface du sol par les labours est, dit-il, ordinai-

---

[1] Quelques expériences assez récentes feraient supposer que le fer est indispensable à la formation de la chromule (chlorophylle), ou matière verte des végétaux. On sait que les parties colorées en vert des plantes, ont seules la faculté de décomposer et de fixer l'aride carbonique de l'air.

« rement moins riche en oxygène que celui qui a
« été exposé longtemps au contact de l'air et de
« l'humidité, et sa couleur est ordinairement plus
« brune. En absorbant une nouvelle quantité d'oxy-
« gène sous l'influence de l'air et de l'humidité, cet
« oxyde inférieur de fer donne en même temps lieu à
« une action chimique bien remarquable et bien di-
« gne de fixer notre attention ; il donne lieu à une pro-
« duction de cette ammoniaque, à laquelle on attribue
« aujourd'hui un rôle si important en agriculture.

« L'oxyde rouge de fer devient brun lorsqu'il a
« séjourné dans la terre en contact avec des matières
« organiques. Voici ce qui se passe alors : les ma-
« tières organiques sont oxydées, lentement brûlées
« par l'oxygène qu'abandonne l'oxyde rouge de fer
« pour passer à l'état d'oxyde brun, et cette com-
« bustion lente, en activant la décomposition et la
« transformation de ces substances organiques, peut
« aussi jouer un rôle important dans la durée d'action
« des engrais. Pour nous résumer, nous distingue-
« rons donc, dans les terres, deux sortes d'oxydes
« de fer, dont l'une concourt à la destruction des
« matières organiques et à la production de l'ammo-
« niaque, et dont l'autre possède la propriété d'ab-
« sorber, d'emmagasiner en quelque sorte cette
« ammoniaque pour la fixer dans le sol et en augmen-
« ter ainsi la fécondité. » (*Chimie agricole*, p. 102.)

Quant au sulfate de fer, ce n'est en quelque sorte
qu'accidentellement qu'on le rencontre dans le sol ;
cependant, il est quelquefois assez abondant pour
le rendre presque stérile.

8° Le *manganèse* se rencontre exceptionellement
dans quelques terres sous la forme de carbonate,
d'oxyde ou de bisilicate. M. de Gasparin ne l'a rencontré que deux fois ; l'une dans un sol abondant

en silice et assez pauvre, quoique les mûriers y
vinssent bien ; l'autre dans un dépôt fertile du torrent
appelé le Gardon ; dans l'une et l'autre de ces terres,
sa petite quantité ne permettait pas d'observer le
rôle qu'il y jouait ; mais évidemment il n'enrichis-
sait pas le premier et ne nuisait pas à la fertilité du
second. D'après M. Isid. Pierre, presque toutes les
terres en contiendraient sous la forme d'oxyde, bien
qu'on l'y cherche rarement dans l'analyse chimique.
Sprengel en a dosé 0,10 p. 0/0 dans une terre d'alluvion marine de la Frise, très-riche ; 0,30 p. 0/0
dans une terre assez fertile des environs de Gœttingue ; enfin 0,05 p. 0/0 dans une terre presque stérile des environs de Lunebourg. Selon ce même
chimiste, ce sel serait contraire à certaines plantes,
mais il paraît indifférent, sinon favorable, à beaucoup
d'autres, ainsi qu'on vient de le voir. En tous cas,
il partage, avec l'oxyde de fer, la propriété de colorer les terres en brun plus ou moins foncé.

B. Éléments végétaux. — 9' *Le carbone, terreau,*
ou *humus*, si indispensable aux plantes qui en forment
leurs fibres, leur est fourni par deux sources :
l'atmosphère et le sol. L'acide carbonique de l'atmosphère est transporté dans la circulation séveuse
par les bicarbonates de chaux et de magnésie solubi-
lisés par l'eau chargée déjà d'acide carbonique ; le
carbone provenant des matières organiques, végétales
ou animales contenues dans le sol est incessamment
décomposé par la plante sous l'action de la lumière.
Le carbone est assimilé et l'oxygène superflu se dégage. « Que ces sources de carbone puissent, dit
M. de Gasparin, se suppléer mutuellement et que la
plante puisse vivre et croître indépendamment du
carbone qu'elle tire du terrain, c'est ce que nous
démontre l'existence de forêts sur des sols qui ne

pourraient produire que de chétives moissons. Liebig a fait observer qu'un hectare de forêts, un hectare de prairie, un hectare de betteraves, un hectare de blé produisent à peu près la même quantité de carbone (2,000 kilog. environ) qui a été prise sur des sols et dans des conditions bien différentes les unes des autres.... Le carbone ne manque donc jamais aux plantes, c'est l'élément dont elles sont le mieux pourvues; mais il ne parait pas qu'il leur soit absolument indifférent de le recevoir avec plus ou moins de facilité et sous une forme plutôt que sous une autre; il est certain, au moins, qu'elles paraissent prospérer plus particulièrement dans les sols qui possèdent une certaine quantité de terreau soluble. » (*Cours complet d'Agriculture*, t. Ier, p. 118-119.)

M. Liebig dit que : sur des surfaces égales de terrain, en forêt ou en prairies dans un sol qui renferme les principes minéraux indispensables à la végétation, on récolte sous forme de bois ou de foin, sans qu'on y ait apporté aucun engrais carboné, une quantité de carbone égale, et, dans beaucoup de cas, supérieure à celle qu'une terre cultivée produit en paille, en grains et en racines. M. Chevandier a cherché à prouver par des expériences directes que les plantes s'emparant, suivant leur nature, avec plus ou moins d'avidité, des éléments de nutrition et de composition contenus dans le sol ou dans l'atmosphère, présentent, quant au carbone fixé dans leurs tissus, des dissemblances frappantes. Ainsi, il a trouvé que :

Dans les Vosges et le pays de Bade, les futaies de charme, produisent annuellement....... 12^k,45 de carbone.
Dans les Vosges et le pays de Bade, les futaies de sapin............................. 18 ,94 —
Dans les cultures de M. Dailly, à Trappes, près Paris, 1600^k de blé, plus le chaume et la paille 22 ,88 —

Dans les Vosges , sur un sol riche de même nature, 3000ᵏ de blé, plus le chaume et la paille	35 ,75 de carbone.
Dans les cultures de M. Dailly, 9000ᵏ de foin de luzerne..	33 ,77 —
Dans les Vosges, sur un sol riche de même nature, 15800ᵏ de foin de luzerne	62 ,35 —

Ainsi, les plantes, prélevant sur le même sol, dans le même climat, des quantités différentes de matières, selon leur nature et leur position, sont loin d'être identiques. (*Mém. de l'Acad. des Sciences*, 1847.) Nous ajoutons qu'on en pourrait dire à peu près autant, et de tous les éléments du sol, et de toutes les plantes; la chimie ne nous semble pas tenir assez compte de la forme sous laquelle les principes minéraux et organiques se présentent aux plantes et des facultés d'élection dont sont douées celles-ci.

Pour compléter ces faits, il sera peut-être intéressant de rappeler que MM. Boussingault et Léwy ont trouvé dans divers sols les quantités suivantes d'acide carbonique confiné entre les molécules sur une profondeur de 0ᵐ,35 seulement :

Nature du sol, culture et fumure.	Acide carbonique dans 100 d'air confiné.		Air confiné dans un hectare de terre.	Acide carbonique confiné dans un hectare de terre.
	En volume.	En poids.		
Sable, sous-sol d'une forêt, fortement tassé....	0,24	0,37	309 mètres	741 litres
Loam, sous-sol d'une forêt, fortement tassé.....	0,83	1,28	247	2,051
Forêt, sol sablonneux, fortement tassé	0,86	1,30	412	3,540
Champ de topinambours, très-argileuse.........	0,67	1,01	721	4,828
Champ de luzerne, terre argilo-calcaire.........	0,83	1,26	772	6,408
Asperges anciennement fumées, sol sablonneux.	0,80	1,21	817	6,538
Champ de betteraves, terre argilo-siliceuse	0,86	1,31	823	7,083
Champ de carottes, terre silico-argileuse........	1,00	1,49	813	8,134
Vigne, sol sablonneux................	0,96	1,45	988	9,488
Prairie, sol argileux, assez comprimé..........	1,79	2,71	566	10,139
Asperges récemment fumées, sol sablonneux...	1,54	2,33	817	12,586
Terre légère, fumée depuis un an..........	2,27	3,42	824	18,695
Sol très-riche en humus............	3,63	5,44	472	53,437
Terre légère, récemment fumée.......	9,78	14,18	824	80,543

Il ressort de ces chiffres, concluent les auteurs,
que : 1° l'air enfermé dans un hectare de terre arable
fumée depuis près d'une année, contient autant
d'acide carbonique qu'il s'en trouve dans 18000
mètres cubes d'air atmosphérique ; 2° que dans l'air
d'un hectare de terre arable récemment fumée, l'acide
carbonique peut, dans certaines circonstances, représenter celui qui est contenu dans 200000 mètres
cubes d'air normal ; 3° que dans le loam sous-sol de
la forêt, en prenant l'épaisseur de 0^m,35 adoptée pour
la terre arable, l'air confiné dans cette alluvion
contient autant d'acide carbonique qu'il y en a dans
5000 mètres cubes d'air pris dans l'atmosphère.
(*Mém. de l'Acad. des Sciences*, 1848.)

Quoique l'acide carbonique paraisse fourni aux
plantes en suffisante quantité par l'atmosphère, il
n'est pas moins bon de remarquer que, d'après les
expériences de M. Chevandier, le produit des cultures parait s'élever en raison directe de l'abondance
de cet élément dans le sol. Ceci nous conduit à
parler des matières organiques (carbonées). Elles
proviennent des racines, des tiges (chaumes), des
feuilles restées dans la terre ou tombées sur le sol
après chaque récolte, des fumiers qu'on y enfouit,
des débris animaux qui y sont transportés. Toutes
ces substances, lorsqu'elles se trouvent placées dans
des circonstances favorables de chaleur en même
temps que d'humidité, entrent en fermentation,
dégagent de l'acide carbonique, de l'ammoniaque,
de l'hydrogène sulfuré, etc., et finissent par pourrir,
formant une sorte de terre noire, poreuse et légère,
à laquelle on donne le nom terreau ou humus. Il
peut, il doit donc se rencontrer dans le terreau des
matières fermentescibles mais n'ayant point encore
subi de décomposition, des parties en pleine fermenta-

tion, et d'autres enfin déjà réduites en terreau. Celui-ci, selon qu'il est composé en diverses proportions de matières végétales ou animales, est doué de qualités et de propriétés physiques un peu distinctes.

C'est pourquoi l'on distingue les terreaux doux, acides et les tourbes. On désigne sous le nom de *terreau doux* celui qui se trouve dans presque toutes les terres, et qui provient tant des débris de plantes et des engrais que des débris d'insectes ou d'animaux qui ont habité ces terres. Il s'est formé à l'air et ne donne, à l'analyse chimique, aucune réaction acide ; il convient à la végétation de toutes les plantes.

Le *terreau acide* provient de la décomposition des racines, feuilles et tiges de plantes riches en tannin, principe immédiat qui a des réactions acides et qui, se combinant avec les bases terreuses et alcalines de la terre, forme des sels de diverses natures. Le tannin se forme de toutes pièces dans ces végétaux par la combinaison de l'oxygène, de l'hydrogène et du carbone ; les bruyères surtout ont la propriété de le constituer dans leurs tissus, et sa présence dans le sol semble favoriser ensuite la végétation de certaines plantes, comme les fougères, le saule, le châtaignier, le chêne, etc. Aussi lui donne-t-on souvent le nom de terre de bruyères. Il donne une réaction acide très-sensible qu'on croit due à l'acide humique ou ulmique. M. Liebig pense que la conversion des débris végétaux, ligneux ou congénères, en humus, a lieu par suite d'une oxydation plus considérable de l'hydrogène que du carbone. Mais cet humus n'est qu'en partie soluble dans l'eau, et la chaux a la propriété d'augmenter cette solubilité. On rencontre presque toujours le terreau acide sur les hauteurs ou les pentes, sur les plateaux à inclinaison sensible, et reposant sur des roches perméables ou

fendillées, presque jamais sur les roches calcaires.
Les défrichements de terrains longtemps recouverts
de bois taillis ou futaies rentrent dans cette catégorie.

La *tourbe* est un terreau formé de l'accumulation
de plantes dont les débris se sont accumulés sous
l'eau. « Formée de diverses plantes, elle ne présente
pas une composition uniforme. En général, les plantes (iris, cypéracées, sedum, palustre, conferva ri-
vularis, etc.) qui la forment, contiennent peu de sels
alcalins qu'elles paraissent remplacer par des sels calcaires, comme dans le chara, qui s'en encroûte
entièrement ; la tourbe qui se forme sur un fond
calcaire ne contient pas d'acides. Souvent, on trouve
dans cette substance des acétates et des phosphates,
même des acides acétique et phosphorique libres
et du sulfure de fer. L'existence de ces corps dans
la tourbe tient à la présence, dans l'eau qui l'entoure, de principes immédiats qui éprouvent l'action désoxydante des plantes privées d'air, lesquelles
puisent l'oxygène dont elles ont besoin dans tous les
corps environnants : ainsi, l'oxyde de fer rouge se
change en oxyde noir, le sulfate de fer en sulfure. »
(De Gasparin. *Cours compl. d'Agr.*, t. 1er, p. 129.)
On trouve souvent dans les tourbes (ainsi que nous l'a-
vons pu voir dans la vallée de l'Yèvre auprès de Bourges) un grand nombre de petites coquilles fluviatiles
ou d'eau douce, dont toute la partie externe a été
dissoute par les acides du sol, tandis que la partie plus
interne paraît inattaquable par eux ; de sorte que,
bien que le sol puisse, à l'analyse chimique, fournir
une proportion assez notable de chaux, la végétation
ne le peut extraire du sol, puisqu'elle s'y trouve à
l'état insoluble. Tandis que les terres de bruyères
sont cultivables en tout temps et très-exposées à la
sécheresse au printemps et en été, les terres tourbeu-

ses sont très-humides durant l'hiver et le printemps,
se dessèchent et se fendillent promptement et profondément à l'été et à l'automne ; les unes et les autres, à cause de leur porosité, mais principalement
les dernières, à cause de la grande quantité d'eau
qu'elles absorbent en hiver, exposent immanquable-
ment les plantes au déchaussement.

En analysant le terreau, on y a trouvé de l'ulmine
et de l'acide ulmique, de l'humine et de l'acide humique, qui présentent la plus grande analogie avec
certains produits obtenus par MM. Malagutti et Mülder, en faisant agir, à la température de l'ébullition,
les acides nitrique et sulfurique sur le sucre. Enfin,
on y a découvert encore la géine et l'acide géique,
les acides crénique et apocrénique, auxquels on
attribue une grande importance. Ajoutons bien vite
que ces points de la science sont encore bien obscurs,
que tous ces corps sont bien peu connus, et que la
question n'a que bien peu progressé.

Le savant chimiste de Giessen, Liebig, l'auteur du
système des engrais minéraux, a dû se départir de
son absolutisme ordinaire en faveur du terreau :
« L'action de l'humus, dit-il, consiste en un développement accéléré de la plante, c'est un gain de temps.
Dans tous les cas, le produit en carbone s'accroit
sous l'influence de l'humus. Dans l'art de l'agriculture, il faut porter en ligne de compte l'opportunité
du temps. A ce point de vue, l'humus a une importance singulière pour la culture des espèces potagères. » Il fait d'abord décomposer entièrement
l'acide humique par une décomposition progressive
en acide carbonique et en eau, puis le fait absorber
par les racines. L'acide carbonique du sol complète,
suivant lui, l'acide carbonique de l'atmosphère, dissout
les phosphates de la terre, forme des bicarbonates

et transforme les combinaisons insolubles de silice en combinaisons solubles. C'est par ce moyen que les fibres des racines augmentent, par suite les feuilles, et avec elles l'absorption de l'acide carbonique dans l'atmosphère. A cette théorie de la décomposition de l'acide humique en acide carbonique et en eau, on peut opposer les expériences de Wiegmann et Mülder, qui ont démontré que ni l'acide carbonique ni l'ammoniaque ne peuvent remplacer l'action de l'acide humique.

L'école française (l'école chimique, j'entends) attribue à l'humus la plus grande influence dans la végétation, et elle recrute chaque jour des partisans en Angleterre et en Allemagne. Humus et ammoniaque, ce sont deux corrélatifs, et c'est parfois sous forme d'humate de chaux, mais plus souvent sous celle d'humate d'ammoniaque, que le terreau doux se présente dans nos terres cultivées. De Saussure, Johnston, Mülder, Soubeiran, Malagutti, Molleschott, d'accord avec tous les praticiens, ont défendu et défendent encore la théorie de l'humus, l'action de l'humate ammoniaque que M. Liebig attaque ardemment.

§ 2 Analyse chimique des sols

L'agriculteur doit être en mesure de faire succinctement l'analyse chimique du sol qu'il cultive, tant pour apprécier les modifications dont il est susceptible que pour lui adapter, un système de culture, un assolement, des engrais particuliers. La méthode qu'a exposée M. Gustave Le Bon, dans le tome XX, 5ᵉ série, des *Annales de l'Agriculture française*, nous paraît mériter d'être reproduite en entier. Pour des détails plus complets, nous renverrons à l'excellent ouvrage publié par M. Pouriau, dans la Bibliothèque des professions industrielles et agricoles [1].

1° *Dessication de la terre.* Après avoir pris dans un champ la terre destinée à être analysée, on commence par la faire sécher au bain-marie, opération qui paraît difficile, et néanmoins est extrêmement simple. Il

Fig. 1.

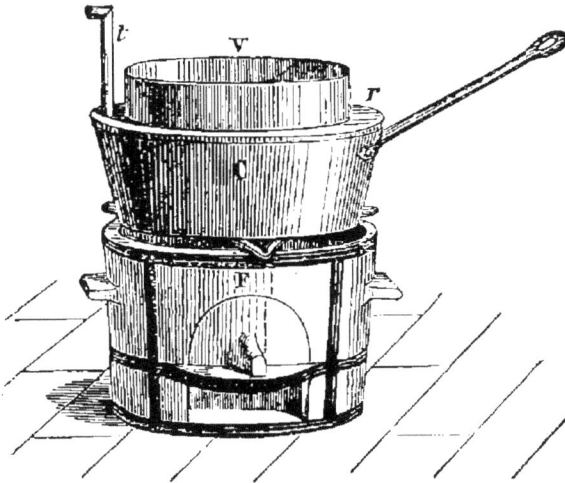

C, casserole en fer battu renfermant de l'eau ; V, vase en fer-blanc destiné à recevoir les matières à dessécher ; r, rondelle à rebord, percée d'un trou circulaire et munie d'une petite cheminée par laquelle s'échappe la vapeur ; F, fourneau

suffit, en effet, de mettre la terre dans un vase quelconque, fer-blanc ou fayence, et de le plonger dans une casserolle pleine d'eau qu'on porte à l'ébullition. Quand, après deux pesées consécutives, faites à plu-

[1] *Manuel du Chimiste-Agriculteur*, par A. F. Pouriau, ancien élève de l'Ecole centrale, sous-directeur de l'école de Grignon, 1 vol. 460 pages, 148 figures, et de nombreux tableaux suivis d'un *appendice.*

sieurs minutes d'intervalle, la terre ne perd plus son poids, elle est complétement desséchée [1].

2° *Dosage de la chaux*. On prend $0^k,100$ de la

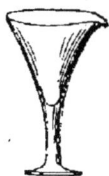

Fig. 2.

Verre
à expérience.

terre ainsi desséchée, on la réduit en poudre, on la met dans un verre à expérience et on la traite par l'acide chlorhydrique étendu d'eau et qu'on ne verse qu'à mesure que l'effervescence s'est produite. Quand toute la chaux est dissoute, ce qui a lieu quand la liqueur surnageante est acide, on filtre en lavant plusieurs fois le résidu avec l'eau. On fait sécher ce résidu au bain-marie, et ce

Fig. 3.

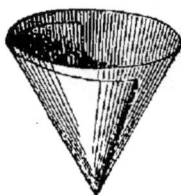

Filtre uni.   Filtre à plis.

qui a été perdu en poids indique la quantité de chaux contenue dans la terre.

3° *Dosage du sable*. Ce qui reste sur le filtre après l'opération précédente, renferme le sable, l'argile et l'humus. En agitant quelque temps ce mélange dans un matras avec de l'eau, le sable, en raison de sa densité, se précipite au fond, tandis que l'argile et l'humus restent en suspension. On les sépare par décantation, on recommence plusieurs fois cette opé-

---

[1] Nos figures sont empruntées à l'ouvrage de M. Pouriau dont nous venons d'indiquer le titre.

ration avec de nouvelle eau, jusqu'à ce que le sable reste parfaitement pur et ne trouble plus l'eau. Pour

Fig. 4.

1 litre

s'assurer qu'on n'a pas entraîné de sable avec l'argile, on promène l'ongle, sur le bord du vase qui a reçu l'eau du lavage ; si on sentait quelques grains de sable, il faudrait reprendre le dépôt comme précédemment. Quand l'opération est terminée, on dessèche le sable et on le pèse.

Matras jaugé.

4° *Dosage des matières organiques.*

Ce qui reste dans les eaux de lavage ne renferme

Fig. 5.

plus que de l'argile et de l'humus. On filtre, on dessèche le résidu au bainmarie, on le pèse, puis on le calcine au rouge dans un creuset, ou plus simplement sur une pelle en remuant de temps à autre avec une spatule de fer. Quand la terre a perdu sa couleur noire et présente une nuance claire bien homogène, l'opération est terminée. Elle dure généralement une heure. On pèse alors de nouveau ; ce qui a été perdu en poids représente la quantité d'humus que renfermait la terre.

Décantation.

5° *Dosage de l'argile.*

Ce qui reste en poids après qu'on a séparé l'humus, représente la quantité d'argile contenue dans la terre.

6° *Dosage de la silice et de l'alumine.* L'argile est composée d'alumine et de silice, et il peut être utile de savoir dans quelle proportion y entrent ces éléments. Il suffit, pour cela, de traiter le residu de la quatrième opération (l'argile calcinée) par l'acide chlorhydrique et faire bouillir dans un ballon. Tout ce qui n'est pas silice est dissout. On la sépare donc par filtration, on la lave à l'eau chaude sur le filtre et on la calcine pour prendre son poids. On a ainsi exactement la quantité de silice renfermée dans la terre, et la quantité d'alumine en déduisant du poids de l'argile la quantité de silice qui y était renfermée.

7° *Dosage de la magnésie.* Si, après l'opération précédente, on voulait connaître la quantité de magnésie qu'on supposerait être enfermée dans la terre, on traiterait la dissolution filtrée par le bicarbonate de potasse, qui précipiterait tout ce qui n'est pas magnésie. Elle resterait donc en dissolution dans la liqueur. On la fait déposer en faisant bouillir, on filtre, on calcine et on pèse.

La magnésie se reconnaît aux caractères suivants : saveur amère, précipité blanc d'hydrate avec la potasse, de même avec l'ammoniaque, à moins que la liqueur ne soit acide. L'ammoniaque ne précipite, du reste, que moitié de magnésie.

8° *Dosage du fer.* Beaucoup de terres renferment du fer en proportions variables et souvent fort utiles à connaître. Voici la manière d'opérer : on prend $0^k,100$ de la terre où on suppose la présence du fer, on la traite par l'acide chlorhydrique bouillant, on filtre, et si la liqueur filtrée contient du fer, on observe les réactions suivantes : précipité jaune d'oxyde de fer par l'ammoniaque ; précipité de bleu de Prusse par le ferrocianure de potassium (prussiate jaune de potasse). En ajoutant du réactif après repos et éclaicissement, tant qu'il se forme un précipité, on peut facilement séparer tout le fer, qu'on filtre et qu'on pèse après l'avoir fait sécher.

9° *Dosage du phosphate de chaux.* Quand on suppose dans une terre la présence du phosphate de chaux, on en prend 0ᵏ,100 qu'on traite par l'acide chlorhydrique à froid, comme nous l'avons dit pour la chaux. Quand il n'y a plus d'effervescence et que la liqueur surnageante est acide, on filtre. La liqueur filtrée est évaporée jusqu'à siccité dans une capsule de porcelaine. Le résidu est repris par l'eau distillée, qui dissout toutes les substances dont il se compose, à l'exception du phosphate de chaux, qui se précipite au fond du vase, d'où il est facile de le séparer par filtration.

10° *Essais pour les chlorures.* Il arrive quelquefois que certaines terres renferment de notables proportions de chlorures et notamment de chlorure de sodium ou sel marin. Il est facile de s'assurer de sa présence : on agite quelque temps la terre dans de l'eau distillée, on filtre, et on verse dans la liqueur quelques gouttes de nitrate d'argent. Si la terre contenait du sel, il se formerait immédiatement un précipité blanc, floconneux de chlorure d'argent. Il faut avoir bien soin d'employer de l'eau distillée ou tout au moins de l'eau de pluie. Si on se servait d'eau ordinaire, on obtiendrait constamment un précipité, quand bien même la terre ne contiendrait pas de chlorure.

A ces manipulations si simples et si simplement décrites, il ne manque que le dosage de l'azote, élément important, il est vrai, mais dont la recherche et la détermination supposent des analyses complètes, des instruments plus nombreux et des connaissances plus étendues. Ne pouvant cependant négliger un sujet si important, c'est à M. de Gasparin que nous demanderons de nous renseigner pratiquement sur cette opération chimique.

Pour procéder au dosage de l'azote contenu

Fig. 6.

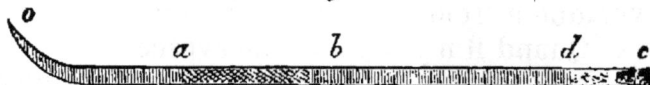

Tube en verre pour le dosage de l'azote.

dans le sol, on prend un tube de verre de $0^m,012$ de diamètre et de $0^m,80$ à $0^m,90$ de longueur. Il est fermé et étiré en pointe à une de ses extrémités. On met au fond de ce tube $0^m,12$ de longueur de bicarbonate de soude, puis $0^m,12$ de bioxyde de cuivre, on mêle ensuite bien exactement 10 grammes de la terre à analyser avec du bioxyde de cuivre en quantité suffisante pour que ce mélange occupe environ $0^m,12$ de longueur dans le tube ; on le recouvre de $0^m,25$ du même bioxyde de cuivre, sur lequel on met environ $0^m,25$ de cuivre plané et bien exempt d'oxyde en petits morceaux. On recouvre ce tube d'une enveloppe de cuivre laminé pour éviter sa flexion, dans le cas où le verre chauffé entrerait en fusion ou se ramollirait.

On ferme exactement le tube avec un bouchon de liége entrant par force. Ce bouchon est percé d'un trou dans lequel entre à frottement le tube terminal de l'appareil à boules de Liebig, dans lequel on a mis une solution concentrée de potasse caustique ; l'autre extrémité de ce petit appareil est mise en communication, à travers un autre bouchon, avec un tube recourbé, dont l'extrémité passe dans la cuve à eau, sous une petite cloche destinée à rece-

voir le gaz qui s'échappe. Telle est la dernière sim-
plification que l'on a donnée à cet appareil pour lequel
on peut ainsi se dispenser d'employer la cuve à
mercure sans nuire à la sûreté des résultats.

Le tube contenant la matière étant posé sur le fourneau, on place des charbons ardents seulement sur
le fond qui contient le bicarbonate de soude.

Il se dégage du gaz acide carbonique qui chasse
l'air contenu dans le tube et dans la matière. Quand
le bout du tube est bien échauffé, on saisit le moment où il cesse d'arriver de l'air dans la cloche ;
alors, on la retire, et on lui substitue une nouvelle
cloche graduée. On cesse de chauffer la partie du
tube qui contient le carbonate de soude, et l'on commence à chauffer la partie antérieure près du bouchon, en allant progressivement vers l'extrémité fermée, et en maintenant toujours une chaleur rouge
dans la partie antérieure qui contient le cuivre mé-
tallique, mais sans atteindre la partie qui contient le bicarbonate de soude. On continue à chauffer le reste du
tube tant qu'il passe des gaz. Quand il ne s'en produit plus, on cesse de chauffer la partie qui contient
les oxydes de cuivre, on recommence à chauffer fai-
blement le carbonate de soude, et quand la partie
opposée du tube est refroidie, on dégage le bouchon
qui le ferme, et l'on termine ainsi l'opération. On
mesure alors sur l'échelle de graduation de la cloche
le volume de gaz azote recueilli, on observe la température du thermomètre placé dans la cuve, et la
hauteur du baromètre, pour ramener le volume du
gaz à 0° c. de température et à la pression de
0^m,76.

Un cultivateur intelligent et possédant les notions
les plus élémentaires de la chimie sera certainement
en mesure d'exécuter, d'après les procédés ci-des-

sus, l'analyse de son sol et de ses engrais, et cela au plus grand profit de son industrie [1].

§ 3. Des différentes formations géologiques des sols.

Les différents phénomènes produits à la surface du globe par les volcans, les tremblements de terre, les eaux, les glaces, les affaissements et les soulèvements, nous expliquent en grande partie la manière dont ont dû s'effectuer la formation et la disposition des différents terrains qui y sont disséminés. Les uns ont été produits par les eaux et consistent principalement en cailloux roulés, en sables, en argiles, en calcaires, qui offrent un grand nombre de variétés ; les autres formés par fusion, à l'intérieur du globe, ont été expulsés au dehors : ce sont principalement des silicates de toute espèce, rarement seuls, mais le plus souvent mélangés à un grand nombre de substances. On distingue donc les terrains en : 1° *terrains neptuniens*, stratifiés, ou dépôts de sédiments, qui ont été formés sous l'eau, qui renferment abondamment des débris organiques, et dont les couches distinctes conservent une épaisseur à peu près égale sur une grande étendue ; 2° *terrains plutoniens*, non stratifiés, terrains massifs, ignés ou de cristallisation, entièrement composés de roches cristallines susceptibles d'entrer en fusion assez facilement, et qui ont été soumises à un lent refroidissement après avoir subi la fusion. Les premiers sont de formation bien postérieure aux seconds.

---

[1] Voir aussi Pouriau, *Éléments des sciences physiques appliquées à l'agriculture*, t. 1er. Biblioth. Eug. Lacroix.

Sans retracer ici un abrégé géologique, nous devons cependant étudier succinctement les principales formations qui ont donné naissance à notre sol arable, indiquer leur importance relative, leur situation et leurs qualités proportionnelles ; nous renvoyons, pour de plus amples détails, le lecteur au *Guide pratique de Physique, Météorologie et Géologie appliquées à l'horticulture et à l'agriculture*.

1° Les *terrains primitifs* sont composés de granite, de gneiss, de micaschistes, de talschistes, de grauwackes, de grès et de schistes. Ils produisent, par la décomposition, des sols de différentes natures : le granite, suivant que le feldspath ou le quartz y domine, forme des terres argileuses ou argilo-silicieuses, siliceuses, même quand les grains de quartz ont un diamètre assez considérable. Les roches porphyriques qui se décomposent difficilement produisent des terrains argileux. Les gneiss et les micaschistes donnent des sols argilo-siliceux ou silico-argileux ; les grès, le plus souvent des terres sablonneuses, et les schistes des terrains argileux très-compacts. Les terrains primitifs occupent le cinquième environ de la superficie de la France dont ils constituent le plateau central presque entier ; ce sont eux encore qui forment la Vendée et la Bretagne. Ils constituent plusieurs massifs étendus de la chaîne Pyrénéenne, les monts des Maures, la partie méridionale des Vosges et un massif étendu dans la région septentrionale des Alpes. On évalue leur superficie en France, à 10 400 000 hectares.

2° Les *terrains volcaniques*, dans le sens le plus restreint de ce mot, ont une origine ignée, mais sont produits par une cause moins étendue et moins puissante que les terrains plutoniens, une cause locale, en quelque sorte, puisque, sous ce mot, nous ne conprenons que les terrains produits par les volcans encore en ignition de nos jours ou éteints depuis un temps relativement peu éloigné. Ils proviennent de la décomposition des roches volcaniques et des déjections des volcans, laves, basaltes, trachytes, granites, ponces, argiles boueuses, etc. C'est sur des terrains de laves et de cendres volcaniques, qu'au pied du Vésuve, croit la vigne qui produit le Lacryma-Christi ; à Ténériffe, la pomme de terre végète admirablement sur ces sols ; sur les flancs de l'Etna, on y cultive la vigne, le figuier et l'amandier ; ils doivent leur fécondité à la présence des sels de soude et de potasse, à l'abondance du chlorhydrate et du sulfate d'ammoniaque ; mais ils sont exposés chaque année à la sécheresse et leur peu de consistance ne permet guère d'y cultiver que des végétaux vivaces à racines profondes.

Ces roches forment plusieurs grands massifs situés sur le plateau central de la France ; on en rencontre encore de petits lambeaux disséminés dans les causses d'Auvergne, le Languedoc, la Provence, les montagnes des Maures, la Lorraine et l'Alsace. Elles occupent en France, environ 520 000 hectares.

3° Les *terrains de transition* sont surtout composés de grès quartzeux ou schisteux et de schistes. Leur décomposition donne, pour les grès, des sols siliceux ou argilo-siliceux ; pour les schistes, presque toujours des terres argileuses. Ces terrains forment une bande continue d'une extrémité à l'autre de la chaîne des Pyrénées ; ce sont eux qui constituent la partie centrale de la Bretagne, le Cotentin normand, les monts des Ardennes ; ils forment encore plusieurs amas ou bandes dans les montagnes des Vosges et dans le plateau central. On évalue la superficie qu'ils recouvrent, en France, à 5 200 000 hectares.

4° Les *terrains triasique et pénéen* comprennent des marnes irrisées, des calcaires conchyliens et pénéens, des grès bigarrés, vosgiens et rouges. Les premiers produisent des sols riches en chaux et parfois même crayeux ; les seconds, des sols siliceux ou argilo-siliceux. On les rencontre dans la chaîne des Vosges, dans l'est de la Lorraine, sur les bords sud-ouest du plateau central, sur le revers nord-ouest du mont des Maures, on évalue leur superficie, pour la France, à environ 3 600 000 hectares.

5° Le *terrain jurassique*, un des plus importants de ceux qui constituent notre territoire, puisqu'il en occupe environ à lui seul la cinquième partie, présente une distribution assez curieuse : d'une part, il forme une ceinture presque complète autour du plateau central par les causses de l'Auvergne, le Quercy, le haut Poitou, etc, ; de l'autre, il embrasse en grande partie le terrain tertiaire de la Normandie par la Lorraine, la Bourgogne ; on le retrouve dans le Dauphiné, la Provence, la Guyenne, le Lyonnais, le Languedoc, l'Alsace, etc. ; il constitue en grande partie les montagnes du Jura et celles des Alpes ; enfin, il forme la portion nord-ouest de la chaîne des Pyrénées. Il est constitué par un calcaire alternant avec des sables et des argiles, des marnes bleuâtres, des rognons de calcaire compact et de silex, des grès calcaires jaunes ou verts, etc. Les terres arables qu'il fournit par décomposition sont généralement calcaires et plus ou moins argileuses ou siliceuses, selon les couches de sable (grès) ou d'argile qui affleurent. On estime qu'il occupe en France environ 10 400 000 hectares.

6° Le *terrain crétacé*, bien que d'une importance moindre de la moitié à peine, occupe encore environ

6 240 000 hectares. Il entoure d'une large ceinture
l'ancienne province de l'Ile-de-France, s'étendant
dans la partie septentrionale de l'Orléanais et du
Berry, l'ouest de la Champagne et le nord-ouest de la
Bourgogne, la Picardie, l'est de la Normandie et du
Maine ; on le rencontre en une large bande qui va du
nord à l'est de la Saintonge et en une autre bande
plus étroite qui, au sud de la Gascogne, relie les
deux mers; il apparaît dans le Languedoc, autour de
Viviers, Alais et Nimes; forme la partie nord et nord-
est de la Provence; enfin une bande assez étroite et
irrégulière limite le Dauphiné au nord, à l'ouest et au
sud-ouest, se terminant à Forlcalquier. C'est dans ce
terrain et le précédent qu'on trouve les gisements
de phosphate de chaux minérale (coprolithes, nodules, phosphate de chaux fossile) plus ou moins
abondamment extraits aujourd'hui dans les départements de la Seine-inférieure, Oise, Pas-de-Calais,
Nord, Aisne, Ardennes, Meuse, Marne, Haute-Marne,
Aube, Yonne, etc ; en Espagne, dans l'Estradamure ;
en Angleterre, dans les comtés de Suffolk, de Cam-
bridge, Surrey, etc.

7° Le *terrain tertiaire*, le plus important de tous
ceux qui constituent le sol français, puisqu'il forme près
du tiers de sa superficie, occupe l'ancienne Ile-de-
France, une grande portion de l'Orléanais (Beauce,
Gâtinais), le nord de la Flandre, la majeure partie de
la Guyenne et de la Gascogne, le sud du Languedoc,
presque toute la vallée du Rhône et de la Saône, la
vallée supérieure de l'Allier et quelques points de
celle supérieure de la Loire. C'est lui qui forme toute
la partie méridionale de la Belgique, la vallée du
Rhône en Suisse, la vallée du Rhin en France et quelque peu en Allemagne, le sud-est du Hampshire et le
sud-ouest du Sussex, en Angleterre, etc. Il est com-

posé de calcaires, de sables, d'argiles, de cailloux
roulés ou galets, de grès, de silex, de pierres meu-
lières, etc., et donne le plus souvent, par décomposition, des terres un peu fortes (loams) mélangées
presque toujours de calcaire. On estime qu'il recouvre, en France, 15 600 000 hectares environ. C'est
lui qui fournit les faluns d'Angers, de Nantes, de
Rennes, de Bordeaux, de Blois, de Tours, etc., exploités comme engrais ; c'est dans ce terrain aussi qu'on
exploite dans les départements de l'Aisne, de la Marne,
de l'Oise et du Bas-Rhin, les lignites pyriteux dont
l'agriculture fait un engrais et dont l'industrie extrait
de l'alun et du sulfate de fer.

8° Le *terrain moderne ou d'alluvion* qui occupe, en
France, environ 520 000 hectares seulement, présente des caractères très-différents suivant la cause
qui lui a donné naissance, c'est-à-dire selon surtout
qu'il provient des fleuves ou cours d'eau ou de la
mer. Nous distinguerons donc : *les dunes,* formées
au bord de la mer par les sables mobiles que les
vents transportent et accumulent sur nos côtes ; sur
les côtes de la Guyenne et la Gascogne, elles forment
une ceinture de 24 myriamètres de longeur sur une
largeur moyenne de 5 kilomètres et une hauteur qui
atteint souvent 500 mètres. On les retrouve sur le
littoral du Poitou, en Angleterre, en Écosse, en Hollande. Elles sont constituées par du quartz en grains
très-menus, arrondis et offrant, au microscope, la
transparence et la limpidité du cristal de roche. Les
grèves ou atterrissements de la mer se forment sur
nos côtes par les flots et les courants marins, tantôt
à l'embouchure des fleuves, dans les anses, les baies,
tantôt sur la côte qui semble s'exhausser et que la
mer abandonne. Nous en avons un exemple notable
dans la baie du mont St-Michel où, moyennant quel-

ques faibles travaux d'art, l'agriculture a su, dans
ces derniers temps, conquérir une vaste superficie
de terrains doués d'une fécondité presque inépuisable, après qu'on les eût dessalés au moyen de
l'irrigation à l'eau douce. Sur les côtes belges et hollandaises, nombre d'hectares ont été conquis ainsi
au profit de la culture. Les *terrains paludiens* ou
marais sont formés de particules terreuses très-fines
amenées par quelques ruisseaux, et de plantes aquatiques qui élèvent d'une manière constante et presque sensible le niveau du terrain. Les terrains dits
paluds, produits par le colmatage naturel ou artificiel de certains fleuves ou torrents, les tourbières,
les sols de marécages qui accompagnent souvent les
étangs rentrent dans cette catégorie.

Il résulte de cette étude très-sommaire, que la
nature des terres de la France est très-variée et doit
pouvoir fournir les éléments nécessaires à toutes les
cultures que lui permet son climat. Le tableau suivant résumera la disposition et l'importance de ces
diverses formations géologiques :

Terrains géologiques.	Distribution entre les principales des anciennes provinces de France.	Étendue superficielle.
Terrain primitif.	Bretagne S.-O., N.; Auvergne, Limousin Rouergue, Roussillon, Lorraine S.-O. Morvand, etc.	10400000 hectares.
Terrain volcanique.	Auvergne.	520000
Terrain de transition.	Bretagne N.-E., S.-E.; Béarn, Lauraguais , Valespir, Donezan, Provence S.-E. Lorraine N.-O	5200000
Terrain jurassique.	Lorraine, Champagne, Dauphiné S.-E., Normandie (Bessin, Auge, Ouche, Marches) , Boulonnais, etc..	10400000
Terrain carbonifère.	Lyonnais (St-Etienne), Bourgogne (Creusot), Bretagne (Languin), Picardie (Mons), Champagne (Anzin) , etc. . . .	520000
Terrain triasique.	Lorraine , Bourgogne , Champagne E., Gévaudan , Nivernais, O. Berry S., Poitou, Saintonge N.-E. etc.	3600000
Terrain crétacé.	Orléanais N., Tourraine Saintonge N.-O., S.-E., Navarre, Provence N.-E., S.-O., Dauphiné S.-O., Poitou N.-E., etc. . . .	6240000
Terrain tertiaire.	Ile-de-France, Flandres, Artois, Picardie, Guyenne, Gascogne, Languedoc S., Bresse, etc.	15600000
Terrain d'alluvion.	Camargue, littoral de l'Océan et de la Méditerranée, marnes, tour-bières, colmates, Limagne, Grésivaudan	520000
	Total	53000000

Nous verrons, tout à l'heure, que ces différents terrains ont donné, par leur décomposition, surtout des sols siliceux, puis des sols calcaires, et enfin des terres argileuses, dont la richesse varie en raison des matières organiques qui y sont mélangées et aussi en raison de la composition chimique des roches. Mais c'est ici le cas d'indiquer la distinction que l'agriculture a dû établir parmi ces diffé-

rents sols, au point de vue de leurs propriétés chimiques et physiques.

On a établi à cet égard des classifications très-compliquées que n'a point admises la pratique, parce qu'il lui faut avant tout la simplicité et qu'en multipliant les distinctions, on n'arrivait guère à une plus grande exactitude.

Nous établirons donc cinq classes seulement, d'après l'élément qui domine dans le sol, ou la combinaison en diverses proportions de ces éléments, rangeant dans une sous-division les terrains intermédiaires selon la proportion encore des éléments qui s'y présentent en seconde ligne, nous avons ainsi :

Classe des sols principaux.	Sols intermédiaires.	Superficie, hectares.	Superficie totale, hectares.
A. Calcaires.	Calcaires.	8814000 •	11912000 •
	Crayeuses.	3098000 »	
B. Argileuses.	Argilo-siliceuses.	2586000 »	4615000 •
	Argilo-calcaires.	918000 »	
	Argileuses.	1111800 •	
C. Siliceuses.	Siliceuses.	5882000 •	15900000 •
	Silico-argileuses.	6546000 •	
	Silico-calcaires.	3472000 •	
D. Sols de terreau.	Terre de bruyères.	6200000 •	6764000 •
	Tourbes, marécages.	564000 •	
E. Sols d'alluvion.	Terres franches, loams	13609000 •	13609000 •
	Totaux . . .	52800000 •	52800000 •

Quant à la composition chimique de ces diverses natures de sol, elle est en moyenne la suivante, d'après un assez grand nombre d'analyses :

Nature du sol.	Argile.	Silice.	Chaux.	Sels, terreau, perte.
A. Calcaires	40	20	30	10
Crayeuses.	10	20	60	10
B. Argileuses.	75	10	5	10
Argilo-siliceuses	6	25	5	10

Nature du sol.	Argile.	Silice.	Chaux.	Sels, ter-reau, perte.
Argilo-calcaires	60	15	15	10
C. Siliceuses.	20	65	5	10
Silico-argileuses	30	55	5	10
Silico-calcaires	20	50	20	10
D. Sol de terreau, bruyères.	4	60	1	35
Tourbes	2	10	2	86
E. Sols d'alluvion.	41	35	18	6

Sans être invariables dans certaines limites, ces
proportions néanmoins sont caractéristiques de chaque nature de sol par les propriétés physiques et
chimiques qu'elles lui communiquent, ainsi que nous
l'allons voir.

§ 4. Des terres calcaires et crayeuses.

Les terres calcaires, c'est-à-dire celles dans lesquelles domine la chaux ou la magnésie, puis l'argile et enfin le sable, doivent au carbonate de chaux
la propriété d'absorber une certaine proportion
d'eau (70 à 80 p.100), de se gonfler sous la gelée
et d'exposer les plantes au déchaussement; elles
lui doivent aussi leur couleur blanchâtre et la faculté de réfracter fortement les rayons solaires, ce
qui les rend froides et tardives au printemps; elles
durcissent fortement en été en se crevassant; leur
ténacité est moyenne, mais il ne faut les labourer
ni quand elles sont humides ni quand elles sont
sèches; on doit choisir leur état intermédiaire entre
ces deux extrêmes. Cette considération est importante, dans le midi surtout, où, dans ce cas, la terre
est dite *gâtée* et produit une infinité de mauvaises
herbes qui l'épuisent. Moins ces sortes de terres
sont piétinées par le bétail et plus elles produisent;
aussi doit-on, lorsqu'elles viennent d'être mouillées

par la pluie et qu'on les laboure, atteler les chevaux de la charrue l'un devant l'autre et non par couples. Elles consomment rapidement le fumier qu'on leur confie et doivent être fumées abondamment.

En outre, les fumiers pailleux les soulevant trop et les exposant encore à la sécheresse du printemps et de l'été, on doit leur réserver les engrais bien décomposés, fabriqués autant que possible avec des litières terreuses, ou des composts de terres, de fumiers et de substances animales.

Les sols calcaires sont généralement légers et faciles à travailler ; le plus grand nombre est peu fertile ; quelques-uns cependant, reposant sur la formation du calcaire des étages inférieurs, donnent des terres excellentes et d'une remarquable fécondité. Ils conviennent tous, en général, à la culture des plantes de la famille des légumineuses, le trèfle, les pois, le sainfoin, etc. Cette dernière plante convient particulièrement pour les sols qui reposent sur des roches calcaires entre les fissures desquelles elle introduit profondément ses racines, utilisant ainsi les substances fertilisantes que contient le sous-sol.

Les terres marneuses, très-rares, les marnes affleurant rarement le sol, sont un mélange d'argile et de chaux (5 à 20 pour 100) dont les propriétés physiques varient suivant les proportions relatives de ces deux éléments. On distingue en effet les marnes argileuses, calcaires et siliceuses qu'on emploie souvent comme amendements, et dont l'effet est variable suivant leur composition. Leur qualité est, en général, relative à l'acide phosphorique qu'elles renferment.

Les terres crayeuses sont celles qui renferment 60 p. 100 de calcaire au moins et 10 p. 100 d'argile au plus. Tantôt, la chaux y est formée de molécules de roches désagrégées sur place comme en Champagne, et provient d'une multitude de coquilles microscopiques ; d'autres fois, elle provient de dépôts paludiens de matière calcaire atténuée au fond des étangs d'eau douce, et dans ce cas, ils sont en général peu profonds. Plus encore que les terrains calcaires, ils sont froids et tardifs, parce que leur couleur est plus blanche et réfracte davantage la chaleur solaire ; ils ont comme eux la propriété d'absorber une proportion notable d'eau, de se gonfler à la gelée et de déchausser les plantes, de décomposer rapidement les engrais ; mais ils ont de plus qu'eux l'inconvénient de former à leur surface, sous l'influence d'une pluie suivie de chaleurs, une croûte résistante qui intercepte l'air aux racines des plantes et s'oppose à la levée des graines ; et encore d'être pulvérulents, dès qu'on les travaille par la chaleur, au point que le vent les enlève en partie. Ces défauts peuvent être atténués en partie pourtant, lorsqu'ils sont profonds et reposent sur un sous-sol imperméable et frais. Les légumineuses y réussissent, en général, mieux que les autres plantes cultivées ; les céréales y donnent plus de grain que de paille ; mais il faut semer de bonne heure à l'automne, afin que les racines aient le temps de se développer et de s'enfoncer assez pour résister au déchaussement. Les arbres qui y réussissent le mieux sont le mérisier, le saule Marsault, le buis, le peuplier de Virginie, le pin sylvestre transplanté, etc. Nous ferons, quant aux engrais, la même observation que pour les terres calcaires.

Dans tous les sols où domine le calcaire, les fourrages, peu abondants il est vrai, sont sapides et très-nutritifs, les plantes industrielles sont pauvres en huile, mais riches en sucre et en matières coloran-

tes ; la viande des animaux est particulièrement sa-
voureuse et leur squelette peu développé.

§ 5. Des terres argileuses, argilo-siliceuses et argilo-calcaires.

Les terres où domine l'argile sont faciles à distinguer
par leur froideur, leur humidité en hiver, leur com-
pacité et leur adhérence quand elles sont mouillées,
leur extrême dureté quand elles sont sèches ; on les
nomme souvent terres lourdes ou pesantes ; elles réclament pour leur culture des bestiaux forts et nombreux et un capital élevé. C'est à l'argile qu'elles
doivent la propriété d'absorber l'eau et de la retenir avidement, celle d'adhérer aux instruments, celle
enfin de durcir fortement à la chaleur. Les proportions de sable et de chaux qu'elles renferment modifient plus ou moins ces défauts.

Les terres argileuses sont celles qui contiennent
70 p. 100 d'argile ; au-delà de cette proportion,
elles sont impropres à la culture ; on y trouve ensuite environ 10 p. 100 de silice libre, 2 à 5 p. 100
de calcaire, de l'oxyde de fer qui lui donne sa couleur jaune ou brune, et de l'humus en proportion
variable. Leur principal défaut est d'être très-humides en hiver, très-sèches et dures en été, difficiles
à travailler en tous temps ; on modifie leur humidité
et leur cohésion par des façons multipliéés, par des
défoncements, des marnages (marnes siliceuses), l'é-
cobuage ou le drainage. Contre le déchaussement
auquel elles sont exposées, on n'a qu'un moyen, celui de semailles hâtives à l'automne. Elles réclament
d'abondantes fumures, avant de se saturer d'ammoniaque, ainsi que nous l'avons dit ; il faut donc les
fumer copieusement à la fois plutôt que médiocre-

ment et à intervalles plus rapprochés, et surtout leur réserver les fumiers frais, en particulier ceux des écuries et bergeries. Les terres argileuses provenant de la décomposition des schistes ont une couleur variable du gris au noir et s'échauffent plus vite au printemps ; elles forment également boue en hiver, mais sont souvent pulvérulentes en été quand elles ont été bien ameublies. Les plantes qui s'y plaisent le plus sont les choux, le colza, et en général presque toutes les crucifères, les fèves, le blé et le trèfle quand elles ont été chaulées ou marnées ; les blés durs plus que les blés tendres ; les bois plus que les vignes. La gelée ayant la propriété de les ameublir, les labours donnés avant l'hiver acquièrent une grande importance ; les défoncements, en augmentant la profondeur de la couche perméable, l'épaisseur du réservoir des eaux, contribuent au dessèchement de ces terres en hiver, tandis qu'ils leur fournissent plus de fraîcheur en été. Pour cultiver ces sortes de terres où les instruments rencontrent une grande résistance, on emploie de préférence des animaux de haute taille et qu'on attèle les uns devant les autres, afin qu'ils marchent dans la raie ouverte et piétinent moins le sol.

Les terres argilo-siliceuses n'offrent qu'une partie des défauts des sols siliceux ; elles sont plus ou moins humides en hiver, plus ou moins dures en été selon qu'elles renferment plus ou moins de sable et que le sous-sol sur lequel elles reposent est plus ou moins perméable. Elles ont le plus souvent besoin d'être assainies par la disposition du sol en billons ou en planches bombées, ou mieux encore par le drainage. Le chaulage et le marnage (marnes siliceuses) ne leur sont pas moins profitables qu'aux précédentes, et comme elles, elles réclament d'abon-

dantes fumures (fumiers frais). Le seigle d'hiver,
l'orge d'automne n'y réussissent qu'après un marnage et un assainissement suffisant ; le trèfle, que
quand elles sont devenues assez riches ; la luzerne
que quand elles ont été drainées. Le froment et l'a-
voine d'hiver y sont les céréales les plus assurées ;
le sarrasin s'y plaît assez aussi, quand le sol a été
bien préparé. Comme fourrage, on y cultive les
vesces d'hiver et de printemps, le maïs, les choux,
les pois gris, les féverolles, etc [1].

Les terres argilo-calcaires sont généralement blan-
châtres ou jaunâtres en été, et brunes en hiver.
Moins consistantes que les sols argileux, moins pénibles à façonner, elles ne sont pas moins sujettes au déchaussement et forment davantage bouillie en hiver.
Elles sont froides et tardives au printemps et se durcissent en formant croûte à la surface en été. Le
drainage ou les défoncements, les fumures abondantes sont les seuls moyens qu'on ait de les améliorer, car il est rare que la marne, même siliceuse,
y produise de bons résultats. Les céréales, semées
de bonne heure à l'automne, y donnent peu de
paille, mais un épi long et bien garni d'un grain
lourd et à écorce assez fine. Le trèfle, la luzerne s'y
plaisent assez quand le sol a été défoncé, drainé et
abondamment engraissé. La minette, la chicorée
sauvage, dans quelques cas le sainfoin, les vesces,
la carotte, la betterave, les pommes de terre, etc., y
sont encore de précieuses ressources fourragères.

Dans toutes les terres appartenant à cette classe,

---

[1] Voir le *Guide pratique pour la culture des plantes fourra-*
gères. 1re partie : *Prairies naturelles.* 2e partie : *Plantes fourra-*
gères (Biblioth. des professions industrielles et agricoles).

on voit que les labours profonds donnés avant l'hiver, les défoncements (sous solages), la disposition en planches ou en billons, le drainage, les chaulages, les engrais donnés en fumiers frais, abondamment et à intervalles un peu éloignés, les semailles hâtives à l'automne, sont les principaux moyens d'amélioration ou ceux qui permettent aux plantes d'échapper à leurs propriétés défavorables. Susceptibles d'atteindre une plus haute fécondité que toutes autres peut-être, ces terres supposent plus d'habileté chez le cultivateur et réclament des capitaux plus élevés, car leur amélioration pour durable qu'elle soit, est lente et ne saurait être brusquée sans inconvénients.

§ 6. Des terres silicieuses, silico-argileuses et silico-calcaires.

Les terres siliceuses sont celles qui renferment de 60 à 70 pour 100 de sable (*silice*). Elles se distinguent par des propriétés inverses des terres argileuses, c'est-à-dire qu'elles sont légères, poreuses, manquent le plus souvent d'humidité, souffrent fréquemment de la sécheresse, que les pluies abondantes entraînent dans le sous-sol les matières fertilisantes qui y sont renfermées. Leur principal défaut, c'est le manque de cohésion qui les empêche de retenir les parties solubles et volatiles des engrais, et leur a valu, en Angleterre, le nom de sols affamés. C'est pourquoi on les fume peu à la fois et souvent. Ajoutons que les racines des plantes annuelles y manquent souvent de la fraîcheur nécessaire à leur végétation et à la solubilisation des matières fertilisantes, et que l'absence des particules argileuses permet à la plus grande partie de l'ammoniaque de s'évaporer dans l'air sans aucune compensation. C'est pourquoi encore, le système

d'arrosement par les engrais liquides convient merveilleusement à cette nature de sols. Ils sont généralement très-précoces au printemps par leur aptitude à s'échauffer aux rayons solaires.

Le seigle et le sarrasin pour grains ou pour fourrages, le trèfle incarnat, les navets, les pommes de
terre, sont les plantes qui s'y plaisent le mieux.
Quand l'argile ou l'humus augmentent un peu leur
consistance, on peut y cultiver l'orge, le trèfle, le
colza, la carotte, etc ; quand elles sont profondes,
la luzerne y vient très-bien ; quand la proportion
de chaux y est un peu notable, le sainfoin peut y réussir. On améliore ces natures de sols par des fumures
moyennes mais répétées, par des marnages (marnes
argileuses), par le parcage des moutons, l'arrosage
aux engrais liquides ou l'irrigation ordinaire. Il faut
se garder de les trop travailler, en été surtout, et
plomber au contraire le sol au printemps et après
chaque semaille par des roulages pesants. Sur ces
terres, le déchaussement n'est à redouter que lorsque les molécules présentent une forme cubique
(granites) qui les empêche de redescendre avec le
dégel ; les molécules arrondies n'exposent pas les
plantes au même danger. Quand les cailloux ont un
certain diamètre, on donne au sol le nom de grave-
leux ; si ces galets ont un certain diamètre, ils contribuent à maintenir la fraîcheur dans le sol. Lorsque
les terres siliceuses ont peu de profondeur, et sont
situées sur des pentes prononcées, le meilleur parti
à en tirer, consiste à les planter en bois ou à les en-
gazonner pour en faire des pâturages à moutons.

Les terres silico-argileuses sont bien préférables
aux précédentes à tous égards; moins humides,
moins lourdes à travailler que les sols argilo-siliceux, elles sont moins sèches et tirent meilleur parti

des engrais que les sols siliceux. Toutes les plantes peuvent y être cultivées, moins la luzerne et le sainfoin, s'ils ne sont assez profonds ni assez calcaires ; leur réussite dépend surtout de la quantité d'engrais qu'on leur aura appliquée. Le froment, l'orge, le trèfle, le colza, la carotte, la betterave, s'y trouvent dans les conditions les plus favorables. Mais il faut se garder de trop travailler le sol à l'automne et en été, lui donner des engrais moyennement décomposés, des fumures moyennes et répétées à intervalles assez rapprochés. Les marnes calcaires et argileuses y donnent de bons résultats.

Les terres silico-calcaires sont faciles à cultiver en tous temps, à cause de leur perméabilité ; elles sont assez précoces au printemps, mais consomment rapidement les engrais, se dessèchent facilement en été et se déchaussent souvent en hiver. Les plantes qui y croissent sont très-sapides et conviennent parfaitement aux moutons. Les plantes qu'on y cultive généralement sont le seigle, l'orge, l'avoine, le colza, le froment, le trèfle, le sainfoin, les navets, la navette, la cameline, la minette, la pomme de terre et la carotte. Comme les terres siliceuses, il faut se garder de les trop travailler, et plutôt les plomber souvent. On les améliore par des marnages (marnes argileuses), par des composts de vases ; les litières terreuses, les fumiers décomposés sont les engrais qui leur conviennent le mieux avec le parcage des moutons. L'irrigation leur est très-favorable aussi, surtout lorsqu'on peut leur donner des eaux limoneuses.

§ 7. Des sols de terreau, terres de bruyères et tourbes.

Nous comprenons dans cette classe tous les terrains qui contiennent une notable proportion d'éléments organiques sous forme de terreau (humus) soluble ou non. Mais nous devons soigneusement distinguer les terres de bruyères des tourbes, parce que leurs propriétés physiques sont sensiblement différentes.

Les terres de bruyères sont généralement situées sur les hauteurs ou du moins sur des plateaux. Elles résultent de la décomposition des bruyères, genêts, fougères, ajoncs, des graminés, etc. ; sur les pentes des Alpes, elles proviennent des débris de rhododendrum, de vaccinium, et d'autres plantes qui contiennent beaucoup de tannin et de fer. A ces détritus végétaux, s'ajoutent les molécules siliceuses provenant de la décomposition du sol, du quartz ordinairement. Elles sont presque toujours acides et peu profondes ; on y trouve une notable proportion de tannin et de fer, mais la chaux y fait toujours complétement défaut. Les plantes appartenant à la famille des conifères, le chou, le colza, la navette, ont une prédilection pour cette nature de terrains, le seigle, le sarrasin, la spergule, l'ornithopus ou pied d'oiseau, le rutabaga, etc., y donnent, en général, d'assez bons produits, dans les années humides, parce que ces terres de couleur noirâtre, légères et peu profondes, souffrent beaucoup de la chaleur de l'été et même du printemps ; aussi, ce sont presque toujours des variétés d'hiver qu'on y cultive, et les semis de printemps doivent y être effectués de bonne heure. On doit peu les travailler et seulement à la surface; le chaulage et surtout le marnage doivent être le premier moyen d'amélioration à mettre en œuvre, afin de neutraliser l'acidité du sol; on donne ensuite des fumures moyennes et fréquentes d'engrais décomposés ou de composts.

Les terres de bois proviennent d'une accumulation

plus ou moins considérable des détritus de feuilles et de branches des arbres forestiers ; elles se produisent sur tous les terrains quelle que soit leur nature, et diffèrent des précédentes en ce que le terrain, exclusivement formé de matières organiques ne contient pas de silice et très-peu de fer. Ces terrains sont peu profonds aussi, riches en tannin et acides. On les met en valeur, comme les terres de bruyères, en mélangeant le terreau avec le sol arable et y apportant de la chaux et de la marne.

Les terres tourbeuses se forment partout où l'eau presque stagnante séjourne presque toute l'année, excepté pourtant sur les sols calcaires. C'est d'ordinaire dans le fond des vallées, dans les étangs, les marais, les marécages, que se forme la tourbe, débris végétaux de plantes aquatiques qui s'accumulent sans se décomposer entièrement : en effet, les principes acides ne trouvant pas de base avec laquelle ils puissent se combiner, restent libres, sous forme d'acide acétique, phosphorique et tannique. La tourbe a la propriété d'absorber une forte proportion d'eau et de la retenir avec une certaine avidité (1,90 p. 0/0 en poids environ), en outre, reposant sur un fond très-meuble et presque toujours mouillé, elle manque souvent de fixité. Sa couleur noire absorbe avec intensité la chaleur solaire, et quand elle a été cultivée, sa surface devient bientôt si pulvérulente, qu'en été le vent l'emporte en poussière. Tant qu'elle n'est pas assainie et n'a pas reçu l'élément calcaire, fort peu de plantes y peuvent être cultivées avec chances de succès. Après ces deux améliorations, on y obtient des colzas, des rutabagas, des carottes, du ray-grass, des haricots, des pommes de terre, des choux, de l'épine blanche, etc. Les céréales y produisent beaucoup de paille, mais peu de grain ; les fourrages y conservent pendant longtemps un goût acide qui répugne promptement au bétail. On ne doit cultiver ces terrains qu'avec prudence, à l'automne et au printemps, afin de ne point trop ameublir ; il faut les rouler souvent avec des instruments pesants pour y renfermer la fraicheur. On ne saurait trop élever la dose de chaux ou de marne qu'on leur accorde, en la répandant en légères couches, mais aussi fréquemment que possible. Les engrais qu'on leur donne doivent être bien décomposés ; l'irrigation ou l'arrosage aux engrais liquides y produisent de merveilleux résultats.

Quand les tourbes sont peu profondes et insuffisamment desséchées, le bétail à cornes y enfonce et peut y périr ; le bétail à laine y contracte souvent la cachexie ; nous avons cité cependant (*Guide pratique de la culture des plantes fourragères*, 1ʳᵉ partie, p. 267-268) un troupeau qui vit depuis longtemps dans la vallée tourbeuse de l'Yèvre, près Bourges, et nous avons dit à quelles précautions hygiéniques il devait son immunité à l'égard de la cachexie ; nul doute que le même résultat ne puisse être atteint partout à l'aide de semblables mesures.

§ 8. Des sols d'alluvion, loams, terres franches.

Les sols d'alluvion ou terres franches, appelées loams en Angleterre, consistent dans un mélange intime de sable, d'argile, de chaux et de matières organiques. On distingue les loams argileux, siliceux, calcaires, selon que l'argile, le sable ou la chaux y dominent. Ce sont généralement les terres les plus riches après les meilleurs sols de terreau. Ils proviennent d'alluvions fluviatiles anciennes ou récentes, et se rencontrent, tantôt dans les vallées, tantôt à l'embouchure des cours d'eau. On y peut tenter toutes les cultures, depuis le lin et le chanvre, les céréales et les fourrages, jusqu'aux plantes commerciales et industrielles, la garance, le tabac, et même les cultures maraîchères et les pépinières. Elles sont généralement profondes et fraîches, riches et faciles à cultiver. Le sainfoin, la luzerne s'y plaisent à moins que le sous-sol ne soit humide. Quand elles sont légères, il faut les fumer en engrais décomposés et employer le parcage ; quand elles se rapprochent des terres argilo-siliceuses, on les traite comme elles. Le val de la Loire, les Paluds des environs d'Orange et d'Avignon, la Camargue des Bouches-du-Rhône, le Tchernoysen de la Russie, sont des loams d'alluvion, doués d'une grande richesse et propres à toutes les cultures.

Les terrains d'attérissement produits par les fleuves et par les mers, sont tantôt des loams, tantôt des grèves, des terres franches ou des sables. Les attérissements marins ont presque toujours besoin d'être dessalés par l'irrigation à l'eau douce avant d'être mis en culture, afin de les débarrasser des chlorures alcalins qui les saturent et s'opposent à la végétation de nos plantes cultivées. Les dunes doivent être fixées d'abord par des semis de pins maritimes qui abritent des essences feuillues.

Nous avons dit dans notre *Guide pour la culture des plantes fourragères* (t. 1er, p. 248-249) quelle était la législation qui régit les attérissements; nous ne pouvons qu'y renvoyer le lecteur. Quant à une étude plus approfondie des formations géologiques, et des propriétés physiques des sols, nous le prions de se reporter au *Guide de Physique, Météorologie appliquées à l'agriculture et à l'horticulture.*

§ 9. Du sous-sol, de sa nature et son influence.

On appelle sous-sol la couche de l'écorce terres-
tre sur laquelle repose le sol cultivé ; parfois, ce
sous-sol est de même nature que le sol, comme dans
les alluvions profondes ou les tourbes ; souvent, au
contraire, il en diffère complétement par sa constitution chimique et ses propriétés physiques. On comprend dès lors l'importance que doit offrir aux cultivateurs l'étude de cette couche plus ou moins profonde, par les moyens qu'elle lui peut fournir de modifier mécaniquement ou chimiquement le sol qu'il
cultive.

Chimiquement, nous distinguerons donc les sous-
sols calcaires (marneux, tuffeux), argileux et siliceux;
quand ils sont friables et situés peu profondément
ils permettent dans certains cas, d'amender la surface du sol par des labours ou défoncements. Un sol
siliceux reposant sur un sous-sol argileux pourra donc
devenir ou silico-argileux ou argilo-siliceux; un sol
argileux reposant sur un sous-sol calcaire pourra
aussi devenir argilo-calcaire. Dans ce cas, il ne faut
procéder qu'avec lenteur, n'approfondir les labours
que petit à petit, sous peine de stériliser le sol pour
une certaine période de temps, et à moins qu'on n'ait
à sa disposition d'abondantes ressources en engrais.
D'un autre côté, on comprend qu'un sol argileux reposant sur un sous-sol siliceux manifestera exactement les mêmes propriétés physiques qu'un sol argilo-siliceux; qu'un sol siliceux situé sur un sous-sol
argileux prendra tous les caractères d'un terrain silico-argileux.

Mais le sous-sol n'est pas toujours friable, et souvent, il se présente en roches plus ou moins conti-

nues, dures, et que les instruments ne peuvent atta-
quer. Ainsi, les sols siliceux du Limousin posent souvent sur le granite lui-même; en Bretagne, les terres
de bruyères se forment le plus souvent sur le quartz
ou le schiste. Mais encore, faut-il distinguer entre
les roches continues et celles qui présentent des fissures
(failles, filons) plus ou moins rapprochées et régulières.
Les granites sont des roches continues, imperméables
et qui ne présentent que rarement issue à l'eau ni accès aux racines ; les schistes présentent de distance en
distance des fissures par lesquelles l'eau peut s'écouler, mais rarement pénétrables aux racines. Les roches calcaires, en général, sont souvent fendillées
en tous sens, absorbent l'eau et laissent souvent
pénétrer les racines de la luzerne ou du sainfoin à
une assez grande profondeur.

Il existe des sous-sols, peu éloignés de la surface,
et constitués par une couche de roches calcaires
très-dures, mais peu épaisse, qu'il suffirait de casser
à la masse de distance en distance, pour procurer
aux eaux surabondantes du sol un écoulement prompt
et facile. Nous avons pu observer cette nature de
sous-sol dans la commune de St-Eloy-de-Gy, canton
de Mehun-sur-Yèvre (Cher). D'autres fois, il arrive
qu'un sol siliceux placé en pente et reposant sur un
sous-sol argileux est rendu humide en hiver par l'é-
coulement des eaux supérieures qui glissent entre lui
et le sous-sol : il suffit souvent, dans ce cas, d'ouvrir
un fossé à la partie supérieure du champ pour dé-
tourner ces eaux à peu de frais. Ailleurs, dans les
landes de la Gascogne, par exemple, le sous-sol
est constitué par un tuf très-dur, complétement imperméable, de sable et de débris organiques agglo-
mérés par un ciment calcaire. Le sol, dont l'épaisseur varie de 0^m,30 à 0^m,70, est un sable blanc, jau-

nâtre à la surface, noir au fond, l'alios ou sous-sol
dont l'épaisseur varie de $0^m,30$ à 75^m, rend le sol
humide et infertile tant qu'il n'a pas été drainé :
après quoi les arbres et les cultures y réussissent
assez bien, les pins maritimes surtout.

Dans les défoncements, il peut donc être utile, suivant le cas, de soulever seulement le sous-sol, pour
l'aérer, le rendre perméable aux racines et aux engrais;
ou. bien de le ramener par portions successives à la
surface du sol, afin de l'y mélanger intimement. Ce
que nous venons de dire permettra aux cultivateurs
de décider le cas. Mais toujours, les défoncements
comme les sous-solages doivent être secondés par des
fumures plus abondandes, puisqu'on rend ainsi plus
épaisse la couche de terre qui se les partagera.

§ 10. Des puits artésiens et des boit-tout ou Ambugh.

La théorie des puits artésiens et celle des boit-tout
ou Ambugh, ou puisards est à peu près la même. Elle
est basée sur la concordance des couches alternatives perméables et imperméables et les pentes qu'elles
présentent.

Supposons, par exemple, qu'à une certaine profondeur, se trouve une couche perméable contenue entre deux couches imperméables ; si ces stratifications
prennent leur origine sur un plateau assez étendu,
la couche perméable sera alimentée par les eaux provenant de l'égouttement des niveaux supérieurs ; en
pratiquant un forage en un des points inférieurs de
cette couche de sable, j'atteindrai la nappe d'eau que
la pression fera surgir sur le sol, absolument ainsi
que cela s'opère pour les jets d'eau artificiels ; j'au-
rai obtenu ce qu'on nomme un puits artésien. On n'a
guère chance de réussir que dans les terrains stra-

tifiés régulièrement ; partout ailleurs, la rencontre
d'une cuvette est un hasard fort problématique . Dans
le bassin parisien, on trouve la nappe jaillissante à
une profondeur de 550 à 600 mètres ; dans l'Artois,
on la rencontre souvent à 80 ou 100^m ; en Algérie,
elle est située à une profondeur qui varie de 150 à
300^m. Les puits artésiens sont utilisés, dans certains
cas, pour l'irrigation du sol, ainsi que nous en avons
cité des exemples dans notre *Guide pour la culture
des plantes fourragères*, t. 1er, p. 113.

Les boit-tout consistent dans un sondage qui a
pour but d'écouler les eaux surabondantes du sol
dans une couche perméable située entre deux couches
imperméables, dont l'inclinaison suffit pour l'entraîner vers des sources éloignées. Il faut donc étudier
l'inclinaison des couches stratifiées et leur origine,
pour ne pas atteindre la nappe jaillissante au lieu
d'une couche absorbante. C'est généralement sur le
sommet des plateaux qu'on pratique les ambugh,
tandis que les puits artésiens sont plutôt percés dans
les vallées. Nous avons cité ailleurs le défrichement,
au moyen de boit-tout, de la plaine des Paluds, dans
les Bouches-du-Rhône, exécuté en 1470 par le bon
roi René de Provence, et celui des marais de Lar-
chaud, dans le Loiret, par les religieux de Ste-Gene-
viève de Nemours. Nous croyons qu'on n'a pas assez souvent recours à ce moyen économique dont
beaucoup de cas, l'étude géologique des terrains
révélerait la facilité d'exécution.

CHAPITRE III.

———

CONSIDÉRATIONS GÉNÉRALES SUR LES INSTRUMENTS ET LES MACHINES AGRICOLES.

Pour faire produire le sol, l'homme a été condamné à le remuer à la sueur de son front ; sans doute, à l'origine, il a dû le gratter de ses ongles, et bientôt, s'aider d'une branche d'arbre ; ayant inventé le fer, il en dut façonner la première bêche, puis la houe ; et enfin, ayant domestiqué le bœuf et le cheval, il chercha à se décharger sur eux de la partie la plus pénible de sa tâche ! La charrue fut inventée, fort simple d'abord, une branche d'arbre formait l'âge, un tronçon de branche coupé en flûte faisait à la fois l'office de soc et de versoir. Longtemps, on s'en tint aux instruments primitifs, l'araire, un tronc d'arbre pour rouleau ou pour herse, le char rustique pour rentrer les récoltes. Puis, le sol acquit une valeur plus élevée, la main-d'œuvre devint plus rare et on perfectionna un peu ces instruments. Ce n'est cependant que depuis la fin du dernier siècle, et surtout depuis le commencement de celui-ci, que l'outillage agricole se compléta et se transforma complétement.

Le problème aujourd'hui posé est la substitution du bétail aux bras de l'homme, et même la substitution de la vapeur aux animaux ; et nous pouvons dire qu'en bien des points déjà il a été résolu. Le moissonnage et le fauchage par les machines sont des questions déjà vidées, ainsi que le battage des grains par la vapeur, le semis des graines par des instruments, le fanage et le rattelage, le binage et le sarclage par les machines, et bientôt sans doute aussi, le labourage à vapeur. Mais il y a loin, hâtons-nous de le dire, de la fièvre qui agite nos constructeurs, de l'enthousiasme qui anime nos cultivateurs progressifs, à une saine et prudente appréciation ; il y a loin d'un instrument qui contient le germe fécond d'une idée pratique à l'instrument mûri et simple qui donne seul un travail économique. Et nous avons dû souvent regretter de voir tant de cultivateurs riches et enthousiastes, courir après tous les instruments dits perfectionnés qui, peu de mois après, encombraient leurs hangars, ou dans une inaction forcée se détérioraient à la pluie.

A coup sûr, en présence de la désertion trop générale des campagnes, de la rareté des travailleurs, de la hausse croissante de la main-d'œuvre, il est bon, il est prudent de chercher à remplacer, dans certaines limites, les bras de l'homme par des machines ; mais du moins, ne le faut-il faire qu'à bon escient, n'acheter que des instruments simples, solides, en rapport avec l'étendue de l'exploitation, sinon, c'est une charge et non un aide qu'on donne à la ferme. Les anciens tenaient trop peut-être à leur soc, nous ne tenons pas assez à l'argent, ou plutôt, nous ne savons pas toujours le dépenser avec discernement ; les marchands d'engrais frelatés et d'instruments dits perfectionnés en profitent, mais l'agriculteur a souvent à se repentir.

Les concours régionaux surtout, ont popularisé les nouvelles machines, mais ils ne fournissent presque jamais le moyen de les juger au point de vue pratique, et tel instrument fort ingénieux et séduisant péchera par bien des points quand on le mettra à l'œuvre. On peut faire d'excellente culture et de la culture très-économique avec une bonne charrue, un rouleau, une herse, une houe à cheval, un butteur et un hache-paille ; on peut réduire le prix de production par une faucheuse et une moissonneuse, une batteuse, un semoir, etc. Mais encore faut-il savoir les choisir, et là commence l'embarras, chaque constructeur pouvant vous offrir comme recommandation un nombre presque égal de médailles obtenues dans les différents concours de la France. Aujourd'hui, que l'impulsion est donnée, les concours régionaux devraient être fermés aux exposants d'instruments qu'on convierait dans les concours spéciaux où des jurys compétents décerneraient en connaissance de cause des récompenses dès lors significatives [1].

La première de toutes les conditions que doit remplir un instrument agricole, c'est d'être solide. Il ne faut pas oublier que nos travailleurs agricoles sont souvent gens un peu brutaux, manquant parfois d'intelligence, presque toujours de précautions. Des outils délicats durent peu de temps entre leurs mains, et sans exiger qu'ils soient massifs et fatigants par leur poids inutile, nous pouvons demander que, par une sage combinaison dans l'emploi du bois et du fer, ils présentent une garantie suffisante de durée eu égard aux bras auxquels on les confie. Les fabricants consciencieux livrent leurs instruments sans peinture pour prouver qu'ils emploient des bois sans

---

[1] Voir sur le jugement des machines agricoles, le travail remarquable publié par M. Grandvoinnet. (*Le Génie rural*) dans les *Annales et Archives de l'industrie au XIX*e *siècle* (Études sur l'Exposition de 1867). Ce travail forme un volume texte compacte avec 13 planches, un grand nombre de figures. Prix 15 fr.

défauts ; c'est là une condition qu'on doit exiger. Le mastic et la peinture peuvent recouvrir des nœuds et des fentes qui feraient prévoir le peu de durée de l'outil.

En second lieu, tous ces instruments doivent être aussi simples que possible, et cela par plusieurs raisons : d'abord, nous le répétons, les travailleurs qui doivent s'en servir n'ont, le plus fréquemment, aucune notion de mécanique, aucune pratique des instruments un peu compliqués; par ailleurs, les charrons et les maréchaux de nos villages sont, quoi qu'on ait dit, souvent inhabiles ou trop mal outillés pour pouvoir refaire des pièces un peu délicates. On objectera que les fabricants tiennent à notre disposition des pièces de rechange pour tous leurs modèles et que nous avons des télégraphes électriques et des chemins de fer. Nous répondrons que si une faneuse se casse pendant la fenaison ou une moissonneuse pendant la moisson, quelle que soit la célérité employée de part et d'autre, il nous faudra chômer pendant trois ou quatre jours au moins, en moyenne ; à moins pourtant d'avoir tout un approvisionnement de pièces de rechange. C'est là un des moins beaux côtés des instruments perfectionnés, mais à cela nous ne voyons pas de remède.

Enfin, reste la question du prix, bien moins importante quand l'instrument remplit les deux conditions ci-dessus, puisqu'on est à peu près certain de la durée de son service. Il ne faut pas oublier toutefois que ce prix s'accroîtra de celui des pièces de rechange, de l'emballage et du transport. Pour ceux qu'on fait venir de l'étranger, il faut ajouter les droits de douane. Tous ces frais accessoires augmentent notablement le prix primitif et entraînent souvent plus loin qu'on ne l'avait décidé d'abord. Nous conseillerons, à conditions égales, de s'adresser au fabricant dont on est le plus rapproché, afin de perdre moins de temps pour les réparations et le changement des pièces.

Beaucoup d'instruments durent peu, parce qu'on ne s'en occupe pas, et le cultivateur n'en peut accuser que ses agents et lui-même. Combien sont rares les fermes où les instruments sont, dans l'intervalle des travaux, rangés sous un hangar qui les abrite du soleil et de la pluie, où ils soient nettoyés fréquemment et repeints tous les ans? Il suffit, cependant, d'un peu de mastic et de quelques kilogrammes de peinture pour doubler peut-être la durée des charrues, des voitures, etc; et on ne doit point oublier que la plupart des instruments ne s'usent pas moins par le repos que par le travail.

Il faudrait être insensé pour prétendre que tout instrument doit pouvoir fonctionner dans toutes les circonstances; c'est pourtant ce que font nombre de gens qui ne se préoccupent point des circonstances pour lesquelles l'instrument a été construit et de celles au milieu desquelles ils vont l'introduire. Ailleurs, dès que la nouvelle charrue est arrivée, on la met de suite dans le champ le plus difficile pour l'essayer, et comme elle y va mal, entre les mains de laboureurs inexpérimentés, chacun s'en dégoûte et elle est bientôt envoyée au musée qui garnit les hangars de toutes les grandes fermes. En concluera-t-on que la charrue ne valait rien? Non, car souvent, elle est adoptée par un voisin plus prudent et plus habile, qui a suivi une marche inverse, commençant par l'œuvre la plus facile, de manière à intéresser l'amour-propre de ses aides, ou qui aura donné lui-même l'exemple de l'habileté à la conduire.

§ 2. Des moteurs appliqués aux instruments.

Les moteurs appliqués aux différents instruments sont le vent, la vapeur, le bétail ou l'homme lui-même ; mais chacune de ces forces donne, pour un même effet produit, un prix de revient bien dissemblable.

D'après de nombreuses expériences faites par les industriels et les savants, nous savons qu'un cheval-vapeur dépense par heure, en moyenne, $0^f,30$, représentant environ le travail effectif de deux chevaux ordinaires. D'un autre côté, nous avons établi ailleurs [1] que le prix de revient de l'heure de travail des moteurs animés pouvait être calculé ainsi qu'il suit, en moyenne :

Cheval du poids vif de 500 kilog. . . . $0^f,22$ »
   —   —   de 416 kilog. . . . 0 ,11 4
Mulet de force moyenne. . . . . 0 ,11 8
Bœuf du poids vif de 416 kilog. . . . . 0 ,15 »

On calcule, en mécanique, que la force d'un cheval moyen équivaut à environ celle de 33 hommes, dont l'heure de travail coûterait environ 10 fr ; pour obtenir le même effet utile que celui produit par un cheval-vapeur, il faudrait environ 66 hommes, dont l'heure de travail coûterait en moyenne 20 fr. La force la plus économique, c'est celle du vent, mais elle est irrégulière et ne saurait s'adapter à tous les travaux ; vient ensuite la puissance de l'eau, mais elle n'est pas partout à la disposition de l'homme, mais elle ne peut s'adapter qu'aux instru-

[1] *Traité de l'économie du bétail*, par A. Gobin. Paris, 1866. 2 vol.

ments fixes, comme les machines à battre, les lave-racines, les coupe-racines, hache-paille, etc. En troisième ligne, vient la vapeur qu'on s'occupe d'appliquer aux labours après l'avoir substituée aux chevaux pour le battage des grains ; et en dernier terme, l'homme, dont le travail est de tous le plus coûteux et exige la surveillance la plus soutenue.

Appliquons ces données à quelques instruments et à quelques opérations : nous avons vu (*Guide pratique de la culture des plantes fourrag.*, t. Ier, p. 148-149) qu'on payait, en moyenne, 7 fr. par hectare, pour le fauchage des prairies naturelles, et que le fauchage par les machines ne revenait qu'à 3 fr. 275. Nous empruntons à M. Londet (*Instruments agricoles, machines, etc.* p. 83, 85) le tableau suivant qui ne nous semble pas moins significatif :

Étendue des prairies.	Faneuse à cheval.			Râteau à cheval.			Économie totale faite par an sur la main-d'œuvre.
	Prix de revient du travail par jour.	Prix de revient du travail par an.	Économie de main-d'œuvre par an.	Prix de revient du travail par jour.	Prix de revient du travail par an.	Économie de main-d'œuvre par an.	
5 hectares	10f,80	40f,50	29f,80	8f,90	44f,50	1f,75	31f,55
10 —	8,50	63,75	76,87	7,70	77 .	15,50	92,37
15 —	7,83	87,98	122,95	7,30	109,50	29,25	152,20
20 —	7,50	112,50	168,74	7,40	142 .	53 .	221,74
25 —	7,30	136,97	214,68	6,90	172,50	68,75	283,43

Dans ces calculs, le prix de la journée de l'homme est comptée à 2 fr ; celle du cheval également à 2 fr ; l'intérêt de la valeur de l'instrument pour la faneuse, à 4 p. 100 ou 20 fr. par an, pour le râteau à 12 fr. par an ; les risques, l'amortissement, l'entretien pour cassure des dents, des râteaux, des ressorts, etc., à 2 fr. par jour. Et comme le prix moyen d'achat d'une faneuse est de 500 fr. environ et celui d'un râteau de 300 fr., il ressort de ces calculs que dans une ferme qui comprend 25 hectares de prairies, les deux instruments sont largement payés en trois ans par la seule économie faite sur la main-d'œuvre. Ajoutons qu'on n'a pas eu les embarras des louées, l'inquiétude continuelle des absences, les retards de la paresse ; qu'on a toujours l'instrument sous la main, tandis que les travailleurs font défaut au moment où vous comptez sur eux ; qu'une heure de beau temps est utilisée par la machine et perdue avec la main-d'œu- vre, qu'enfin, avec une faucheuse, une faneuse et un râteau, on peut faire et rentrer

ses foins régulièrement, sans risques, sans tour-
ments ni inquiétudes, et qu'il n'en est pas de même
quand il faut compter avec le temps d'un côté et
avec les hommes de l'autre.

L'application de la vapeur aux instruments agricoles donne lieu à des conséquences semblables,
c'est-à-dire qu'elle sera très-économique dans les
grandes exploitations, là où les champs ne sont pas
morcelés, où le sous-sol est assez profond et non
rocheux. Là, les labours reviendront à un prix bien
inférieur et pourront s'exécuter rapidement en choi-
sissant le moment si court pour les terres argileuses
et calcaires où elles sont encore fraîches sans être
déjà humides ; on pourra accomplir les semailles
dans les circonstances les plus favorables et donner
toujours les façons de jachères en temps opportun.
D'un autre côté, le bétail de trait pourra être transformé en partie en bétail de rente au grand profit du
domaine. Espérons que la généralisation des charrues à vapeur amènera sur bien des points des
échanges parcellaires, des réunions territoriales qui
tourneront doublement au profit de la production.

§ 3. De la proportion des instruments à l'étendue du domaine.

Il y a deux moyens d'évaluer la proportion des
instruments agricoles indispensables à la culture
d'une ferme placée dans des circonstances données :
le premier est un procédé empirique basé sur les
chiffres fournis par des agronomes de divers pays ;
le second consiste dans un calcul à faire des divers
travaux nécessités par l'assolement qu'on adopte, en
tenant compte de la nature des terres et de l'espèce
aussi bien que de la force des animaux de trait.

Nous résumerons ici les données fournies par M. Malpeyre dans le travail très-remarquable qu'il a publié sur l'économie rurale dans le t. IV de la *Maison rustique du XIXe siècle* : il étudie séparément le nombre de bestiaux nécessaires dans la grande et la petite cultures, et en doublant ses chiffres, nous pouvons les prendre pour l'équivalent d'une charrue, toute terre pouvant et devant être labourée avec un attelage de deux chevaux ou de deux bœufs de force variable, suivant la résistance qu'offre le sol.

A. *Grande culture.* Dans les pays où règne encore l'assolement triennal avec jachère complète et où on épargne les façons et les engrais à la terre, on n'emploie pas plus d'un cheval pour 20 ou 24 hectares de terres labourables ou prairies, soit une charrue pour 40 ou 48 hectares de superficie totale.

Thaer estime qu'en moyenne, pour un domaine d'une superficie totale de 360 hectares de bonne terre, dont 300 en culture arable, il faut 10 chevaux et 10 bœufs travaillant tout le jour ou 20 bœufs ne faisant qu'une attelée par jour, soit ensemble 10 charrues ou une charrue pour 30 hectares de superficie arable, ou enfin une charrue pour 36 hectares de superficie totale.

A Roville, chez M. de Dombasle, le nombre des bêtes de trait varia, suivant l'état de culture des terres et l'assolement, de un cheval pour 16 à un cheval pour 24 hectares, soit en moyenne un cheval pour 20 hectares de superficie totale, soit encore une charrue pour 40 hectares d'étendue ; et comme sur les 190 hectares, 16 hectares étaient en prairies, la proportion devient de dix chevaux pour 175 hectares, ou une charrue pour 35 hectares de terres en culture.

Dans l'agriculture anglaise on compte, en géné-

ral, dans les districts bien cultivés, sur les grandes
fermes en terres arables, et dans divers systèmes
d'assolement, environ un cheval pour 11 à 13 hectares, au moins et souvent davantage, parce que le
climat égal et tempéré du pays permet une facile
répartition des travaux dans le cours de l'année.
C'est donc une charrue pour 22 à 26 hectares au
plus de superficie totale. Dans des districts divers et
avec un système alterne, on trouve en moyenne que
sur une étendue de 40 hectares de terres arables,
il faut un attelage de deux chevaux et un attelage
de deux bœufs, ou en moyenne de une bête de trait
pour 10 hectares, ce qui nous donne une charrue
pour 20 hectares.

En France, dans la majeure partie des départements situés au nord de Paris, où l'assolement
triennal amélioré s'est introduit, et où les établissements ruraux sont administrés avec intelligence,
ceux de moyenne et de grande étendue et en sol
silico-argileux emploient à peu près un cheval sur
10 à 12 hectares, équivalent d'une charrue pour 20 à
24 hectares de superficie totale.

B. *Petite culture*. Les petits cultivateurs du comté de
Norfolk, où la culture alterne est en vigueur, et où le
sol est léger et sableux, tiennent communément
un cheval pour 8 hectares de terres soumises à la
charrue, soit une charrue pour 16 hectares d'étendue cultivée.

Dans la Belgique et la Flandre, d'après Balsamo,
Mann et Schwerz, on calcule un cheval, en moyenne
pour 5, 6, 7 hectares, soit une charrue pour 10, 12
et 14 hectares. Dans la Campine, contrée formée
d'un sol siliceux, beaucoup de cultivateurs n'ont
qu'un bœuf pour 6 hectares, soit une charrue pour
12 hectares.

En Alsace, d'après Schwerz, on rencontre communément de petites fermes où tout le travail d'un
cheval est nécessaire pour cultiver 4 hectares de
terre, ce qui donne une charrue pour 8 hectares.

Prenant la moyenne de toutes ces données, nous arrivons aux chiffres moyens d'une charrue pour 32
hectares 80 de superficie totale cultivée dans la grande
culture et de une charrue pour 12 hectares en superficie cultivée dans la petite culture. Mais il faut
calculer, en outre, un nombre variable et proportionnel de charrues supplémentaires, afin que les
travaux ne se trouvent point interrompus pendant
les semailles ou les jachères, par les accidents et réparations. M. Heuzé, dans *l'Aide-Mémoire* de son *Année
agricole* (1863, p. 397) donne la proportion suivante
pour les deux systèmes de culture fourragère et de
culture industrielle, en faisant remarquer que la culture céréale n'exige ni butteur, ni houe à cheval, ni
coupe-racines, et qu'en général, les instruments et
machines agricoles sont d'autant plus nombreux que
le système de culture est plus compliqué.

Nature des instruments.	Culture fourragère.		Culture industrielle.	
1 charrue ordinaire pour. .	20 hectares		16 hectares	
1 charrue bisoc pour. . . .	100	—	50	—
1 charrue sous-sol pour . .	50	—	100	—
1 butteur pour.	50	—	50	—
1 scarificateur pour	100	—	100	—
1 herse pour..	20	—	16	—
1 rouleau pour..	50	—	50	—
1 semoir pour.	100	—	50	—
1 houe à cheval pour. . . .	50	—	50	—
1 machine à battre pour . .	100	—	100	—
1 tarare pour..	100	—	75	—
1 cylindre trieur pour . . .	100	—	100	—
1 coupe-racines pour . . .	100	—	50	—
1 charette pour ·	33	—	33	—
1 tombereau pour	25	—	33	—
1 hache-paille pour. . . .	100	—	100	—

Nous ajouterons, ce qui du reste s'entend de soi-même, que ces proportions ne sont que des moyennes et qu'elles peuvent varier selon la nature et la consistance du sol, les charrues augmentant en nombre quand on cultive des terres argileuses et qu'on les attèle de bœufs, diminuant quand on opère sur des terres siliceuses et avec des chevaux ; les butteurs augmentant avec la culture du maïs, des pommes de terre, des choux branchus ou des betteraves, et diminuant avec celle du tabac, du chanvre ou du lin ; les houes à cheval devant s'accroître avec les récoltes sarclées, les tombereaux avec les chaulages, marnages ou terrassements ; les charrettes avec l'étendue cultivée en prairies naturelles et artificielles ou en céréales.

Le second moyen consiste, après avoir arrêté le système de culture, à établir le tableau des travaux annuels de tout genre qu'il exige, en le divisant par saisons, et en tenant compte de la distance des différentes pièces de terre aux bâtiments. Ce travail doit être fait par chaque cultivateur, et entre naturellement dans chaque plan de culture ; il serait donc à peu près inutile d'en fournir des exemples.

§ 4. Des façons culturales et des instruments aratoires.

Nous venons de voir quelle était la proportion moyenne des instruments aratoires dans chaque ferme, suivant la nature du sol et l'espèce du bétail de trait. Nous ajouterons ici quelques renseignements qui permettront d'établir d'une façon plus certaine le tableau des travaux annuels et la proportion particulière des instruments aratoires.

Deux chevaux de taille et de force moyennes peuvent labourer, en une .journée de dix heures de travail, 40 ares en terre argileuse, 50 ares en terre argilo-siliceuse et 60 ares en terre siliceuse, soit en moyenne 50 ares. Ils peuvent herser, à un trait, 200, 250 et 300 ares, dans les mêmes conditions ; un cheval, avec un rouleau de 1^m,50 de longueur environ, peut rouler 200, 250 à 300 ares dans le même espace de temps et selon l'état du sol ; un cheval en terre légère ou deux chevaux en terre forte, peuvent butter par jour 150 à 250 ares de pommes de terre, betteraves, maïs, etc. Une charrue sous-sol attelée de 3 à 4 chevaux, selon le cas, peut défoncer de 30 à 50 ares en dix heures ; un scarificateur attelé de 3 ou 4 chevaux peut labourer plus ou moins profondément de 60 à 100 ares par jour ; un cheval attelé à une houe peut sarcler par jour de un à deux hectares, suivant l'espacement des lignes et selon qu'on y passe l'instrument une ou deux fois. Ajoutons que le bœuf fait en moyenne un cinquième de moins de travail, dans le même temps, qu'un cheval de taille et de force relatives.

Les façons culturales peuvent avoir à remplir différents buts : ouvrir la couche labourable pour l'aérer et exposer les tranches de terre à l'action de l'atmosphère ; approfondir l'épaisseur de cette couche cultivable par le défoncement, qu'on ramène ou non le sous-sol à la surface ; diminuer la cohésion du sol en l'exposant aux alternatives de chaleur et de pluie, de gelée et de dégel ; faire périr les racines des plantes adventices en les exposant à l'air et au soleil ; ramener à la surface les graines des plantes nuisibles pour les faire germer et les détruire ensuite ; enfouir les fumiers, engrais et amendements ; ameublir la surface du sol en brisant les mottes et la croûte qui ont pu s'y former ; comprimer le sol pour y renfermer la fraîcheur en fermant obstacle

à l'introduction de l'air et de la chaleur entre les
molécules ; détruire les plantes nuisibles en les
coupant au collet ou en les déracinant ; augmenter
la profondeur relative du sol pour les plantes qui
forment leurs racines ou leurs tubercules près de la
superficie ; enfin, donner plus de fixité dans le sol
à la tige élevée de certaines plantes qui, comme le
maïs, émettent à leur collet des racines adventives.

· Le labour à bras est, à coup sûr, bien préférable
au labour à la charrue, mais il coûte aussi beaucoup plus cher et serait limité en étendue, par la
densité de la population masculine dans une contrée donnée. Un homme peut bêcher en moyenne,
dans une journée de 10 heures de travail effectif:
un are en terre argileuse, 2 ares en terre silico-argileuse et 3 ares 50 à 4 ares en terre siliceuse ; il
faudrait donc par hectare, 100, 50 ou 25 journées,
et comme on paie à tâche en moyenne, 2^r,50 par are
dans une terre forte ou très-pierreuse, 1^r,25 en terre
silico-argileuse, et 0^r,50 en terre très-légère, il en
résulte que le labour de un hectare coûterait 100^r,
65^r, ou 12^r,50. Avec la charrue et dans les mêmes
cas, cette opération revient, tout compris, à 35^r, 15^r
et 10^r. Il en serait de même de la houe à cheval,
de la herse, du butteur, du rouleau, si nous voulions
les mettre en comparaison avec les bras de l'homme
dont le nombre, d'ailleurs, devient de plus en plus
limité et dont la valeur s'accroît sans cesse.

§ 5. Des instruments servant à la semaille des grains, graines et engrais.

On calcule qu'en moyenne, un homme peut semer
en céréales (blé, seigle, orge, avoine, sarrasin)
quatre hectares par journée de dix heures, savoir :

trois hectares seulement à l'automne, dans les terres moteuses et humides, cinq hectares au printemps, dans les sols bien préparés, ni trop meubles ni trop irréguliers. Pour le blé d'hiver, on emploie, en moyenne, 2 hectolitres 50 de semence répandue à la volée, c'est à-dire uniformément répandue sur le sol, mais irrégulièrement disposée.

On s'est demandé depuis longtemps s'il n'y aurait pas avantage, pour la végétation des céréales, à ce qu'on les disposât en lignes, de façon à laisser l'air circuler autour des tiges et des collets, à laisser pénétrer la chaleur jusqu'aux racines, de façon aussi et surtout à ce qu'on pût, au printemps, sarcler afin de détruire les mauvaises herbes. Les essais ayant été favorables comme pratique, on inventa divers instruments ayant pour but de répandre régulièrement la semence en lignes dont l'écartement et l'orientation peuvent varier. On y trouva un autre avantage qui, dans les années de cherté et surtout de disette, n'est pas à dédaigner, l'économie de semence qui, dans certains cas, s'élève à un tiers ou tout au moins à un cinquième, c'est-à-dire bien au-delà des frais de la machine et de l'excédant de travail, puisqu'il faut que le terrain reçoive en plus un ou deux coups de herse. Il est vrai, d'un autre côté, que le semoir fait moins de besogne qu'un homme, puisqu'il n'emblave par jour que 2 hectares 50 à 3 hectares, et que, dans une ferme importante, il en faudrait posséder un certain nombre, c'est-à-dire mettre dehors un capital important pour que les semailles pussent se faire avec une égale célérité.

On eut, un peu plus tard, l'idée de faire répandre les engrais pulvérulents (noir animal, guano, phosphate de chaux, etc.) par les semoirs, en même temps que la semence, de telle sorte que sans être avec

8.

elle en contact direct, ils fussent néanmoins disposés à proximité de la jeune plante qui va se développer. Les semoirs anglais sèment à la fois, en effet,
les engrais et les graines de froments, turneps, etc.
La conséquence de l'adoption des semis en lignes fut
l'invention de bineuses mécaniques qui doivent
détruire les herbes entre les lignes et ameublir la
superficie du sol.

On a longtemps prêché, en France, l'adoption des
semoirs, tant pour les céréales que pour les plantes-
racines ; on a échoué presque partout pour les premières, et généralement réussi pour les secondes ;
cela tient à ce que nous soignons beaucoup plus la
préparation des terres pour les betteraves ou les
carottes que pour le blé ou l'orge, et aussi à ce que
nous plaçons le plus souvent nos racines dans nos
terres les plus riches. Car, le semoir ne fonctionne
convenablement que sur les terrains dont la surface
est bien ameublie, et l'économie de semence ne
peut être louable que sur les terres fertiles. En outre, les semoirs sont, en général, des instruments
un peu trop délicats pour nos ouvriers ruraux, et on
ne peut les mettre en mains que d'hommes exercés
et intelligents qu'on rencontre facilement dans le
nord, peut-être, mais qui sont rares dans le reste de
nos campagnes.

M. de Gasparin compare ainsi, au point de vue
économique, le semis à la volée et celui au semoir :

Semis à la volée par un homme pour un hectare.	0f,57	6f,71.
Travail de la herse, passant deux fois. .	6 ,14	
Semis au semoir, intérêt de la valeur (400 fr.) à 10 p. 0/0 pour 30 jours de semailles ou 135 hectares.	1f3,6	6f,37.
Deux hommes et deux chevaux pour un hectare.	5 ,01	

La différence est donc à peu près nulle, et elle sera en faveur du semis à la volée si nous ajoutons aux frais du semoir 6ʳ,14 pour deux hersages nécessaires en plus. Mais la question change, si nous y introduisons l'économie du quart de la semence, soit, pour le froment 62 litres 50 à 20ʳ p. 0/0, soit 12ʳ,50.

Au point de vue du rendement, nous arrivons aux résultats comparatifs que voici :

En 1835-1836, M. Anacharsis Combes essayant comparativement, sur du blé, le semoir Hugues et la volée, récolta, à superficies égales, 161 gerbes et 847 litres de grain sur les semailles en lignes, 225 gerbes et 1191 litres de grain sur les semailles à la volée. L'année suivante, il obtint des résultats à peu près identiques, savoir : 365 gerbes et 1888 litres de grains en lignes, 737 gerbes et 3685 litres de grains à la volée. Ainsi, les semailles à la volée convenaient mieux que celles en lignes dans des terres situées sous un climat méridional et, sans doute, un peu maigres; ou bien encore, la quantité de semence répandue au semoir était peut-être trop faible ; elle fut, la première année, de 110 litres, et la seconde année, de 95 litres par hectare.

A Versailles, en 1852, MM. Boitel et Londet obtinrent : semis à la volée (300 litres par hectare) 52 hectolitres ou 2449 kilog ; du semis en lignes (400 litres par hectare) 38 hectolitres ou 1913 kilog. du semis en lignes (200 litres par hectare), 64 hectolitres ou 2700 kilog. de grain. De ce que la quantité de semence, trop élevée ou trop faible peut modifier les résultats comparatifs, il n'en faudrait rien conclure contre le système, et on pourrait en agir ainsi dans toutes les questions. Dans le nord, le sol et surtout le climat paraissent plus favorables en-

core au semoir : ainsi, dans l'arrondissement de
Valenciennes, M. d'Halluin, cultivateur à Douchy
(Nord) récoltait par les semis en lignes 50 hectolitres par hectares ; M. Hamoir, de Saultain (Nord)
obtenait un rendement de 34 hectolitres à la volée,
et de 37 hectolitres en lignes, outre l'économie de
semence d'un cinquième. Nous dirons encore que,
dans les terres riches, le semis en lignes, c'est-à-
dire l'air, la lumière et la chaleur circulant à grands
courants autour des tiges forment son meilleur
préservatif contre la verse ; mais que, d'un autre côté,
sur les terres pauvres, sous les climats chauds,
les semis abondants recouvrant le sol et lui conservant la fraîcheur doivent être préférés aux semis
parcimonieux et surtout à ceux en lignes. C'est ainsi
que tout problème a, comme toute monnaie, une
face et un revers.

§ 6. Des instruments servant à la récolte des produits.

Il n'y a pas trente ans, la faucille servait généralement en France à la moisson des céréales ; grâce
à l'exemple des cultivateurs instruits, grâce aux
conseils de tous les hommes intelligents, la faux l'a
remplacée à peu près partout désormais, et voilà
qu'elle-même commence à céder la place aux moissonneuses. Il en est de même pour le fauchage des
prairies naturelles et artificielles que les faucheu-
ses mécaniques exécutent fort bien, rapidement et
à moindres frais. Nous ne saurions trop nous réjouir
de ces progrès qui diminuent d'abord le prix de
revient de nos produits, et qui, loin ensuite d'enlever du travail à nos populations rurales, ne prennent
que la tâche la plus pénible et lui créent un grand
nombre de travaux de tous genres et de toutes saisons.

Tandis qu'il faut, en moyenne, 6 journées d'hommes et de femmes, valant 20 fr., pour faucher, lier et mettre en dizeaux la récolte d'un hectare de froment, cette même opération, avec les machines à moissonner ne revient qu'à environ 12 fr. et n'emploie que 4 journées d'hommes et femmes. De même pour le fauchage des foins, tandis que pour faner et faucher un hectare de prairie, il faut 12 journées d'hommes et femmes valant environ 35 fr., cette opération, à l'aide d'une faucheuse, d'une faneuse et d'un râteau, ne revient qu'à 24f,20c environ.

Il est certaines récoltes dans lesquelles on peut substituer encore les instruments mus par des animaux aux outils manœuvrés par l'homme ; telles sont celles des pommes de terre, des betteraves et des carottes qu'on peut souvent opérer à la charrue ou au butteur. Il est vrai qu'on y perd une partie du produit, mais cette perte est beaucoup moins élevée qu'on pourrait se le figurer ; la herse permet de retrouver une partie des racines enfouies ou restées sous terre, et on ne saurait dire que l'instrument, habilement conduit, coupe plus de racines que la fourche, le pic ou la pioche. Or, la dépense est bien différente dans les deux cas.

On continue et on continuera sans doute longtemps encore, à couper le colza à la faux, à la faucille ou au volant, à arracher poignées par poignées ou même brins par brins le chanvre et le lin, les lentilles et les haricots, à cueillir le safran fleur par fleur ; mais on arrache souvent à la charrue la garance ; il faudra toujours récolter à la main les cônes du houblon et les feuilles du mûrier ; mais on peut souvent faire consommer sur place et sans frais par le bétail l'herbe des prairies, les feuilles des choux branchus, les racines des navets et turneps. Supprimer autant qu'il est possible, autant du moins qu'il est conciliable avec la quantité et la qualité des récoltes, la main de l'homme, c'est en partie la solution du problème de la production à bas prix, — et celui-ci résolu amène comme conséquence une foule de travaux d'améliorations foncières jusque-là suspendus.

§ 6. Des instruments servant à la préparation des produits.

Quoique l'agriculteur doive bien se garder de se faire industriel, il a tout à gagner à préparer soigneusement ses produits pour la vente. Nous ne lui conseillerons point de se faire meunier pour vendre son blé sous forme de farine, ou huilier pour transformer son colza, son œillette ou sa cameline ; mais nous l'engagerons à faire subir à ses produits certaines manipulations purement agricoles qui leur donnent toute leur valeur en le faisant profiter des bénéfices qu'il eût sans cela abandonnés à des industriels intermédiaires. Une foule de petites industries peuvent avec profit s'exercer dans la ferme, pendant les mauvais temps de l'hiver, comme le broyage du lin et du chanvre à la machine (écangue) ; l'épurage des grains et graines pour la vente comme semences, etc.

Bien des gens considèrent comme un gain tout net l'économie de main-d'œuvre qu'ils font sur le nettoyage des grains qu'ils veulent conduire au marché : le poids moyen de l'hectolitre de blé étant de 75 kilog. , si nous supposons son prix de 22 fr. celui qui ne pèsera que 71 kilog. 500 ne vaudra guère que 18 fr. 50. En admettant un déchet d'un vingtième, ou cinq pour cent, soit 3 kilog. 750, valant 0^f,70, et une dépense pour nettoyage de 0^f,10 au plus, ensemble 0,^{f}80, il est évident que le vendeur eût gagné 2 fr. 70 par hectolitre à faire donner un coup de tarare de plus à son grain ; l'instrument et le temps sont ainsi bientôt gagnés. S'il s'agit de semences, le calcul serait bien plus fautif encore, et la conséquence ne saurait se chiffrer. Aussi, ne saurions-nous trop recommander les trieurs, qui permettent, non-seulement d'épurer les semences de toutes graines étrangères, mais encore de ne recueillir que les grains les plus gros et les mieux nourris.

Les coupe-racines et hache-pailles sont des instruments indispensables dans toute ferme bien tenue, et on se figure difficilement à quel gaspillage leur seul emploi remédie, sans compter les chances d'accidents qu'il évite ; si on y joint le mélange des aliments et surtout la fermentation, on arrive au *nec plus ultrà* de l'économie dans la nourriture du bétail. Seulement, toute cette série d'instruments à laver et couper les racines, à couper le foin et la paille, à concasser le tourteau et les grains, doit être mue par un manége à cheval, dans toute exploitation un peu importante.

Quant aux machines à battre, leur travail revient à peu près au même prix que celui des fléaux, mais elles offrent cet avantage que le grain peut être séparé de suite de la paille et vendu ; que les chances d'incendie sont diminuées, puisqu'on peut laisser la paille en meules, tandis que le grain peut être rentré en greniers ; que les ravages de la teigne et des charançons sont beaucoup atténués ; qu'on utilise par l'emploi des machines à battre, les chevaux et les domestiques pendant les mauvais jours de l'hiver, qu'enfin, on est moins exposé aux fraudes des batteurs et qu'on obtient un vingtième de grain en plus. Les machines à battre à vapeur sont encore supérieures aux machines à manége, quant aux risques d'incendie des meules et quant aux ravages des insectes. Le mauvais côté, c'est qu'on est encombré de grain parfois humide et à la dessication duquel il faut attentivement veiller, et que la paille sent toujours la poussière et ne peut plus entrer que difficilement dans la consommation. Un batteur au fléau peut battre, à tâche, dans une journée de dix heures, selon le rendement des gerbes, de 50 à 75 gerbes de froment pesant chacune environ 8 kilog. et rendant ensemble environ 300 litres de blé. On paie le battage à raison de $0^f,40$ à $0^f,60$ l'hectolitre. Or, le prix de revient du battage d'un hectolitre de blé, par une machine à manége, dans une exploitation qui récolte annuellement 1000 hectolitres de tous grains, s'élève de $0^f,40$ à $0^f,66$ pour les machines qui donnent un premier vannage. Elles supposent 4 chevaux se relayant par attelées et dix personnes (hommes, femmes et enfants.) Par les machines à vapeur, le prix de revient, toutes dépenses comprises, varie de $0^f,60$ à $0^f,75$, et le battage exige de 16 à 20 personnes, tant pour le service de la batteuse que pour celui des pailles et du grain.

Si nous passons maintenant aux instruments destinés à la préparation du laitage, aux barates, nous dirons que ce qu'on gagne en temps par la vitesse obtenue dans les instruments perfectionnés, on le perd le plus souvent en qualité des produits, et que, sous ce rapport, nulle barate ne vaut celle qu'on appelait sereine, ribotte ou bat-beurre à piston. Faire le beurre en quelques minutes peut convenir à ceux qui le vendent pour l'exportation et sont peu soucieux de la bonne renommée de leurs produits;

encore n'est-il pas certain qu'il y ait pour eux économie à épargner quelques heures de femme que paierait et au-delà une plus-value de 0ᶠ,10 par kilogramme à la vente. Nous en prenons acte encore pour blâmer la course non raisonnée après le progrès que ne représentent pas toujours les instruments dits perfectionnés, non plus que les races qu'on appelle améliorées.

§ 7. Des instruments servant au transport des produits.

On a écrit beaucoup d'excellentes pages sur la comparaison des charrettes avec les chariots et sur l'opportunité de substituer les seconds aux premières. Il y a là, en effet, non-seulement une question agricole et économique, mais aussi, et sans que cela paraisse au premier abord, une question d'économie politique. On a reproché aux charrettes d'exiger pour limoniers des animaux pesants, massifs et lents, à l'allure desquels il fallait apparciller ceux qui devaient partager son travail. On a dit en outre que ces animaux, dont la masse et la taille élevaient considérablement la valeur vénale, étaient exposés à une rapide usure sur leurs membres, et à de nombreuses chances d'accidents, dans les montées, les descentes, les tournées, à des chutes, à des écarts, etc. On a ajouté que dans les mauvais pas d'un chemin, toute la charge portant sur deux roues, la résistance à vaincre, l'effort à obtenir de l'attelage étaient plus considérables. Qu'au contraire, avec les chariots, on pouvait placer dans les limons des animaux de taille et de force ordinaires, d'une allure plus vite, que moins de chances d'accidents menaçaient ; qu'on pouvait sans danger, dans cet attelage, dresser de jeunes chevaux destinés bientôt à

9

la remonte de notre cavalerie ; que dans les mauvais pas, la charge reposant sur quatre roues dont deux seulement se trouvent d'ordinaire engagées, la résistance à vaincre, l'effort à obtenir étaient de moitié moindres.

Ceux qui demandent d'une manière aussi absolue la subtitution des chariots aux charrettes, ne connaissent point assez sans doute l'état de la viabilité dans nos campagnes où on commence à peine à l'améliorer. Ils ignorent sans doute que les chemins ruraux présentent souvent des tournants rapides, à angles droits dans lesquels un chariot rural ne saurait manœuvrer facilement ; que ces chevaux pesants sont souvent bien utiles pour le labour à deux des terres fortes et humides qu'un attelage de trois ou quatre chevaux équivalents pétrirait et gâterait ; qu'enfin, les chariots ne pouvaient, dans bien des vieilles villes (Sancerre entre autres) circuler au milieu de rues accidentées, étroites et anguleuses, pour porter les denrées au marché. Ils auront raison dans un prochain avenir, ils ont eu tort jusqu'à présent, puisqu'on remanie toutes les villes et qu'on améliore tous les chemins ; laissons s'accomplir le progrès et nous verrons les conséquences se produire d'elles-mêmes.

Mais il est deux points sur lesquels je ne puis me dispenser d'insister : le premier, c'est la suppression de ces colliers énormes en largeur et en hauteur, recouverts de housses de peau de mouton, enjolivés de bouffettes de laine, de grelots ou de clochettes, formant ensemble un poids énorme qui fatigue déjà l'animal sans profit aucun. Rien n'est plus facile, M. Vandecasteel l'a prouvé, que de construire un collier léger, solide, à bas prix et remplissant toutes les conditions de service voulues.

L'amour-propre, un amour-propre bien mal placé, engagera longtemps encore, je le crains, nos fermiers beaucerons à conserver leurs colliers à chabines, à bouffettes, à queues de renards et à grelots, du poids de 20 à 25 kilog., du prix de 60 à 75 fr.

En second lieu, pensant qu'on reconnaîtra avec nous que le plus mauvais placement du capital agricole est celui dans un mobilier qui se détériore constamment sans se reproduire, nous demanderons pourquoi on n'a jamais songé à adopter le véhicule rural à toutes fins des Anglais? C'est une charrette-tombereau qui peut servir alternativement au transport des terres, des fumiers, des fourrages et des moissons; il suffit, pour l'approprier à ce dernier usage, d'y mettre en place deux cornes ou échelles; le capital engagé en véhicules se trouve ainsi diminué de moitié.

Un dernier mot encore, une dernière motion en faveur des chevaux cette fois: faisons placer à toutes nos charrettes l'appareil si simple et si peu coûteux qu'on appelle tuteur du limonier. Quel inconvénient y aurait-il à ce qu'un règlement de police spécifiât l'adoption de cette mesure de sûreté pour toutes les charrettes circulant sur les routes? On a bien fixé la largeur des jantes, dans l'intérêt des chemins mêmes, la longueur des essieux pour la sécurité publique, la longueur même des mèches de fouets dans l'intérêt des yeux parisiens! Pourquoi n'étendrait-on pas dans toutes ses conséquences la loi de Grammont? Il est permis d'user mais non d'abuser des animaux, et nous devons pourvoir à leur sécurité comme à celle de nos ouvriers.

CHAPITRE IV.

CONSIDÉRATIONS GÉNÉRALES SUR LES AMENDEMENTS,
LES STIMULANTS ET LES ENGRAIS.

Quand on fait l'analyse chimique des plantes cultivées, on y trouve des matières organiques et des
matières inorganiques, en proportion variable, selon
l'espèce à laquelle appartient le végétal et aussi suivant la nature du sol qui l'a nourri. Cette proportion
n'est pas non plus la même dans les différentes parties
de la plante ni à toutes les périodes de sa croissance,
ainsi que nous le verrons bientôt. Si nous prenons,
par exemple, l'avoine, les navets et les choux, nous
verrons qu'ils offrent, d'après M. A. Sibson, la composition suivante :

Composition chimique élémentaire.	Froment.		Turneps.		Choux.
	Grain.	Paille.	Blanc.	Rutabaga	Feuilles
Eau.	12,26	14,23	90,43	89,46	86,28
Mat. organiques ou com- bustibles, consistant en carbone, hydrogène, oxygène et azote . . .	85,99	78,30	8,95	9,52	11,85
Mat inorganiques, ou cen- dres provenant presque entièrement des prin- cipes constituants du sol	1,75	7,47	0,62	1,02	1,87
Totaux	100	100	100	100	100

« Quand on arrache une plante du sol, dit M. Alfred
Sibson, qu'on l'expose au soleil et à l'air, elle ne
tarde pas à se flétrir, à se faner, à perdre enfin de
son poids et de son volume. Cette perte de substance

est due à l'évaporation de l'eau qui, comme on sait, entre pour une forte proportion dans toute plante vivante. Si ensuite, on jette cette plante dans le feu, tout le reste de l'eau s'évapore ou disparait laissant seulement une petite quantité de cendres ou de matières minérales. La portion de la plante qui a été détruite est appelée partie organique, parce qu'elle est composée de divers principes provenant de l'accroissement du végétal, de matériaux empruntés aux diverses sources que nous avons indiquées. Les constituants de cette partie organique de la plante sont le carbone, l'hydrogène, l'oxygène, avec une petite quantité d'azote. Pendant la combustion, ces gaz s'échappent avec la fumée ou en gaz invisibles : de là, la disparition de la plus grande partie de la plante pendant la combustion. Ces matériaux existent dans la plante groupés ensemble en toutes sortes de manières et de proportions, et donnent naissance à un grand nombre de substances d'origine végétale que nous trouvons autour de nous. Le bois, l'amidon, le sucre, la graisse, le lin, le coton et une multitude d'autres matières également bien connues sont constitués par les trois premiers de ces éléments, différemment groupés dans chacune d'elles. Le quatrième constituant l'azote, se rencontre principalement dans les parties les plus précieuses des plantes, les semences et dans d'autres parties de leurs tissus auxquelles il communique sa valeur nutritive.

« Les cendres qui restent après la combustion de la plante proviennent des substances minérales que, pendant sa croissance, elle a empruntées au sol ; elles ne se volatilisent pas au feu et restent après la destruction des matières végétales. Cette portion de la plante est appelée partie inorganique et consiste dans les éléments que nous avons énumérés en étudiant les principes constituants du sol. Pendant longtemps, on ignora pourquoi la combustion des plantes laissait une petite proportion de cendres ; on ne supposait pas qu'elles fussent en aucune manière essentielles à la structure de la plante ou pussent prendre aucune part à son développement. Jusqu'à il y a peu de temps, on croyait que l'empreinte laissée par les cendres d'un végétal qu'on brûlait sur une plaque de verre provenait de matières inorganiques accidentellement empruntées à la terre. C'était encore une erreur. Nous savons maintenant que cette cendre, ces constituants minéraux de la plante, sont au moins aussi importants que la portion organique ou végétale bien plus abondante ; que leur présence n'est pas accidentelle, mais nécessaire à la formation et à l'existence du végétal, et que par conséquent on les doit rencontrer dans la terre où il s'est développé. » (*Agricultural chemistry*. Londres, 1859, p. 95, 97.)

Si nous analysons les cendres du blé, du trèfle ou du rutabaga, nous verrons que leur composition est très-complexe, comme celle du sol qui les a produits.

Matières inorganiques contenues dans les cendres.	Paille.	Froment. Grain.	Trèfle. Feuilles et tiges.	Rutabaga. Racines
Potasse	12,14	29,97	24,928	36,98
Soude. . . . . • . . .	0,60	3,90	3,039	6,76
Magnésie.	2,74	12,30	12,176	3,61
Chaux	6,23	3,40	34,908	11,14
Acide phosphorique .	5,43	46,00	7,352	9,74
Acide sulfurique . . .	3,88	0,33	3,718	12,43
Silice	67,88	3,35	1,313	3,43
Peroxyde de fer . . .	0,74	0,79	1,470	1,09
Chlorure de soude . .	0,22	0,09	11,096	7,85
Chlorure de potasse .	—	—	—	0,59
Acide carbonique. . .	—	—	—	6,38
Totaux. . .	99,66	100,00	100,000	100,00
Cendres p. 0/0 de la plante verte	6,02	1,93	10,530	5,91

Il faut donc forcément admettre que la plante a puisé dans l'air et dans le sol les éléments des principes organiques qu'elle contient, et dans le sol seulement les principes inorganiques que contiennent ses cendres. Or, beaucoup de terrains renferment les éléments nécessaires à la plupart des plantes; on les appelle des sols riches; d'autres manquent d'un ou de plusieurs de ces éléments et certaines plantes seulement y peuvent végéter; c'est ainsi que le sainfoin refuse de croître sur les terres qui ne renferment pas une proportion suffisante de calcaire. D'autres terres contiennent des éléments nuisibles à un grand nombre de plantes et, dans ce cas, quelques végétaux peuvent seuls y réussir; c'est ainsi que le rutabaga se complaît dans les terrains acides, terres de bruyères ou tourbes. M. Sibson va nous fournir, en exemple, l'analyse comparative de quatre terres différentes, dont l'une, la 1re, est un loam riche donnant d'excellentes récoltes de froment; la 2e est une riche terre de bruyères; la 3e est un sol siliceux stérile, et la 4e une tourbe inféconde.

Éléments constituants du sol.	No 1.	No 2.	No 3.	No 4.
Silice	63,19	71,80	96,00	7,96
Peroxyde de fer. . .	4,87	6,30	0,50	0,63
Alumine.	14,04	9,30	2,00	0,12
Chaux.	0,83	1,01	0,01	0,55
Magnésie	1,02	0,20	traces	0,08
Potasse	2,80 }	•	• }	»
Soude.	1,43 }	0,01	» }	0,01
Acide sulfurique. . .	0,09	0,17	•	0,02
Acide phosphorique.	0,24	0,13	•	0,19
Matières organiques.	8,55 }	»	»	90,44
Eau et chlore	2,94 }	10,98	1,49	•
Totaux. . .	100,00	100,00	100,00	100,00

Quand une terre renferme un principe nuisible

comme du sel marin, de l'acide tannique, on cherche à le faire disparaître ou à le neutraliser ; aussi, on irrigue à l'eau douce les terrains salés que l'on arrache à la mer, on chaule les tourbières et les terres de bruyères. Quand le sol a trop de cohésion, qu'il absorbe et retient l'eau avec une trop grande avidité, on y apporte du sable ou de la marne siliceuse, on le défonce profondément; on l'écobue ou on le draine. Quand la terre est trop légère, trop poreuse, trop exposée à la sécheresse, on l'irrigue, on y apporte de l'argile ou des marnes argileuses, des composts, etc. En agissant ainsi, on modifie les propriétés physiques et chimiques du sol, on amende ses défauts ; ces opérations portent le nom *d'amendements*.

Il ne suffit pas, pour qu'un sol soit riche, qu'il renferme tous les éléments nécessaires à la végétation, il faut encore que ces éléments y existent à l'état soluble dans l'eau, ou sous une forme telle que la chaleur, l'humidité, l'atmosphère puissent les rendre successivement solubles. On obtient artificiellement cette solubilisation au moyen de certaines substances qu'on ajoute de temps en temps au sol en petites quantités, pour le stimuler en quelque sorte. Ces substances, parmi lesquelles nous trouvons la chaux, le plâtre, le guano, le noir animal, etc., ont reçu le nom de *stimulants*.

Enfin, on introduit presque toujours artificiellement dans le sol des substances composées de principes organiques surtout, mais aussi de principes minéraux, qui, en se décomposant dans la terre doivent fournir aux plantes de l'humus soluble et certains sels plus ou moins indispensables à la végétation. Ce sont des substances animales ou végétales, ou un mélange de substances animales et végétales, et on leur a donné le nom *d'engrais*. On distingue donc : 1° les engrais animaux, comme la viande, la corne, les poils, le sang ; 2° les engrais végétaux ou plantes enterrées vertes, comme le sarrasin, le lupin, les fèves ; 3° enfin, les engrais mixtes ou fumiers, composés de pailles employées comme litières pour recevoir et absorber les déjections liquides des animaux, et les déjections solides de ces mêmes animaux.

Ce n'est pas que cette distinction soit parfaitement exacte ni nettement tranchée : ainsi, la marne agit dans certaines terres, à la fois comme amendement par son argile ou sa silice, et comme stimulant par sa chaux. Le drainage, l'écobuage ne sont pas seulement aussi des amendements, mais encore des stimulants. Les engrais verts, les fumiers pailleux, sont en même temps, dans certains sols très-argileux, des engrais et des amendements. Les façons culturales sont des amendements aussi, quoique d'un effet peu durable. Mais la distinction que nous venons d'établir et qui est celle généralement admise suffit, dans la pratique pour indiquer suffisamment le rôle et le but de l'emploi des différentes matières dites fertilisantes [1].

§ 1er. Des amendements.

Les amendements ont pour but de modifier la composition chimique et les propriétés physiques du sol. Le terrain argileux auquel on apporte une

---

[1] Voir *Guide pratique de la fabrication et de l'emploi des engrais.* — (Bibliothèque des professions agricoles et industrielles, Eug. Lacroix. — *Guide pratique de chimie agricole*, par N. Basset. (id.) — *Guide pratique de la vidange agricole*, par J.-H. Touchet. (id). — *Éléments des sciences physiques appliquées*, par A.-F. Pouriau. (id).

proportion notable de *silice* peut devenir argilo-siliceux ; un sol argileux auquel on donne une quantité
suffisante de *calcaire* peut devenir argilo-calcaire,
et réciproquement. Il est rare qu'on opère ainsi des
mouvements de terre considérables et très-coûteux
quand le sol nouveau ne doit remplir qu'un seul but.
En effet, le sable que vous apportez sur un terrain
argileux ne tarde pas à être entraîné par l'eau jusqu'au sous-sol ; *l'argile* que vous répandez sur une
tourbe y descendra rapidement par son propre
poids. Il ne faut, dans ce cas, agir que par doses
minimes et répétées. Mais on hésite moins lorsqu'on a à sa disposition des *marnes* argileuses pour
les terrains siliceux ou des marnes siliceuses pour
des terrains argileux, parce qu'avec elles on apporte
au sol, en même temps, de l'argile ou du sable et
de la chaux, un amendement et un stimulant.

Les *façons culturales*, en désagrégeant les molécules terreuses, en permettant à l'air l'accès du sol
sur une certaine profondeur, en mélangeant les particules organiques et inorganiques, enfin en donnant à l'eau une issue plus facile et plus prompte,
agissent comme amendement d'abord, comme stimulant ensuite. La gelée et le dégel ameublissent
le sol ; mais les pluies et le poids même de la terre
ne tardent pas à rétablir la cohésion des particules.
Il en est de même du *défoncement* qu'il faut répéter
de temps en temps pour aérer et ameublir le sous-
sol. Tout sol, tout sous-sol ameublis deviennent
plus aptes à absorber et à fixer les gaz ammoniacaux, à se charger d'acide carbonique qui commu-
niquera à l'eau la propriété de dissoudre un grand
nombre de sels fertilisants.

Nous avons vu que l'argile perdait sa cohésion
lorsqu'elle avait subi une température un peu éle-

vée ; on a mis cette propriété à profit dans l'*écobuage*
qui consiste à lever en plaques le sol argileux, le
faire sécher, puis le calciner dans de petits fourneaux
établis sur le champ même. Non-seulement, on a
transformé les propriétés de l'argile qui a pris dès
lors presque toutes celles de la silice, mais encore
on a réduit en cendres toutes les parties organiques
du sol qui vont agir comme un stimulant. On écobue souvent aussi les tourbières dans le seul but
d'en obtenir ces cendres qui répandues ensuite sur
le sol, y agissent comme celles du bois ou des végétaux. Les charrées ou *cendres* lessivées, celles
qui ont été employées au nettoyage de notre linge,
agissent à la fois comme amendements par leur silice
dans les terrains argileux, et comme engrais dans
toutes les terres par les matières organiques dont
elles se sont chargées.

L'*irrigation* remplit deux buts, deux rôles bien
distincts, selon qu'elle a lieu en hiver ou en été,
avec des eaux limoneuses ou avec des eaux pures.
Dans le premier cas, elle apporte à la terre des
molécules argileuses surtout et des particules organiques ; elle agit comme amendement et comme
engrais ; dans le second, elle ne fournit à la terre
que la fraîcheur dont a besoin la végétation ; c'est
un simple amendement. Il en est de même du colmatage, qui consiste à retenir les eaux limoneuses
pour les faire déposer, de façon à obtenir un terrain
artificiel, ordinairement fort riche. (Voir *Guide pratique de la culture des plantes fourrag.* t. 1er, p. 69-
195.) Quant au *drainage*, qui a pour principal but
d'offrir aux eaux surabondantes un écoulement
rapide et sûr, il a encore pour effet d'introduire
l'air à travers une grande épaisseur de sol, d'y élever la température en hiver et de l'y abaisser en été,

de favoriser l'absorption de l'acide carbonique et de l'ammoniaque par les molécules terreuses et la solubilisation de l'humus. On pourrait donc presque dire qu'il est un amendement, un stimulant et un engrais.

Ce qu'il faut bien savoir, c'est que toutes les fois que, par des amendements, on a augmenté l'épaisseur de la couche cultivée ou cultivable, il faut augmenter aussi les fumures, si l'on veut élever le produit afin de rentrer dans ses avances. Une terre défoncée, qu'on ait ou non ramené le sous-sol à la superficie, une terre marnée, une terre drainée, sont devenues plus aptes à s'assimiler les engrais, à en tirer un parti économique, mais encore faut-il augmenter la dose de ces engrais proportionnellement à l'accroissement en profondeur et en activité du sol, si l'on veut qu'il puisse rembourser les dépenses qu'on a faites pour son amélioration.

§ 2. Des stimulants.

On nomme *stimulants* des substances minérales qui ont pour propriété de solubiliser les principes actifs renfermés dans le sol et restés jusque-là insolubles ou qui ne se dissolvaient que très-lentement. En d'autres termes, les stimulants accroissent les propriétés digestives du terreau, des engrais, exactement comme le poivre et la moutarde celles du porc frais ou salé dans l'alimentation de l'homme. Ils donnent au sol une énergie factice, momentanée, mais peu durable, à moins qu'il ne renferme une proportion considérable d'humus ; mais quand tout l'humus est solubilisé, absorbé, disparu, la terre est stérilisée pour longtemps. C'est le phénomène qui s'est produit chez beaucoup de cultivateurs qui avaient abusé de la chaux, du noir animal, du guano, etc. Ces faits regrettables ne se seraient pas produits si, au lieu d'appliquer les stimulants aux céréales qui, le grain emporté, ne laissent au domaine que des litières, on les eût répandus sur des cultures fourragères qui eussent accru la masse des engrais et permis de rendre au sol au moins autant qu'on lui avait pris.

La *chaux* (carbonate de chaux) a la propriété, nous l'avons vu, de solubiliser en proportion notable l'humus et en petite quantité la silice. On doit donc l'employer de préférence sur les terres riches en matières organiques et qui ont une certaine profondeur. Quand les terrains auxquels on l'applique sont argileux et humides, la carbonate de chaux s'hydrate, devient insoluble et forme un ciment complétement inutile à la végétation. Nous n'avons pas besoin de répéter que le carbonate de chaux soluble entre lui-même dans l'assimilation comme partie intégrante des tissus.

Le *phosphate de chaux* (biphosphate, phosphate acide, superphosphate, phospho-guano, etc.) qui a la propriété d'être notablement soluble, jouit en outre de la précieuse faculté de solubiliser l'humus. Ainsi, tandis qu'assimilés dans la plante, ils stimulent par leur phosphore les tissus et leur puissance d'absorption, d'un autre côté, ils préparent l'assimilation de matières organiques azotées, des sels alcalins ou ammoniacaux. De même que la chaux, ils agissent surtout sur les terres où l'élément calcaire fait défaut, comme amendement, et partout à la fois, comme stimulants. Nous avons dit plus haut quel était le rôle des *cendres* crues et *lessivées*.

Le noir animal agit surtout sur les terres neuves, acides, manquant de calcaire par conséquent, et son effet est à peu près nul sur les sols calcaires ;

cela tient à ce qu'il est un dissolvant de l'humus par le phosphate soluble des os qui le constituent en grande partie. Le noir de raffineries agit même sur les terres calcaires parce qu'il est en grande partie composé de sang et de matières albumineuses.

Le *guano*, qui agit bien plus par ses sels ammoniacaux et son phosphate de chaux que par les matières organiques qu'il renferme, est bien plutôt un stimulant qu'un engrais. Voici, en effet, d'après huit analyses, la composition moyenne du guano pur du Pérou :

Matières organiques et minérales.	Proportions.	
Matières organiques. . . .	34,95	
Sels ammoniacaux.	16,83	
Phosphates terreux	22,11	100,00
Sels alcalins	8,38	
Ammoniaque.	17,73	

Nous ajouterons que le guano ne s'emploie qu'à la dose de 300 à 500 kilog. par hectare, ce qui ne donnerait que 104 à 174 kilg. de matières organiques et représentant tout au plus 125 à 250 kilog. de colombine dont on emploie 1500 à 1800 kilog. par hectare. Il est d'observation aussi que le guano favorise bien plus la végétation des tiges et des feuilles que celle du grain, autre indice qui nous engage à le consacrer plus spécialement aux plantes fourragères.

Le *plâtre* (sulfate de chaux) agit principalement sur les sols qui renferment déjà une notable proportion de calcaire ; son effet est nul sur les terres qui manquent totalement de chaux, sur celles qui sont acides et mouillées. Les chimistes sont loin d'être fixés sur le mode de son action chimique et physiologique ; les uns croient qu'il agit sur les organes verts des plantes et directement ; les autres pensent qu'il agit physiquement en absorbant les gaz ; l'opinion la plus probable nous paraît être

celle de M. Dehérain qui le regarde comme favorisant la solubilité de la potasse contenue dans le sol.
On sait que son action se borne presque exclusivement aux plantes qui appartiennent à la famille des
légumineuses, et que la dose à laquelle on l'applique
au sol n'est que de 250 à 350 litres par hectare.

Nous ne saurions trop le répéter, les stimulants
ne devraient être employés que sur les terres très-
riches, ou comme suppléments des fumures, mais
jamais, ainsi qu'on le fait trop souvent, pour remplir
le rôle qui convient exclusivement aux engrais.
L'agriculture, a-t-on dit souvent, ne peut jamais produire la masse de fumiers qui lui est nécessaire,
il faut donc qu'elle se les procure ailleurs. Je le veux
bien, mais qu'alors on emploie les engrais achetés
à produire du fourrage c'est-à-dire à accroître la
masse des fumiers et non à produire des grains
qui seront en presque totalité exportés du domaine.
Et Dieu sait combien on a, depuis quelques années,
exploité cette pratique erronnée des cultivateurs
en fabriquant et leur vendant fort cher des engrais
doués de toutes les vertus merveilleuses, sur les
prospectus, et parfaitement inutiles au sol. Pendant
ce temps, nous laissons exporter en Angleterre la
plus grande partie de nos tourteaux oléagineux,
nous laissons perdre les boues de nos villes, le sang
de nos abattoirs, les eaux de nos égoûts, les jus de
nos fumiers, et nous achetons sans marchander du
guano, des guanos artificiels, des liquides fécondants
des engrais frelatés, et loin de nous enrichir, nous
nous appauvrissons, faut-il s'en étonner? Le savant
Liebig a bien quelques motifs de qualifier notre
agriculture de l'épithète de vampire.

§ 3. Des engrais.

Les engrais sont des substances riches surtout en matières organiques qu'on enfouit dans le sol pour que, par la fermentation et la décomposition, elles se transforment en humus que l'eau, les sels et les gaz solubiliseront et que les plantes s'assimileront sous diverses formes. Nous avons déjà dit qu'il fallait distinguer les engrais animaux, les engrais végétaux et lés engrais mixtes.

A. *Engrais animaux.* Sous ce titre, nous comprendrons toutes les matières liquides ou solides qui contiennent une notable proportion d'azote et proviennent des animaux ou de l'homme. Les *urines* ou déjections liquides offrent une composition chimique assez variable selon l'espèce dont elles proviennent, ainsi que l'indique le tableau suivant :

Principes constituants.	Cheval.	Vache ou bœuf.	Porc.	Mout.	Chèv.	Homme.
Eau	895,00	883,10	981,50	894,00	982,00	972,00
Matières organiques azotées	56,00	70,10	5,00	80,00	9,00	21,00
Matières salines.	49,00	46,80	13,50	26,00	9,00	7,00
Totaux.	1000,00	1000,00	1000,00	1000,00	1000,00	1000,00

Une partie des urines est absorbée par les litières, l'autre se rend soit dans la fosse à fumier où on la reprend pour arroser les tas en confection, soit dans des citernes d'où on les transporte avec des tonneaux sur les récoltes. En Angleterre, on les dirige sur les champs au moyen de tubes en fer dans lesquels les pousse une pompe à vapeur. Les *excréments solides du bétail* n'ont pas tous non plus les mêmes qualités; ceux de l'homme sont les plus riches, puis viennent ceux du mouton, de la chèvre, du cheval, du bœuf et de la vache, et enfin du porc. Il est rare qu'on les emploie seuls, et ils sont plutôt mélangés aux litières. Ceux de l'homme, cependant, sont convertis en poudrette, terreau inodore, qu'on peut exporter au loin et répandre à la main sur les champs. Le *parcage* du mouton est bien un engrais purement animal, puisqu'il ne se compose que des déjections solides et liquides de l'animal, auxquelles s'ajoutent un peu de suint et de laine. Il convient surtout aux terres légères qui ont besoin d'être tassées, et à celles qui sont éloignées de la ferme. Dans les terres déjà riches, il peut faire verser les récoltes, et il faut le ménager avec soin. Sa durée ne s'étend qu'à une ou deux années au plus. La *chair musculaire* des animaux morts ou tués par accident peut être employée fraîche dans des composts auxquels on ajoute une proportion suffisante de chaux, ou desséchée au four et réduite en poudre qu'on répand à la main sur les récoltes. La *corne*, les *poils*, les *débris de manufactures de lainage*, les *vieux chiffons de laine*, très-riches en azote, mais d'une décomposition lente, conviennent particulièrement aux cultures vivaces et surtout à la vigne. Nous ferons remarquer qu'il est d'expérience pratique et générale qu'une fumure trop abondante en principes azotés, lorsque surtout le sol ne contient pas assez de chaux caustique pour solubiliser une quantité relative de silice, favorise la production des tiges et des feuilles aux dépens des graines et prédispose à la verse.

B. *Engrais végétaux.* C'est surtout sous les climats méridionaux et en vue de donner au sol, en été, la fraîcheur qui lui manque, tout en lui fournissant de l'humus, qu'on cultive certains végétaux pour les faucher et les enfouir en vert avant leur floraison. Cette pratique est d'origine fort ancienne et s'est conservée surtout en Italie et dans nos départements méridionaux. Les plantes qu'on y destine sont le *lupin*, les *fèves*, les *vesces*, le *sarrasin*, plantes peu délicates sur la richesse du sol, riches en feuilles et en tiges, dont la semence n'a qu'une médiocre valeur vénale, et qui, enfin, croissent rapidement. On enfouit quelquefois encore la dernière coupe d'un *trèfle* qu'on va défricher, mais c'est un sacrifice qu'on ne fait guère que quand le produit ne saurait payer le fauchage ; et en effet mieux vaudrait rendre au sol l'engrais mixte qui proviendrait de la coupe que d'enfouir cette coupe en vert. Sur le littoral des mers, on emploie souvent pour engrais diverses plantes de la famille des algues, auxquelles on donne le nom collectif de *goëmon* ou *varech*. Ces plantes imprégnées de sel marin sont surtout répandues à la surface des prairies naturelles au printemps ou bien mélangées aux engrais mixtes, aux composts, etc.

C. *Engrais mixtes.* On appelle engrais mixtes ceux qui sont composés de litières (pailles ou terres) chargées de recevoir et d'absorber en partie les excrétions solides et liquides du bétail ; ou encore les mélanges ou composts formés de terres, de débris animaux et végétaux et presque toujours aussi de chaux.

On emploie comme litières les pailles de céréales, les tiges et feuilles de bruyères, de fougères, d'ajoncs, la paille de colza, d'œillette, de cameline, les feuilles des forêts et jardins. Une bonne pratique consiste à diviser la litière au moyen d'un hache-paille, afin que les fumiers se tassent mieux, que la fermentation soit plus égale, l'épandage plus facile et plus prompt. A défaut de litières pailleuses, on emploie la terre, argile, sable, marne, etc. Mais les tranports sont très-coûteux et s'augmentent de la valeur du terrain qu'on détruit ainsi. En Angleterre, quelques cultivateurs dits progressifs ont tenté de supprimer les litières, et font reposer le bétail sur des madriers inclinés qui laissent issue aux urines et qu'on débarrasse des excréments. L'idée n'a pas fait grand chemin, bien qu'elle ait des côtés recommandables. En effet, les pailles renferment une certaine proportion de principes alimentaires que la fermentation surtout prépare merveilleusement pour l'assimilation, et la même quantité de paille, en poids, est infiniment plus profitable après qu'elle a été animalisée, outre la viande et la graisse qu'elle a produites.

Les fumiers des diverses espèces d'animaux n'ont pas la même valeur ni les mêmes propriétés : ceux des chevaux, ânes et mulets sont très-chauds, fermentent rapidement et prennent aussitôt le blanc, s'ils ne sont fortement et fréquemment tassés et régulièrement arrosés. Ceux des moutons sont presque aussi chauds, mais comme on les laisse longtemps dans les bergeries où ils sont à chaque instant piétinés et arrosés d'urine, leur fermentation s'opère lentement et régulièrement. On les réserve comme les précédents, pour les terres argileuses. Ceux des bêtes à cornes sont réputés plus froids; ils ont plus de liant, de cohésion, fermentent plus lentement et semblent convenir davantage aux terres légères. Enfin, ceux des porcs ont des qualités toutes différentes, selon qu'ils proviennent d'animaux jeunes ou adultes, nourris au vert ou à la viande, à l'élevage ou à l'engraissement ; les uns sont froids, maigres, lents ; les autres sont chauds, riches et actifs.

Dans la plupart des fermes, on mélange les fumiers des diverses provenances ; si l'exploitation, cependant, comprenait en proportion importante, d'un côté des terres argileuses, de l'autre des terres siliceuses, il serait préférable de fabriquer séparément les fumiers de chevaux et de bêtes à laine, ceux de porcs et de bêtes à cornes. Nous avons vu déjà que pour les terres argileuses, on préférait généralement les fumiers frais, c'est-à-dire qu'on les portait et les enfouissait dans le champ presque à la sortie des étables ; que pour les terres siliceuses, au contraire, on devait choisir les fumiers bien décomposés, réduits presque à l'état de beurre noir. Dans la fabrication du fumier, il est plusieurs principes dont il ne faut point s'écarter : l'essentiel est d'obtenir une fermentation lente, régulière et sans déperdition de gaz fertilisants, sans pertes d'urines. On y arrive en tassant souvent les tas, en les arrosant fréquemment, en les saupoudrant par couches de sulfate de fer, de plâtre ou de terre argileuse desséchée, mais non calcinée au four, en entourant la plate-forme d'une rigole qui ramène toutes les urines dans une citerne où on les reprend avec une pompe pour les répandre sur le tas. Aussitôt les fumiers transportés sur le champ, il faut les enfouir dans le sol.

Les composts sont, nous l'avons dit, des mélanges de terres provenant de curures des cours, des chemins, des fossés, des ruisseaux ou rivières, de mauvaises herbes, de débris végétaux et animaux. Nous avons ajouté que le plus souvent on y mélangeait de la chaux, et cette addition a pour but de détruire les germes, graines et racines des plantes nuisibles, de corriger l'acidité des vases, de solubiliser l'humus qui va se former. Les *boues de villes*, ne sont à vrai dire que des composts et doivent être traitées comme eux, c'est-à-dire qu'après les avoir triées pour en séparer les pierres, les morceaux de verre, les tuiles ou briques, on les laisse fermenter quelque temps en tas prismatiques, puis on les recoupe à la bêche ou à la pioche ; nouveau repos, puis nouveau recoupage pendant lequel on ajoute la chaux. Après quatre ou cinq façons et après un ou deux ans, on emploie ces composts sur les prairies naturelles, sur les luzernes ou sainfoins, ou dans les terres en culture.

Nous ne parlerons pas ici des engrais chimiques minéraux dont M. Ville a préconisé l'emploi dans ces derniers temps. Restituer au sol les principes minéraux qui lui ont été enlevés par les récoltes exportées, ce n'est que juste ; mais remplacer la la matière organique par l'azote à l'état de combinaison minérale (sulfate d'ammoniaque), nous paraît une erreur complète. On sait qu'il faut 15 à 20 ans aux jardiniers pour faire un marais, grâce à l'accumulation du terreau ; le jour seulement où M. Ville aura créé un jardin maraîcher avec ses engrais, nous serons convaincus. Jusque-là, nous recommanderons des expériences en petit, une grande prudence dans l'emploi qui devra se faire surtout sur les plantes fourragères, et nous rappellerons les mécomptes qui ont suivi l'abus de la chaux, du noir animal et du guano, et les ruines qui en ont été la suite.

CHAPITRE V.

CONSIDÉRATIONS GÉNÉRALES SUR LE MODE DE NUTRITION DES PLANTES [1].

Nous avons dit que le sol contenait de l'air et renfermait des matières organiques et inorganiques ; il forme avec l'atmosphère le milieu dans lequel les plantes vivent, c'est-à-dire naissent, se développent, s'accroissent et se reproduisent. Mais si nous avons étudié, quoique très-succinctement, les éléments constitutifs de l'atmosphère et du sol, il nous est indispensable de faire ici une brève étude des principes organiques surtout qui entrent dans la composition des divers végétaux.

« Il existe, dit M. Houzeau, tant dans les végétaux que dans les animaux, une série de corps de nature très-azotée, ayant entre eux des rapports communs, et dont les caractères généraux les distinguent assez des autres matières de même origine pour que les chimistes aient pu leur donner une place particulière dans la grande classification des substances organiques. De ces corps, l'albumine étant la plus anciennement connue, c'est elle qui d'abord a servi à désigner le groupe tout entier. De là le nom de *principes albumineux* ou *albuminoïdes* aux matières qui, par leur composition et leurs propriétés, ressemblent à l'albumine. L'appellation plus

---

[1] Voir *Traité pratique et élémentaire de Botanique appliquée à la culture des plantes*, par L. Lerolle. (Bibliothèque des professions agricoles et industrielles Eug. Lacroix. P. 259 et suivantes.

moderne de *principes protéiques*, qu'on donne aussi quelquefois à ces mêmes substances, vient d'une matière appelée protéine, qu'elles renferment toutes sans distinction, et à laquelle aussi, d'après M. Mulder, elles doivent leurs caractères génériques.

« Les principales matières albumineuses sont au nombre de six, ce sont : l'*albumine*, qu'on rencontre dans le sang, le lait, l'œuf et la graine ; la *fibrine* qu'on trouve dans le sang et la graisse ; la *caséine*, contenue dans le lait et la graisse ; la *glutine*, la partie constituante du grain de blé ; la *légumine*, la partie constituante des pois et des haricots ; l'*amandine*, la partie constituante de la graisse des rosacées. Les trois dernières de ces substances ne se rencontrent que dans les végétaux ; les trois premières, au contraire, sont communes aux deux règnes organisés. Toutes se dissolvent dans l'acide chlorhydrique bouillant et le colorent en bleu ; elles acquièrent en général deux modifications distinctes : l'état soluble et l'état insoluble dans l'eau ; enfin, leur composition est à peu près la même, ainsi qu'on peut s'en assurer d'après les analyses de MM. Dumas et Cahours , contenues dans le tableau suivant.

	Albumine.	Fibrine.	Caséine.	Glutine.	Amand.	Légumi.
Carbone. .	53,47	52,75	53,56	53,05	50,90	50,75
Hydrogène.	7,17	6,99	7,10	7,17	6,50	6,73
Oxygène. .	25,64	23,69	23,47	23,84	24,10	24,03
Azote. . .	17,72	16,57	15,87	15,94	18,50	18,49
Totaux.	100,00	100,00	100,00	100,00	100,00	100,00

« Cependant, il faut observer que l'albumine, la fibrine et la caséine se rencontrent toujours dans l'organisme unies à quelques traces de soufre et de phosphore, et que M. Mulder les considère comme dérivant d'un seul principe normal, la *protéine*,

combinée à ces éléments minéraux. Le fait est que,
sous le rapport des propriétés et de la composition,
la protéine ne diffère nullement des matières albuminoïdes qu'on trouve simultanément dans les végétaux et les animaux (*Encyclopédie pratique de l'a-
griculteur*, t. 1ᵉʳ, col. 463-464). » Mais reprenons
l'étude de ces substances avec quelques détails.

La protéine dont la formule est 40 de carbone,
31 d'hydrogène, 12 d'oxygène et 5 d'azote, s'obtient
en faisant bouillir de l'albumine, de la fibrine ou de
la caséine, animales ou végétales, dans une lessive
de potasse, en saturant la dissolution par l'acide
acétique et lavant le précipité floconneux, qu'on
obtient, jusqu'à ce qu'il ne reste plus trace d'acétate de potasse. Le produit ainsi obtenu et dessé-
ché a l'aspect d'une masse jaunâtre et cassante,
insipide et inodore ; il est insoluble dans les vésicules ordinaires, mais se dissout dans l'acide acétique
et dans la plupart des acides minéraux étendus.
C'est la protéine, découverte par le chimiste allemand Mulder qui en faisait le radical de l'albumine,
de la fibrine et de la caséine suivant les proportions
de soufre et phosphore auxquels elle se combinait.
Mais cette théorie, nous devons le dire, n'a guère
été acceptée que par les chimistes allemands et quelques anglais.

L'*albumine* est un corps, une combinaison chimique très-répandue dans les deux règnes organiques ; le blanc de l'œuf est de l'albumine presque
pure ; on la trouve dans le sang, le chyle, la lymphe
la sérosité, le pus, les nerfs, la substance cérébrale,
etc. ; on la rencontre dans le grain du froment
(2,85 p. 0/0), dans la racine de la carotte (0,87 0/0)
dans celle de la betterave (0,25 p. 0/0), dans
la plupart des graines et des racines des plan-

tes ; on la découvre, et c'est là une conséquence
normale, dans la séve de la plupart des végétaux,
la vigne, le charme, le hêtre, l'orme, etc., et dans
les sucs propres d'un grand nombre de plantes annuelles ou vivaces. Elle se présente tantôt sous
forme liquide et à l'état de dissolution, tantôt sous
forme solide ou à l'état de coagulation artificiellement provoquée. Liquide, elle a toujours une réaction alcaline ; si on l'abandonne à elle-même, elle se
putréfie rapidement, et ce phénomène est accompagné d'une génération abondante d'animalcules.
L'albumine liquide, quand on l'a fait sécher, se
redissout facilement dans l'eau. Une proportion
trop élevée d'albumine dans les racines de la betterave et dans le jus qui en provient, diminue proportionnellement la quantité de sucre qu'on en obtient.
Or, nous savons par Molleschott et Mulder que, plus
une plante produit d'albumine et moins elle peut se
passer des acides du terreau qui se distinguent par
une très-grande affinité pour l'ammoniaque, laquelle
cède son azote à l'albumine. C'est pourquoi les betteraves obtenues sur les terres très-riches en terreau
et acides (terres de bruyères, de bois, de tourbes)
et sur celles abondamment engraissées avec des
fumiers très-décomposés, renferment beaucoup
d'albumine et une proportion inférieure de sucre,
tandis que les racines provenant des sols calcaires
sont les plus riches en matières saccharines et les
plus pauvres en albumine.

La *fibrine*, ou principe essentiel du gluten, diffère
de l'albumine par la proportion de soufre (0,68 p.
0/0 dans l'albumine, 0,33 p.0/0 dans la fibrine)
et de phospore (0,33 0/0 dans l'albumine, 0,36 0/0
dans la fibrine) qu'elle renferme. Quand elle est pure
elle est d'un blanc légèrement grisâtre, sans odeur

ni saveur, très-élastique lorsqu'elle est humide, mais si on la fait sécher, elle devient cornée, dure, diaphane et prend une teinte jaune grisâtre. Elle est insoluble dans l'eau, l'alcool et l'éther, et ne se dissout que partiellement dans l'eau bouillante. Elle décompose rapidement l'eau oxygénée. On la rencontre dans le sang, le chyle, la lymphe ; dans les semences d'un grand nombre de plantes et particulièrement des céréales, dans les tubercules de la pomme de terre, les racines de la carotte et du turneps, les feuilles de chou, etc.

La *caséine* est un des principes immédiats du lait qui lui doit en grande partie ses propriétés nutritives. C'est une substance blanche, pulvérulente, inodore, sans saveur, insoluble dans l'eau, l'alcool et l'éther, mais soluble dans les liqueurs alcalines, d'où la précipitent le tannin, la présure et les acides; elle se dissout de nouveau dans un excès du même acide. Dans le lait elle est contenue en dissolution dans le sérum. On rencontre la caséine dans les semences des plantes de la famille dite des légumineuses, comme le pois, le haricot, etc. ; dans le suc propre de certains arbres des climats chauds, comme le galactodendron utile ou arbre à la vache. Les Chinois, en effet, fabriquent du fromage avec l'émulsion de la graine du pois oléagineux ; on peut faire du fromage aussi avec la séve de l'arbre à vache. La caséine est assez abondante encore dans la graine du lin (15,10 p. 100) qui appartient à la famille des caryophyllées, et en quantité plus faible dans les semences d'un grand nombre de plantes.

Le *gluten*, dont la glutine est le principe, est abondant surtout dans les semences des céréales, sous la forme d'un simple mélange de glutine, de fibrine,

d'albumine et de caséine. On l'extrait de la farine
des céréales par malaxation, en recueillant le
gluten sur un tamis, tandis que l'amidon est entraîné
par l'eau. On rencontre le gluten dans les grains
du froment (12 p. 0/0), de la fève (25 p. 0/0), du
riz (4, 50 p. 0/0) ; dans les racines de la pomme
de terre (2 p. 0/0), du turneps (14 p. 0/0), de la carotte (6 p. 0/0), dans les feuilles du chou (4,50 p.
0/0), etc. Le gluten est une substance d'un blanc
grisâtre quand il est sec, très-tenace, élastique et
très-extensible, d'une odeur fade et caractéris-
tique. Il n'est soluble que dans l'acide acétique et
répand en brûlant la même odeur que les poils ou
la corne. D'après les expériences de Hermbstœdt,
on peut, en employant des engrais plus ou moins
azotés, faire varier d'une manière notable la proportion du gluten dans les grains de froment :

Nature de l'engrais employé.	Azote de l'engrais.	Gluten du froment.	Amidon du froment.
Urine d'homme.	0,71	35,10	39,30
Sang de bœuf	2,94	34,20	41,30
Excréments humains .	9,16	33,10	41,40
Excréments de chèvre .	0,68	32,90	42,40
Excréments de mouton .	0,72	22,90	42,80
Excréments de cheval .	0,55	13,70	61,60
Excréments de pigeon.	8,30	12,20	63,20
Excréments de vache .	0,32	12,00	62,30
Sol non fumé.	•	9,20	66,70
Moyennes . .	•	22,81	51,22

Malheureusement, l'auteur n'indique point les
doses relatives de ses fumures qui expliqueraient très-
probablement les exceptions au principe général qu'il
en a déduit. Ces expériences ont été contrôlées par
M. Burnet, de Godgirth (Angleterre) qui a obtenu
les résultats suivants :

Nature des engrais employés.	Produit en bushels par acre [1]	Gluten du blé, p. 0/0.
Urines, acide sulfurique et cendres de bois.	40 bushels	10,50
Urines, acide sulfurique et salpêtre du Chili.	48,50 »	10,00
Urines, acide sulfurique et sel de Glauber .	49,00 »	9,70
Urines, acide sulfurique et sel commun. . .	49,00 »	9,60
Sans engrais.	31,50 »	9,40

Polstorf, d'un autre côté, pense au contraire que, sous l'influence d'engrais azotés, ce sont les substances non azotées (amidon, gomme, sucre) qui prédominent dans les grains ; ce résultat inattendu ne saurait, jusqu'à plus complète preuve, infirmer les résultats de la pratique de chaque jour.

L'*amidon*, partie constituante, avec le gluten, du grain des céréales, est une matière blanche, brillante, composée de grains pulvérulents généralement arrondis, parfois polyédriques lorsqu'ils ont été comprimés dans leurs cellules végétales. Cette substance se précipite du suc d'un grand nombre de plantes ; on lui donne le nom de fécule quand elle a été extraite de la pomme de terre, et d'amidon, lorsqu'elle provient des semences des végétaux. On la rencontre dans les graines du blé (50 à 65 p. 0|0) ; dans les tubercules de la pomme de terre (15 à 20 p. 0/0) ; dans les racines du dahlia, du topinambour, du manioc ; dans la moelle du palmier sagou, dans les feuilles de certains lichens, etc. Nous avons vu plus haut comment on peut l'extraire des farines. Sa composition élémentaire est la suivante : carbone, 44,44 ; hydrogène, 6,17 ; oxygène, 49,39 ; les globules d'amidon, lorsqu'on les examine au microscope, apparaissent sous forme de globules dont le diamètre est très-variable dans chaque plante, et munis

---

[1] Un *acre* = 40,47 ares ; un bushel = 36,34 litres.

d'une sorte de point d'attache simulant l'ombilic (hyle) du haricot.

L'amidon n'a ni odeur ni saveur; il est insoluble dans l'eau froide, dans l'alcool, dans l'éther, dans les huiles fixes et volatiles. Lorsqu'on le chauffe à 200 ou 220° c., il se convertit en une matière gommeuse, soluble dans l'eau, à laquelle on a donné le nom de *dextrine*. La diastase, substance azotée, blanche, amorphe et soluble dans l'eau, qu'on rencontre dans l'orge germée, convertit l'amidon en dextrine d'abord, puis en *sucre de raisin*, et enfin en *alcool*.

Toutes les variétés de froment, non plus que toutes celles de pommes de terre, ne renferment pas les mêmes proportions d'amidon.

Grains et variétés de céréales.	Amidon p. 0/0.
Blé dur de Vénézuela.	58,12
» d'Afrique.	64,57
» de Tangarok.	63,30
Blé demi-dur de Brie.	68,65
Blé tendre blanc Touzelle	75,31
Seigle.	65,65
Orge	65,43
Avoine	60,59
Maïs.	67,55
Riz	89,15

Variétés de pommes de terre.	
Patraque rouge.	13,80
Bleue de Zélande.	14,20
Champion rosée	15,90
Jaune tardive.	17,30
Parmentière jaune	19,30
Tardive des Ardennes	21,40
Oxnoble.	22,30
Decroisilles.	23,80
Claire bonne	24,00
L'orpheline.	24,40

Nous avons vu, un peu plus haut, que les engrais azotés avaient la propriété d'accroître, dans les céréales, la proportion du gluten ; les engrais carbonés ont celle, au contraire, d'augmenter la proportion de l'amidon ou fécule (voir *Guide prat. de la cult. des plantes fourrag.*, t. 2, 2e section, chap. 4, § 1er).

La *légumine*, découverte par Braconnot, est la caséine qu'on rencontre dans les semences des légumineuses ; mais elle ne renferme ni soufre, ni phosphore, et peut, comme l'albumine et la fibrine, se convertir en protéine sous l'influence de la potasse et de l'acide sulfurique. Elle est soluble dans l'eau froide, insoluble dans l'alcool et l'éther, et forme avec l'acide acétique un précipité qui se dissout de nouveau dans un excès d'acide. Elle se dissout aussi dans les alcalis libres et carbonatés, ainsi que dans l'eau de chaux. Elle forme avec le sulfate de chaux un composé entièrement insoluble, ce qui explique pourquoi les haricots et les pois durcissent au lieu de cuire dans les eaux sélénitueuses.

Le *sucre* n'existe pas tout formé dans les végétaux ; il a besoin de subir une élaboration plus complète qui élimine l'eau de végétation et certains autres principes. Il est très-répandu dans la nature, puisqu'on le rencontre dans les tiges de la canne à sucre, du sorgho, du maïs et d'autres graminées ; dans la séve des palmiers, des bouleaux, des érables ; dans les racines de la betterave, de la carotte, du navet, de la patate, de l'asphodèle rameux ; dans les fruits du melon, de la citrouille, du châtaignier, du marronnier d'Inde, du dattier, du figuier d'Inde, du bananier ; dans les tubercules de la gesse et du souchet comestible ; dans les gousses des légumineuses, dans le nectaire des fleurs, dans les exsudations concrètes des frênes, des mélèzes, etc., etc. Mais on distingue plusieurs espèces de sucres.

Le sucre de *cannes* ou de *betteraves*, composé de 42,225 de carbone, 6,600 d'hydrogène et 51,175 d'oxygène, est cristallisable, incolore, sans odeur, d'une saveur douce et agréable. Il fond en se colorant en jaune à une température de 180° c. On le rencontre dans la canne à sucre, la betterave, les érables. La plupart des acides lui font éprouver une altération plus ou moins prononcée ; l'acide sulfurique concentré, par exemple, le convertit en une matière charbonneuse, acide, tout à fait analogue à l'acide ulmique. Les acides faibles et les acides végétaux transforment le sucre cristallisable de cannes ou de betterave, en sucre de raisin, incristallisable. L'acide nitrique le modifie au point de le changer en acide acétique d'abord, puis en acide oxalique.

Le *glucose* ou sucre de raisin existe tout formé dans les fruits de nos climats qui ont une saveur sucrée et une réaction acide, et surtout dans les raisins, mais aussi dans les figues, les prunes, etc. On peut obtenir artificiellement encore le glucose en soumettant le ligneux, la cellulose, l'amidon, les gommes, etc., à l'action des acides faibles, sous l'influence de températures déterminées. Il cristallise en mamelons irréguliers et non en prismes. Il est moins soluble dans l'eau froide que le sucre de cannes, mais très-soluble dans l'eau bouillante, et plus soluble dans l'alcool, même anhydre, que le précédent. Il fond à une température de 100° c. ; sous l'influence d'un ferment, il se transforme en alcool, en acide carbonique et en eau, presque immédiatement. L'acide nitrique le transforme comme le sucre de cannes en acide oxalique. La composition élémentaire du glucose est celle-ci : carbone, 36,710 ; hydrogène, 6,780 ; oxygène, 56,510.

Le sucre *incristallisable* ou sucre liquide qu'on

rencontre dans le miel, le nectaire des fleurs, le jus de l'ognon, les pommes, les groseilles, les cerises, et en général dans tous les fruits acides, ne cristallise pas. Il se transforme, à la longue, en glucose. Sa formule est 12 molécules de carbone, 12 d'hydrogène et 12 d'oxygène.

Les *gommes* sont le nom dont on caractérise l'exsudation naturelle ou artificielle de certains végétaux, exsudations qui se font au travers de l'écorce, par des solutions de continuité et se solidifient à l'air. Il y en a de plusieurs sortes : les gommes proprement dites découlent naturellement de plusieurs végétaux appartenant aux familles des rosacées et des légumineuses ; elles possèdent plusieurs propriétés chimiques remarquables : la gomme arabique, qu'on extrait de diverses espèces du genre acacia, est soluble dans l'eau ; desséchée à 100° C., elle a la même composition que le sucre de canne ; desséchée à 130° c. dans le vide, sa composition devient semblable à celle de l'amidon ; enfin, bouillie pendant longtemps avec de l'acide sulfurique étendu, elle se transforme en glucose.

Les gommes résines sont des produits résultant du mélange naturel d'une résine avec une matière gommeuse. On les rencontre surtout dans les végétaux qui appartiennent aux climats chauds et surtout dans ceux qui font partie des familles des ombellifères et des amyridacées. Elles sont insolubles dans l'eau, et ne deviennent solubles dans l'alcool qu'après qu'il a été étendu d'eau et qu'on a élevé sa température.

Les *résines* sont des substances végétales qui, souvent, comme les gommes, découlent naturellement ou artificiellement du tronc ou des branches de certains arbres appartenant surtout aux familles des conifères, des légumineuses, des liliacées et des amyridacées. C'est dans la séve qu'on les rencontre, et elles paraissent circuler dans toutes les parties du végétal. Elles offrent pour nous peu d'intérêt, bien qu'on en extraie du pin maritime, et qu'on les rencontre dans l'ajonc, le houblon, etc.

Les *huiles essentielles* sont des produits végétaux volatiles, le plus souvent liquides, quelquefois solides, plus légers que l'eau dans laquelle ils sont peu solubles, incolores ou jaunâtres, entrant en ébullition à la température de 150, à 200° c., combustibles à une température plus élevée, qu'on trouve souvent tout formés dans ces plantes (citron-orange), mais qui, souvent, ne prennent naissance par l'effet d'une métamorphose, qu'au moment où les parties végétales subissent l'action de l'eau (amande amère, moutarde). On trouve des huiles essentielles particulières dans le grain de l'avoine, la séve du pin maritime, la pomme de terre, etc.

Les *sucs propres*, latex, ou séve élaborée, dans un grand nombre de plantes, se présente sous l'aspect d'un suc assez épais, opaque, un peu visqueux, ordinairement blanc et laiteux, quelquefois jaune-rougeâtre ou verdâtre; on les rencontre dans les figuiers, la laitue, les euphorbes, la chélidoine et surtout dans le pavot d'où on l'extrait, sous le nom d'opium. Exposé à l'air, le latex se divise en deux parties, l'une qui reste liquide, l'autre qui surnage et se prend en masse. Ce coagulum est tenace et élastique comme du caoutchouc et se fond à la chaleur, presque comme de la cire. Certains végétaux qui, dans les climats froids ou tempérés, donnent un latex incolore, peuvent en produire un laiteux sous les tropiques. Il se compose de globules ou granules nombreux, extrêmement ténus qui nagent dans un liquide incolore auquel ils transmettent la teinte qui leur est propre.

La *chlorophylle* ou chromule est la substance colorante des parties diverses de la plante ; c'est une matière quaternaire, formée de 18 équivalents de carbone, 10 d'hydrogène et 8 d'oxyde d'azote. Elle est composée de granules verts, jaunes, bleus, rouges, nageant dans les liquides circulatoires et qui se déposent dans les cellules des feuilles, des pétales, de l'épiderme, etc. « Quelquefois, dit M. A. de Jussieu, dans les mêmes cellules, mais assez rarement, la chlorophylle figure de petits filaments ou des flocons nuageux, et c'est sous cette dernière forme qu'on la voit apparaître d'abord dans une partie du protoplasma. Toutes ces observations tendent à démontrer que c'est, en dernière analyse, une matière à demi-molle, une gelée, tendant à se déposer sur les divers corps qui se trouvent avec elle dans l'intérieur de la cellule. On a pensé même qu'elle se formait aux dépens de la fécule dont la substance chimiquement modifiée se changerait d'abord en cette matière cireuse toujours unie à la chlorophylle ; puis en celle-ci. On expliquerait ainsi l'origine d'une portion de l'oxygène si abondamment dégagé par les parties vertes des végétaux. » (*Cours élément. d'hist. nat. botanique*, p. 29-183.) La physiologie nous démontre que la chlorophylle se forme souvent en l'absence de la fécule, et qu'elle se montre dès l'origine dans le protoplasma matière protéique à laquelle elle emprunte sans doute l'azote qui entre dans sa composition.

La *cellulose* est la matière qui constitue les tissus élémentaires (tissus utriculaires) des végétaux. Quand elle est pure, c'est-à-dire débarrassée des diverses

substances qui s'y sont incrustées, des matières
résineuses ou gommeuses qui l'obstruaient, elle a
un aspect blanc, diaphane ; elle est solide, insoluble dans l'eau, dans l'alcool, dans l'éther, dans les
huiles fixes ou volatiles ; elle est plus lourde que
l'eau. Sa formule chimique est : 12 équivalents de
carbone, 10 d'hydrogène et 10 d'oxygène, c'est-à-
dire que sa composition ne diffère en rien de celle
de l'amidon, et se rapproche beaucoup de celle de
la dextrine et des gommes. Quand elle présente
une faible agrégation, comme dans certains lichens,
elle se convertit en dextrine par une ébullition prolongée dans l'eau. L'acide sulfurique et l'acide phosphorique concentrés transforment la cellulose en
dextrine d'abord, puis en glucose. La production de
la cellulose est simplement favorisée par la présence
dans le sol du carbonate de potasse (Wolff). La cellulose pure n'est pas colorée en bleu par une dissolution d'iode, mais elle prend cette coloration quand
elle a éprouvé un commencement de désagrégation
par l'acide sulfurique, absolument comme l'amidon.

Nous sommes bien loin d'avoir passé en revue
dans cette énumération sommaire, tous les principes organiques contenus dans les végétaux : on
peut néanmoins s'étonner déjà du grand nombre de
combinaisons que la nature a su former avec les
seuls gaz carbone, hydrogène, oxygène et azote.
C'est qu'elle procède toujours avec la plus grande
économie de moyens et en allant du simple au
composé. On a pu voir combien toutes les substances végétales diffèrent peu, à vrai dire, les unes des
autres, et avec quelle facilité, sous l'influence de
quelques agents naturels, elles peuvent se trans-
muer les unes en les autres ; quelques atômes d'oxygène ou d'hydrogène, de carbone ou d'azote, en

plus ou en moins, et nous obtenons des substances
douées de propriétés chimiques et physiques absolument différentes. Mais il est bon de faire ici remarquer que le carbone domine dans presque toutes
les substances que nous venons d'étudier, que c'est
lui qui fournit la matière principale des fibres, de la
cellulose, du ligneux, la partie enfin qui, à la combustion en vase clos, donne le charbon ; que l'a-
zote représente la partie nutritive du végétal pour
l'homme et les animaux, qu'enfin l'hydrogène et
l'oxygène en se combinant dans la proportion de
1 à 2 en volume, produisent de l'eau.

Il nous reste maintenant à voir, autant que le
permet l'état de la science, de quelle manière et
par quels organes les plantes peuvent absorber,
fixer, s'assimiler enfin les divers gaz qui produisent les substances organiques de leurs tissus, et
les éléments minéraux qui doivent les remplir, fournir à leur accroissement, à leur reproduction,
accomplir leur existence, en un mot. Il reste
encore, à cet égard, bien des points à éclaircir et
l'homme ne saura jamais le dernier mot de la
nature, mais la chimie agricole date de bien peu
d'années encore, et déjà cependant on lui doit de
merveilleuses découvertes dont la pratique a pu
faire son profit, ainsi que nous allons le voir en
étudiant successivement la nutrition, la respiration
et l'assimilation dans les plantes.

§ 1er. Nutrition des plantes par les racines.

On appelle *racine* la partie du végétal qui, occupant son extrémité inférieure et cachée le plus
souvent dans la terre, continue la tige, pousse en
sens inverse, et sert, tant à fixer la plante au sol

qu'à lui fournir, le plus ordinairement, un moyen de nutrition. Les racines ont, en général, une tendance bien déterminée à gagner le centre de la terre et à fuir la lumière. Elles sont d'ordinaire en rapport, quant à leur développement, avec celui des tiges et des rameaux. Enfin, elles se divisent en racines principales (pivot), en racines secondaires (radicales) et en chevelu (radicelles)[1]. M. Trénel nous a décrit le mode de production des racines aériennes, et tout donne à penser que celui des racines secondaires est le même : le petit mamelon radicellaire, corps celluleux caché dans l'épaisseur du tissu cortical s'agrandit peu à peu, s'allonge de dedans en dehors, pousse devant lui les tissus qui le recouvrent, produisant ainsi à la surface de l'épiderme soulevé une petite bosselure arrondie qu'il perce enfin en faisant irruption au dehors ; il entraîne avec lui une couche particulière d'épiderme qui le recouvre comme d'une coiffe et qui persiste plus ou moins longtemps. Les vaisseaux de cet embryon radicellaire se montrent d'abord sous la forme utriculaire au contact du corps ligneux de la branche (ou de la racine) d'où il a pris naissance, et en cercle, de manière à circonscrire un centre celluleux, une sorte de moelle, puis, s'allongeant, convergent les uns vers les autres et finissent par se réunir en un faisceau central entouré par une couche cellulaire ou corticale que couronne la coiffe épidermique.

Quant aux fibrilles (ou chevelu), leur existence

---

[1] Voir *Traité de botanique appliquée à la culture des plantes*, par L. Lerolle, p. 73-90. Paris 1866. — Biblioth. des profess. agric. et industr. Eug. Lacroix.
Et *Guide pratique de Physique, Météorologie et Géologie*, — Biblioth. des profess. industr. et agric. Eug. Lacroix.

n'est que temporaire ; elles accompagnent souvent
le pivot, plus nombreuses à son extrémité inférieure
qu'à la supérieure, et se flétrissent sur les parties
déjà âgées de la racine, tandis qu'il s'en produit en
grand nombre de nouvelles vers les parties plus
jeunes. On sait que les racines augmentent en
diamètre, comme les tiges, par la production annuelle d'une zone de bois et d'une zone d'écorce,
mais qu'au lieu d'accroître en longueur par l'é-
longation de toutes leurs parties, comme les tiges
et les rameaux, elles ne s'allongent que par leur
extrémité la plus jeune, par l'adjonction de tissus
nouveaux. Ce tissu, à l'état naissant, est le siége
unique du développement de la racine; il est spon-
gieux et de nature essentiellement celluleuse. L'extrémité des radicelles porte le nom de *spongiole ;*
elle est quelquefois terminée par un renflement,
mais conserve le plus ordinairement un diamètre
un peu inférieur à celui du reste de son trajet.

Les racines sont toujours recouvertes d'une couche d'épiderme constamment privée de *stomates.*
« Les cellules qui le forment, dit M. A. de Jussieu, se
prolongent très-souvent en poils simples ou en pa-
pilles. On en observe, en général, vers la base de la
radicule, dès qu'elle commence à s'allonger par la
germination (grains de blé, d'orge, de seigle germés),
sur les dernières ramifications encore très-jeunes,
sur les fibrilles. Ces prolongements multiplient la
surface des parties à une époque où probablement
elle concourt, quoique à un degré moindre, avec
les extrémités, à l'absorption des fluides ambiants. Ce
sont les *poils épidermiques.* » Les *fibres* et les *vaisseaux* qui naissent les uns et les autres dès la spongiole, ont la plus grande analogie avec ceux de la
tige et des rameaux.

La racine ou les racines sont séparées de la tige par le *collet*, point intermédiaire où se modifie l'épiderme, d'où s'élancent par en haut la tige ou les tiges, d'où naissent par en bas le pivot ou les faisceaux radicellaires. Les fibres y sont en général entrecroisées et forment un tissu plus dense et plus dur ; les vaisseaux y sont sinueux et entrecroisés comme les fibres. Tantôt, dans les arbres à tiges ligneuses, le collet forme un étranglement, tantôt, au contraire, il a l'aspect d'un bourrelet. Dans les plantes multicaules, c'est du collet que naissent les tiges qui semblent y avoir subi une sorte d'incubation, puisque, dans les céréales, elles renferment tout formé, dès leur naissance, l'épi lui-même, c'est-à-dire les fleurs et les fruits.

La *tige* des plantes dicotylédones est composée, en procédant du dedans au dehors, de la moelle, de l'étui médullaire et des rayons médullaires ; du bois ou corps ligneux qui renferme les fibres et les vaisseaux ; de l'écorce, composée de quatre couches ; telle est la structure des plantes vivaces ou ligneuses. Dans les plantes herbacées, celles qui ne vivent qu'une année, la proportion est très-grande par rapport à la partie fibro-vasculaire ; le ligneux manque et est remplacé par cette couche lâche formée de fibres assez grossières entremêlées de nombreux vaisseaux ; enfin, l'écorce n'est représentée que par une de ses couches, l'épiderme. Dans la vigne, l'épiderme et la couche subéreuse se détruisent, tombent, et c'est le liber qui forme la paroi externe de l'écorce. Les fibres et les vaisseaux dans les plantes qui appartiennent à cet ordre, sont, en général, parallèles à l'axe de la tige ou des rameaux, s'anastomosent entre eux sans presque jamais s'entrelacer. L'accroissement a lieu, du dehors au dedans, par la formation, chaque année, d'une couche d'aubier qui, l'année suivante, en s'incrustant plus complétement, vient s'adjoindre aux couches ligneuses du vrai bois.

Dans la tige des monocotylédones, on ne trouve ni moelle, ni corps ligneux, ni rayons médullaires, ni écorce véritablement distincts : la tige représente simplement un cylindre de tissu cellulaire, qui est parcouru de haut en bas par des faisceaux fibrovasculaires plus ou moins nombreux, et qui, au lieu d'écorce proprement dite, présente à sa surface externe une zone formée de tissus ligneux et cellulaires laquelle ne peut être séparée de la tige ellemême. Elle s'accroît par la formation successive de nouveaux faisceaux fibro-vasculaires dans le tissu cellulaire central, faisceaux qui, d'une part, se prolongent dans les feuilles, et qui, d'autre part, dans l'intérieur de la tige même, se recourbent de dedans en dehors, à mesure qu'ils s'y enfoncent, jusqu'à ce qu'enfin ils arrivent vers sa périphérie. Néanmoins, les arcs très-allongés que décrivent ces faisceaux ne sont point réguliers ; les faisceaux ont une marche à la fois flexueuse et oblique, de sorte qu'ils s'entrecroisent continuellement les uns les autres, formant un enchevêtrement excessivement compliqué. Les graminées elles-mêmes ne font pas exception à la règle ; l'enchevêtrement de leurs faisceaux fibrovasculaires a lieu dans les diaphragmes des nœuds. On sait d'ailleurs, qu'à l'origine, leurs tiges ne sont point fistuleuses ; elles ne le deviennent que plus tard, parce que leur surface croît plus vite que leur partie interne. (*Encycl. univ.* Dupiney de Vorepière. — Art. *Tige.*)

L'épiderme de la tige (la cuticule épidermique) des branches et des rameaux est, comme celui des feuilles, mais en moins grand nombre, garni de *stomates* ou *pores*, petites ouvertures ovales dont le contour est formé par deux bourrelets en forme de lèvres, qui servent à la respiration, ainsi que nous le verrons dans un instant. Les stomates sont situés entre les parois des cellules épidermiques et aboutissent toujours dans les cavités intra-cellulaires correspondantes du parenchyme sous-jacent. Les lèvres des stomates sont constituées par deux ou plusieurs vésicules transparentes qui, en se contractant et en se dilatant, suivant leur état de sécheresse ou d'humidité, ouvrent ou ferment l'orifice. Les stomates sont beaucoup plus nombreux sur les feuilles que sur les tiges et les rameaux, sur les organes foliacés des arbres à feuilles caduques que sur ceux des arbres à feuilles persistantes ; dans les feuilles aériennes, c'est à la face inférieure qu'on les rencontre presque exclusivement ; dans les feuilles larges qui reposent sur l'eau par leur face inférieure (nymphœa), les stomates se trouvent ouverts à la face supérieure ; enfin, les feuilles qui doivent vivre constamment sous l'eau en sont entièrement privées. Ils paraissent destinés à régler l'évaporation et la respiration des plantes.

Il nous a semblé indispensable de placer sous les yeux du lecteur ce bref résumé d'organographie générale, pour lui permettre de se mieux rendre compte de l'enchaînement des phénomènes que nous allons décrire :

« C'est, dit M. Moleschott, une idée très-répandue parmi les gens du monde, que les racines des plantes pompent, comme le ferait une éponge, les sucs répandus autour d'elles dans la terre ; cependant, dans les plus fines fibres radicales, il n'y a pas trace de conformation spongieuse. Les matières dissoutes passent dans les racines en vertu d'une propriété générale des membranes tirées des corps vivants. Ces membranes, même quand elles séparent entièrement l'un de l'autre deux liquides, permettent qu'il s'opère entre eux un échange. » C'est le phénomène auquel on donne en physique le nom d'*endosmose ;* mais il est aidé encore par la pression atmosphérique d'une part, et par la transpiration de l'autre. Expliquons-nous :

L'eau, ayant dissous dans le sol certains principes organiques et inorganiques, se trouve en contact direct avec les spongioles qui renferment déjà une séve plus chargée de sels, plus dense, laquelle, par endosmose, attire l'humidité du sol et les sels qu'elle contient en dissolution ; une fois dans le tube formé par la racine ou les racines, la nouvelle séve s'y élève d'après les lois de la capillarité et celles de la pression barométrique, en même temps qu'elle est attirée par l'évaporation dont les feuilles sont le siége. Ces différentes forces réunies sont si puissantes, que Hales, l'ayant mesurée, la trouva, dans la vigne, cinq fois plus grande que celle qui chasse le sang dans une grosse artère d'un cheval. C'est ainsi que se trouvent surmontées les lois de la pesanteur.

La séve circule dans les successions de cellules allongées qui constituent les fibres, mais non pas partout et toujours dans les mêmes groupes de tissus, au milieu des mêmes organes élémentaires. « La séve du printemps, dit M. A. de Jussieu, envahit tous les tissus, remplissant les cellules, les fibres, les vaisseaux, les méats. C'est presque entièrement par le corps ligneux qu'elle monte, ainsi qu'on peut s'en assurer par l'inspection de la branche fraîchement coupée. On voit le liquide s'écouler de la

surface de la section de tout le corps ligneux, si la
branche est jeune ; si elle est âgée, seulement de la
zone extérieure qui est encore à l'état d'aubier.
Après la séve du printemps, beaucoup de vaisseaux
sont vides, et en les examinant sous l'eau, on s'assure qu'ils sont occupés par des gaz qu'on voit
sortir par petites bulles. C'est donc par le tissu cellulaire que doit alors avoir lieu, du moins pour la
plus grande partie, le passage de la séve, mais par
un mouvement peu sensible du bas vers le haut, le
végétal étant alors comme saturé de liquides et à
peu près dans la condition d'un appareil plein d'eau,
qui, percé de petites ouvertures à ses deux extrémités, laisserait écouler par l'une une certaine
quantité, et recevrait par l'autre une quantité équivalente, sans qu'il en résultât de courant apparent.
Si quelque cause vient à troubler cet équilibre,
comme après une sécheresse plus ou moins prolongée et à laquelle succède la pluie, ou par le développement de nouveaux bourgeons, l'ascension
de la séve (séve d'août) doit se ranimer et reprendre
en partie les voies qu'elle avait momentanément
abandonnées. » (Cours élément. d'hist. natur. Botanique, p. 164. 9ᵉ éd. 1865). Circulant à travers
les vaisseaux de la tige, des rameaux et du pétiole,
la séve parvient dans les feuilles où nous allons la
voir se modifier sous l'influence de la respiration.

Mais il est temps de revenir un peu sur nos pas
pour étudier avec plus de détails la dissolution des
principes organiques et inorganiques dans l'eau, et
la composition de la séve ascendante.

Tous les sels minéraux, toutes les substances organisées ne sont pas solubles dans l'eau pure.
L'acide carbonique que nous savons être composé
de 8 parties, en poids, d'oxygène et de 3 parties de

carbone, et que nous avons vu être abondant dans
le sol où il provient surtout de la combustion des
principes organiques en décomposition, est sensiblement soluble dans l'eau (un volume donné d'eau
dissout un volume égal de gaz) à laquelle il communique dès lors la propriété de dissoudre en plus
ou moins fortes proportions le carbonate de chaux,
le carbonate de magnésie, etc. Mais le carbone lui-
même ne devient soluble dans l'eau et propre à
être absorbé par les plantes que sous la forme d'a-
cide carbonique, et que quand il est uni à des bases
salines ou terreuses (carbonates d'ammoniaque, de
chaux, de magnésie, de soude, de potasse, de fer,
etc.). D'autres substances ne sont rendues solubles
que par les alcalis, comme le terreau ou humus ;
celles-ci deviennent solubles par double décomposition, celles-là sous la seule influence de la chaleur, de l'électricité ou de l'eau pure. Le fer est
absorbé à l'état de sulfate, la silice sous forme de
silicate d'alumine et de chaux, etc. M. P. Thénard
pense que c'est par l'intermédiaire du silicate de
chaux, et peut-être des autres silicates solubles,
que l'acide phosphorique est dégagé de ses combinaisons de fer et d'alumine ; d'après M. Boussingault, le carbonate d'ammoniaque décompose le
sulfate de chaux quand il est en solution, et il en
résulte du carbonate de chaux et du sulfate d'ammoniaque ; M. Peplowsky regardait les sels ammoniacaux comme pouvant être décomposés dans le
sol, non pas seulement en présence du carbonate
de chaux et par voie de double décomposition, mais
aussi en l'absence complète du calcaire et par le
seul fait de l'évaporation de l'eau qui contient les
sels en dissolution. M. Boussingault a démontré
encore que le phosphate de chaux n'agit favorable-

ment que lorsqu'il se trouve associé à des matières apportant de l'azote assimilable, et qu'une substance riche en azote assimilable ne fonctionne comme engrais et ne produit une végétation normale qu'avec le concours des phosphates.

Une fois introduits dans la plante, ces divers éléments se transforment encore par des échanges de bases, sous l'influence de l'air atmosphérique pendant la respiration, et par le contact direct des gaz développés au milieu même des tissus.

Les gaz jouent donc un rôle important, non pas seulement dans la respiration, mais aussi dans la nutrition des plantes ; l'eau fournit l'oxygène et l'hydrogène ; les oxydes en brûlant produisent de l'oxygène, de même que les substances organisées ; l'atmosphère et les engrais fournissent l'azote ; enfin l'air et le sol sont une source presque inépuisable d'acide carbonique. Certains éléments du sol sont doués de facultés d'absorption diverses pour ces différents gaz. Nous avons déjà vu que l'argile et l'oxyde de fer absorbent et fixent plus ou moins avidement l'ammoniaque ; Schübler a trouvé, dans des expériences fort délicates, les chiffres suivants qui ont bien leur importance :

Nature du sol.	Absorption de l'humidité de l'air p. 0/0 du volume en 12 heures.	Absorption d'oxygène en poids p. 0/0 en 30 jours.	Absorption d'acide carbonique p. 0/0 en volume.
Terreau (tourbe).....	40,00	20,00	0,089,9
Argile pure.........	18,00	15,30	»
Terre argileuse......	15,00	10,10	0,028,4
Argile grasse (argilo-siliceux)...........	12,50	11,00	0,036,5
Argile maigre (silico-argileux...........	10,50	9,30	0,034,0
Sable calcaire (silico-calcaire)...........	1,00	5,60	»
Sable siliceux (siliceux).	0,00	1,60	»

Un chimiste anglais, M. Thomson, avait déjà, en 1851, formulé comme l'une des conclusions de ses expériences que : le dessèchement du sol, qui a une grande analogie avec les effets d'une jachère d'été, semble accroître la puissance de combinaison du sol avec l'ammoniaque. M. Boussingault, dans un mémoire présenté en 1859 à l'Académie des sciences, reconnaissait que : lorsqu'une terre est laissée à l'état de jachère, elle perd de son carbone par l'effet de la combustion lente, mais elle ne perd pas d'azote ; la proportion d'azote semble, au contraire, aller en augmentant. Une très-faible proportion (8,6 p. 0/0 seulement) de cet azote du sol contenu dans les terres fertiles serait assimilable pour les plantes et efficace ; le reste serait non assimilable et inefficace ; enfin, les seuls principes azotés et efficaces seraient les nitrates et l'ammoniaque ; et l'azote de l'air ne serait pas assimilé par les plantes à l'état de gaz, bien qu'il puisse cependant y pénétrer étant dissous dans l'eau.

Il est vrai que M. Ville nie cette dernière conclusion, prétend que l'azote est puisé dans l'air par les plantes, et a vu des végétaux qu'il cultivait fixer réellement environ un gramme d'azote dans leurs tissus pendant qu'elles végétaient dans un sol stérile.

D'un autre côté, un savant chimiste allemand, Liebig, nie presque complétement l'influence des éléments organiques du sol, de l'humus, et regarde les plantes comme se nourrissant presque exclusivement de principes minéraux qui dès lors devraient remplacer nos engrais et nos fumiers.

Voici donc trois systèmes en présence : celui des chimistes français, soutenu par MM. Boussingault, de Gasparin, P. Thénard, Soubeyran, Malagutti, Isid. Pierre, Moleschott, Mulder, Johnston, Lawes,

Voelker, Sibson, etc. ; celui de Liebig qui, nous devons le dire, rallie un certain nombre de partisans
en Angleterre et surtout en Allemagne ; enfin celui
de M. Ville, assez récent, encore à l'étude et qui,
quoique se rapprochant davantage du précédent,
paraît tenir en certains points encore au premier.
Ce n'est pas ici le lieu d'examiner et de comparer
ces théories qu'on trouvera développées dans le traité
spécial aux engrais. Nous allons avoir, pourtant,
quelque peu à y revenir en étudiant la respiration.

Quand on étudie la composition chimique d'un
certain nombre de végétaux, on remarque promptement qu'elle est à peu près invariable dans les
individus de même espèce et dans les organes de
même nature ; il y a même analogie de composition, jusqu'à un certain point, entre les graines ou
semences de la plupart des plantes, entre les feuilles
et les racines en général, puis dans les tissus de
plantes appartenant à la même feuille naturelle.
Ainsi, la potasse, la magnésie (carbonate) et l'acide
phosphorique prédominent en général dans les semences ; le chlore, la chaux et la silice dans la tige ;
l'acide silicique, le sulfate de potasse et le carbonate de chaux dans les feuilles (Berthier, Wolff);
le carbonate de chaux dans les parties vieilles de la
plante et le phosphate de chaux dans les parties
jeunes. Le tabac, le noyer, le céléri renferment des
nitrates de soude et de potasse (Schoeph, Forster,
Schoesing) ; la betterave de la magnésie ; le chou-
fleur et l'arbre à thé du manganèse ; les tubercules
de la pomme de terre, les racines du navet, les
feuilles extérieures du chou pommé, la paille de
seigle peuvent, lorsqu'ils ont cru sur un sol ferrugineux, contenir des traces d'arsenic. Schulz-Fleeth
croit avoir remarqué que les plantes remarquables

par leurs belles et fraîches couleurs étaient riches
en potasse, tandis que les plantes à feuillage sombre
et tirant sur le brun contenaient surtout de la soude.

D'après M. Châtin, les pommes de terre, les haricots, les épinards, l'orge, l'avoine, le cresson souffrent d'une manière évidente sous l'action de la
soude, tandis qu'elles se trouvent très-bien de celle
de la potasse ; le fluorure de calcium nuit à l'avoine,
tandis qu'on le trouve dans l'orge ; le sel marin
nuit au sarrasin, tandis qu'il favorise la végétation
de l'orge et de l'avoine (Wolff).

Dans d'autres cas et pour d'autres plantes, certains sels plus abondants dans le sol paraissent
pouvoir se substituer sans inconvénients à ceux
qui y font défaut. Ainsi, le plus souvent, la chaux
et la magnésie se rencontrent en proportions à peu
près égales dans le chou-fleur ; d'autres fois, la
plante ne contient presque que de la chaux qui s'est
en grande partie substituée à la magnésie. « Na-
guère, dit M. Moleschott, Roethe a trouvé dans la
bugle rampante (ajuga reptans) qui poussait sur
un sol calcaire, une grande quantité de chaux,
tandis que dans les plantes de la même espèce qui
poussaient sur un sol argileux, la chaux était en
grande partie remplacée par de la silice. Sur un sol
calcaire, la prêle d'hiver (equisetum hyemale) peut
remplacer une grande partie de la silice par du
carbonate de chaux. » (*La circulation de la vie*, t. 1er,
p. 44-45.)

Mais ces facultés de substitution sont de rares
exceptions dont nos végétaux cultivés nous fournissent rarement l'exemple. Si nous semons sur un
même terrain calcaire de la luzerne et du sainfoin,
nous trouverons, à l'analyse, 65 p. 0/0 environ de
sels de chaux et de magnésie dans le sainfoin et 50

seulement dans la luzerne. Les éléments organiques
(sucre, amidon, etc) pourront varier dans une proportion sensible, celle des principes minéraux est
à peu près constante. On a nié cette faculté d'élection des racines en se basant sur ce qu'elles absorbent constamment les matières toxiques qu'elles
rencontrent dans le sol (Bouchardat). Ce fait est
vrai, mais il ne forme qu'une exception encore
inexpliquée. Mais d'un autre côté, un savant physiologiste, Lindley, demande pourquoi, semés dans
le même terrain, le blé renferme 2,870 de silice
et 240 de chaux, tandis que le pois contient 1,000
seulement de silice et 2,730 de chaux?

On a aussi gratifié depuis longtemps les racines
d'un instinct spécial en vertu duquel elles reconnaî-
traient la bonne terre et se porteraient vers elle de
préférence. Un habile chimiste, M. Durand, de Caen,
a démontré par de nombreuses expériences, que
des racines plongées dans une très-mauvaise terre,
même dans du sable pur, passent à côté de veines
de terre excellente sans dévier de leur direction primitive n'y s'infléchir pour aller à la recherche du
sol fertile. Mais si des veines de sol plus riche se
trouvent sur leur chemin, elles y développent un
bien plus grand nombre de racines et de radicules.
Si donc, lorsque des arbres sont placés de telle manière que leurs racines atteignent deux veines de
terres différentes, on les voit développer davantage
leurs racines dans la meilleure des deux, cela ne
tient pas à ce que le végétal dirige de préférence ses
racines du bon côté, mais uniquement à ce que les
racines nourries par ce dernier y prospèrent mieux.

Nous avons vu que l'absorption avait lieu par
l'extrémité radicellaire, la spongiole ; ce qui prouve
bien que ces spongioles ne sont point des organes

spéciaux, mais seulement du tissu naissant, c'est que l'absorption a lieu presque aussi bien et très-peu de temps après, par les sections opérées sur les radicules, ou même sur les racines. La taille ou la rupture du chevelu, le recépage ou habillage des racines sont des opérations chaque jour pratiquées par les jardiniers, les pépiniéristes et les arboriculteurs, et quand la perte des racines n'est pas trop considérable, la végétation en est à peine influencée. Les boutures elles-mêmes, on le sait, ces branches ou rameaux détachés de la tige et plantés dans un sol frais, absorbent par leur section assez d'humidité, trouvent dans leurs tissus assez de principes nutritifs, pour continuer à vivre d'abord, et ensuite pour émettre des racines qui assureront désormais leur accroissement.

La séve ascendante est un liquide incolore, aqueux, tenant en dissolution des principes organiques et minéraux, d'une saveur douceâtre, en général, rarement alcaline, d'une densité variable. Au printemps, elle est très-abondante et sa densité est à peine plus élevée que celle de l'eau ; de cette époque au milieu de l'été, sa densité augmente ; elle devient plus rare et comme gommeuse. Pendant le courant d'août, dans la plupart des plantes vivaces, la séve se produit plus abondamment, sous l'influence des pluies qui, ordinairement, succèdent à une longue sécheresse, et en conformité d'une loi naturelle ; sa densité alors diminue de nouveau pour s'accroître encore jusqu'à l'hiver. Ce nouveau mouvement a eu pour résultat l'émission de nouveaux bourgeons, et c'est le moment qu'on choisit pour greffer certains arbres en écusson, les rosiers, par exemple. La quantité variable de sels dissous dans la séve augmente ou diminue sa densité, qui, en outre, diffère aux diverses périodes de la végétation. Ainsi, dans les céréales, dans les plantes oléagineuses, dans presque toutes les plantes annuelles enfin, les racines cessent d'absorber, la séve cesse de circuler peu de temps après la floraison ; mais les principes contenus dans les tissus, sollicités par l'évaporation, conduits par la circulation devenue très-lente de la séve qui reste encore, suffisent pour achever de nourrir les semences et les conduire, avec toutes leurs qualités, à une maturation complète.

La composition chimique de la séve n'est pas la même dans tous les végétaux, dans les différents organes d'une même plante, ni à toutes les périodes de sa végétation. M. Payen a constaté que la matière azotée est d'autant plus abondante dans les diverses parties d'une plante que les tissus sont plus jeunes ou doués d'une plus grande énergie vitale. Voici les deux analyses qu'il a faites de la canne à ucre d'Otaïti :

Éléments constituants de la plante.	au 1/3 du développement	à maturité.
Eau	79,70	71,04
Sucre	9,06	18,00
Cellulose, matières ligneuses, pectine, acide pectique	7,03	9,56
Albumine et trois autres matières azotées.	1,17	0,55
Cérosie, matière verte, substances grasses, résine aromatique	1,09	0,37
Sels minéraux, phosphate de chaux et de magnésine, alumine, sulfate et oxalate de chaux, sulfate de potasse et de soude.	1,95	0,28
Silice		0,20
Totaux	100,00	100,00 [1]

[1] M. Boussingault indique pour la séve même de cette plante la composition suivante :

Sucre	19,00	
Albumine. . . . . , ...	1,10	
Matière grasse	0,40	100
Phosphate de chaux.	0,60	
Eau	78,90	

Ces résultats se trouvent complétement confirmés par les expériences du Dr Arendt sur l'avoine, de M. Isidore Pierre sur le sainfoin et le colza, de M. Boussingault sur le froment d'hiver. Enfin, bien que la séve soit, par sa nature, essentiellement identique dans la plupart des végétaux, elle présente toutefois quelques différences dans un certain nombre de végétaux, quant à sa composition chimique. Ainsi, dans celle du hêtre, on trouve en certaine abondance du tannin, dans celle de la vigne de l'albumine, dans celle du noyer une matière gommeuse, etc. Très-souvent, on y rencontre du sucre ; un arbre de l'Amérique du Nord, l'érable à sucre, fournit, dans une bonne saison et quand il est arrivé à un certain âge avec toute sa vigueur, 80 à 90 litres de séve, en 25 à 30 jours, au printemps, d'où on peut extraire environ 2 kilog. 500 de sucre. Dans quelques contrées du nord, on extrait de la séve du bouleau, sensiblement sucrée, une liqueur fermentescible et alcoolique. La séve des conifères (sapin, pin maritine, pin sylvestre, etc.) nous donne de la résine, de l'essence de térébenthine, du brai ou goudron, etc. La séve du pavot nous fournit l'opium ; celle de l'arbre à la vache (galactodendron utile) fournit un lait dont on peut fabriquer du fromage ; M. Boussingault donne l'analyse suivante de la séve de cet arbre :

Caséum, fibrine.	40	
Cire (matière grasse)	30	
Sucre.	40	200,0
Phosphate de chaux, silice	10	
Eau	80	

Celle du Ficus Elastica nous donne le caoutchouc ; M. Boussingault donne pour la séve de cet arbre l'analyse suivante :

Caoutchouc	32,00	
Viande végétale et phosphate. . .	2,00	
Glucose, sucre	3,00	100,00.
Matière organique soluble	7,00	
Eau	56,00	

Celle enfin d'autres arbres fournit des poisons très-actifs dont les sauvages se servent pour empoisonner les flèches qu'ils destinent aux hommes ou aux bêtes féroces. En un mot, c'est dans la séve que sont contenus tous les éléments d'accroissement de la plante, toutes les matières qu'elle doit éliminer par les sécrétions et les excrétions, les gommes, les résines, les matières colorantes, etc., etc.

Nous ajouterons, pour terminer, que M. Boussingault s'est assuré de la différence de densité que présente la sève des arbres à diverses hauteurs du tronc, et il l'a trouvée :

A la base du tronc.	1,004 gr. par litre.
A deux mètres de hauteur. . .	1,008 » »
A 4 mètres de hauteur.	1,012 » »

§ 2. Respiration par les feuilles.

Nous venons de voir comment se produisait la séve ascendante, et nous l'avons conduite jusqu'aux feuilles ; voyons maintenant quelles modifications elle y va subir par son contact avec l'air pendant la respiration.

Nous avons vu d'un côté que l'air atmosphérique est un mélange d'oxygène (21 p. 0/0), d'azote (79 p. 0/0) et d'acide carbonique (quelques millièmes seulement p. 0/0) ; qu'il contenait de l'eau sous forme de vapeur, c'est-à-dire une combinaison d'oxygène (88,91 p. 0/0) et d'hydrogène (11,09 p. 0/0 en poids) ; nous ajouterons que l'air dissous dans l'eau contient plus d'oxygène que celui de l'atmosphère ; il en renferme 34 p. 0/0 au lieu de 21, ce

qui est sa proportion ordinaire ; cette différence
provient de ce que le liquide, en contact avec deux
gaz, dissout plus ou moins de ceux-ci en raison de
son affinité pour chacun d'eux ; or, l'eau a plus
d'affinité pour l'oxygène que pour l'azote qui n'y
entre, par rapport à l'oxygène, que dans la proportion de 66 p. 0/0 au lieu de 79.

Si on laisse végéter une plante sous une cloche
remplie d'air qui ne peut s'y renouveler, et qu'après
un certain temps on analyse cet air, on trouvera
qu'il a perdu une certaine quantité de carbone et
qu'il a gagné une certaine quantité d'oxygène, et que
les proportions acquises et perdues sont à peu près
celles qui, par leur combinaison, formaient l'acide
carbonique ; il manque seulement un peu d'oxygène.
Voilà le résultat final d'une expérience longtemps
prolongée sur une plante placée dans des circonstances normales.

Mais si nous répétons l'expérience en plaçant la
plante sous l'influence d'une lumière constante,
la lumière électrique, par exemple, qui, d'après
M. Mangon, peut remplacer sans inconvénients pour
le végétal la lumière solaire, nous verrons la proportion d'oxygène augmenter dans l'air de la cloche,
tandis que celle du carbone diminuera. La plante,
pendant le jour, fixe donc le carbone et exhale l'oxygène ; deux circonstances sont encore nécessaires
pour que ce dégagement d'oxygène puisse avoir
lieu ; la présence de l'oxygène dans l'air, d'après
de Saussure, et une certaine élévation de la température, d'après MM. Gratiolet et Cloetz qui ont vu cette
exhalation cesser dans la plante appelée Potamogéton
dès que l'air ambiant descendait à + 4° c.

Quand, renversant l'expérience, nous plaçons le
végétal dans une obscurité prolongée, nous verrons

l'inverse se produire, c'est-à-dire la proportion d'acide carbonique augmenter et celle d'oxygène diminuer. La plante pendant la nuit, exhale donc de l'acide carbonique et retient l'oxygène, c'est-à-dire que pendant la nuit, les plantes se comportent, sous le rapport de la respiration, comme les animaux, et que, pendant le jour, elles semblent avoir pour rôle de rétablir l'équilibre dans la composition de l'air que nous respirons. Il faut ajouter pourtant que l'air exhalé, pendant le jour, par les plantes contient de l'oxyde de carbone, que les parties vertes plongées sous l'eau dégagent ce gaz vénéneux en plus grande abondance que les feuilles aériennes, ce qui ferait incliner M. Boussingault à penser que l'insalubrité des terrains marécageux provient en partie de l'abondante exhalation de l'oxyde de carbone par les plantes qui y végètent spécialement.

Nous avons vu, un peu plus haut, que l'épiderme des tiges (écorce) et l'épiderme surtout des feuilles présentaient de petites ouvertures appelées *stomates*, sortes de petites bouches formées de deux lèvres ou bourrelets en communication directe avec les cavités intra-cellulaires du parenchyme ; que ces stomates dont les lèvres se contractent à la chaleur et se dilatent à l'humidité, c'est-à-dire s'ouvrant en général pendant le jour et se fermant davantage pendant la nuit, sont les organes par lesquels la sève est amenée au contact direct de l'atmosphère, absolument comme le sang dans les cellules pulmonaires. Cependant, l'afflux constant de la sève suffit presque toujours à humecter et à maintenir béantes les lèvres des stomates. Ces organes sont creux à l'intérieur, formés de la réunion des deux utricules et contiennent des globules ou granules de natures diverses, tantôt incolores, tantôt verdis par la chlorophylle.

Voilà à peu près tout ce que sait la science sur le
mécanisme de la respiration végétale. Elle est un
peu plus avancée, quant aux résultats physiologiques
et chimiques de cette fonction.

Il faut établir d'abord une distinction radicale
entre les parties vertes et les parties colorées d'une
autre nuance, de la plante, parce que les unes et les
autres se comportent différemment. Parmi les premières, il faut ranger les organes foliacés, les stipu-
les, les bractées, les vrilles, la plupart des calices,
les feuilles, puis l'épiderme des herbes et des jeunes
rameaux, les péricarpes verts. Celles-là sont les
seules auxquelles s'applique ce que nous venons de
dire quant à l'exhalation et à la fixation alternative
de l'oxygène et du carbone. L'acide carbonique se
décomposant à l'intérieur des stomates, le carbone
se fixe dans le tissu même des organes, et l'oxygène
mis en liberté est exhalé, ou inversement, l'oxygène
est retenu dans les tissus ou plutôt dans les liquides
d'abord, et le carbone est dégagé. Mais l'oxygène
mis en liberté n'est pas pur, et les belles expériences
de M. Boussingault ont démontré qu'il est constamment accompagné d'oxyde de carbone, gaz extrêmement vénéneux. De Saussure a démontré que les
feuilles des arbres à feuillage caduc, en hiver, absorbent une proportion bien plus élevée d'oxygène
que celles des arbres à feuilles persistantes ; que
les feuilles des plantes grasses en absorbent moins
que celles des feuilles ordinaires ; qu'enfin, celles
des plantes marécageuses en consument moins
que celles des végétaux à tige herbacée. Suivant
lui, l'oxygène absorbé n'est pas immédiatement assimilé, mais se transforme, dans l'inspiration en
acide carbonique qui se décompose dans l'expiration
et n'est partiellement assimilé qu'ensuite. Schultz

a vu, dans ses expériences, certaines plantes plongées dans un air artificiel privé d'oxygène et d'acide carbonique, exhaler néanmoins de l'oxygène, et il attribue l'oxygène de ce gaz à la présence dans les tissus soit de l'acide carbonique, soit d'acides végétaux.

Parmi les secondes, nous comptons la corolle, les organes sexuels, les racines, etc. Elles se comportent en tous temps comme les parties vertes placées dans l'obscurité, c'est-à-dire qu'elles absorbent constamment de l'oxygène et exhalent sans cesse de l'acide carbonique. « Il en est de même, dit un excellent article du *Diction. français et encyclop. universel* de M. Dupiney de Vorepierre, article que nous croyons pouvoir attribuer à M. Duchartre, un éminent physiologiste ; il en est de même des plantes parasites non vertes, telles que les orobanches, les monotropa, les lathrœa, etc. C'est surtout dans les fleurs que ce mode de respiration s'opère avec le plus d'activité, et en outre, on a noté les organes sexuels comme la partie des fleurs qui absorbe la plus forte proportion d'oxygène. D'après cela, il est aisé de comprendre pourquoi les fleurs vicient rapidement l'atmosphère d'une pièce close où l'air ne se renouvelle pas ; car, d'un côté, elles enlèvent l'oxygène contenu dans l'air, et d'un autre côté, elles y versent constamment de l'acide carbonique. D'après Ch. Lory, l'influence des rayons directs du soleil sur les parties colorées des végétaux et sur les plantes non vertes, n'a d'autre effet que de rendre plus active l'exhalation d'acide carbonique, vraisemblablement en conséquence de l'élévation de la température. Bien que les fruits verts, ainsi que nous l'avons dit, respirent comme les feuilles, cependant à mesure qu'ils approchent de la maturité, ils cessent d'exhaler de l'oxygène à la lumière, et ils finissent même par exhaler de l'acide carbonique. Les champignons, en qualité de plantes dépourvues de couleur verte, respirent comme les parties non vertes des végétaux supérieurs et comme les parasites dont il vient d'être parlé. En conséquence, ils absorbent l'oxygène de l'air et le remplacent par de l'acide carbonique. Mais ils présentent en outre une autre particularité curieuse, c'est qu'ils exhalent aussi une certaine quantité d'hydrogène et même d'azote. On voit, du reste, que l'azote entre dans la composition du parenchyme des champignons ; de là l'odeur de putréfaction que répandent beaucoup d'entre eux lorsqu'ils se décomposent. » (Art. *respiration*, t. 1er, p. 954.)

On regarde généralement les stomates comme les organes propres de la respiration dans les parties vertes des végétaux, et la chlorophylle (ou matière verte) comme l'agent de la décomposition de l'acide carbonique inspiré. Cette opinion semble confirmée par cette observation que l'arroche rouge (atriplex rubra) dont les feuilles rouges sont munies de nombreux stomates, respire comme des feuilles vertes, tandis que les parties colorées mais privées de stomates des orobanches ne dégagent jamais que de l'acide carbonique. M. Cloetz, dans un récent travail, vient d'ailleurs de prouver que les feuilles pourpres, ou presque blanches, renferment, malgré leur apparence, de fortes doses de matière verte ou chlorophylle.

M. Boussingault et les autres chimistes français ne pensent pas que l'azote soit directement absorbé dans l'atmosphère par les plantes pendant la respiration. Il est emprunté par les plantes au sol et aux engrais. Ce savant a constaté, dans la ferme de Bechelbronn, les chiffres suivants :

Assolement.	Nature des récoltes.	Poids de la récolte sèche.	Azote de la récolte sèche	Azote total des récoltes de l'assolement.	Azote total de la fumure.	Excédant d'azote fixé par les plantes
Assolement triennal avec jachère.	1° Jachère	*	*	87k°,4	82k°,8	4k°,60
	2° Froment	4,198 kil.	43k°,7			
	3° Froment	4,198 *	43 ,7			
Assolement quinquennal.	1° Pommes de terre . .	3,772 *	62 ,1	26,65	23 ,2	63 ,30
	2° Froment	3,406 *	35 ,4			
	3° Trèfle	4,029 *	84 ,6			
	4° Blé , puis navets dérobés.	4,924 *	56 ,0			
	5° Avoine	2,347 *	28 ,4			
Assolement de quatre ans.	Betteraves.	3,028 *	67 ,9	294 ,8	182 ,1	112 ,7
	Froment.	4,443 *	47 ,1			
	Trèfle.	6,320 *	132 ,7			
	Froment.	4,413 *	47 ,1			
Culture forestière.	Hêtre.	3,095 *	azote fixé annuellement.			
	Chêne.	166 *	33 *			
	Bouleau.	33 *				
	Fagots mêlés. . . .	238 *				
Culture continue de topinambours.	Racines.	5,500 *	88 *	137 *	94 *	43 ,*
	Tiges et feuilles. . .	12,281 *	49 *			
Culture continue de la luzerne.	1re année.	3,360 *	79 *	1,033 *	*	*
	2e année.	10,080 *	237 *			
	3e année.	12,500 *	294 *			
	4e année.	10,080 *	237 *			
	5e année.	8,000 *	188 *			

M. Boussingault attribue l'excédant d'azote fixé par les plantes sur celui qui leur était fourni par les engrais, à l'ammoniaque et aux nitrates que l'atmosphère renferme en proportions très-minimes (22 grammes 37 en moyenne, dans un million de kilogrammes), et qui sont surtout mis à la disposition du sol et des plantes par les pluies, les rosées, les brouillards et la neige. Nous avons dit déjà que d'après les analyses de M. Bineau, les météores aqueux versent annuellement sur un hectare de terre 97 kilogrammes d'ammoniaque représentant 72 kilog. 750 d'hydrogène et 24 kilog. 250 d'azote.

M. Ville pense que, dans un sol absolument privé d'azote, le froment croît, prospère et s'assimile l'azote de l'air, parce que la substance de sa graine suffit à sa première végétation et que, lorsque la graine est épuisée, l'absorption foliacée pourvoit au développement ultérieur de là plante ; que cultivé dans du sable pur avec le secours du nitre (nitrate de potasse et de soude), le froment tire plus d'azote de l'air que lorsqu'on le cultive dans le sable seul, parce que, dans le cas du nitre, la première végétation est plus active et que, lorsque le nitre est épuisé les plantes possèdent plus de feuilles dont l'organisation est plus complète, et qui fonctionnent avec plus d'efficacité comme appareil d'absorption sur l'air ambiant ; que tant que le sol contient du nitre, le blé, et vraisemblablement toutes les plantes, n'empruntent pas d'azote à l'air parce que l'azote du nitre est plus assimilable que l'azote gazeux, et qu'un être vivant, animal ou plante, épuise l'aliment le plus assimilable, avant de recourir à celui qui l'est moins, lorsqu'il est d'ailleurs pourvu de tous les deux à la fois ; si on veut que le blé cultivé avec du nitre absorbe l'azote de l'air, il faut ajouter au sable moins de nitre que le blé n'en pourrait absorber s'il tirait tout son azote du sol ; qu'enfin, l'absorption du nitre est directe, immédiate ; avant de se fixer dans l'organisme végétal, le nitre ne passe pas à l'état d'ammoniaque parce que, à égalité d'azote, le nitre agit sur les plantes plus que les sels ammoniacaux (Comptes rendus de l'Académie des sciences, 1867). D'expériences faites par lui sur du cresson, du grand et du petit lupin et répétées comme vérification au Muséum d'histoire naturelle, il résulterait que la proportion d'azote fixé par la plante augmente avec le rendement proportionnel du produit :

Nos.	Poids de la récolte desséchée à 120° c.	Poids de la semence desséchée à 120° c.	Rendement par rapport au poids de la semence.	Excédant d'azote dans la récolte.
1	$2^{gr},242$	$0^{gr},319$	$7^{gr},02$	$0^{gr},000$
2	1 ,506	0 ,127	11 ,08	0 ,007
3	6 ,021	0 ,124	48 ,04	0 ,050

Enfin, le même chimiste a institué des expériences très-curieuses sur la végétation comparée du colza, du froment et du seigle, dans l'air pur et dans un air artificiel chargé d'ammoniaque, ayant soin cependant d'interrompre l'emploi des vapeurs ammoniacales pendant les chaleurs de l'été et à l'approche de la fleuraison, car en surexcitant le développement des feuilles, on nuirait à la production des fleurs, (ainsi que le fait le guano, sans doute).

DANS L'AIR PUR.

Plantes.	Récoltes sèches.	Azote contenu.	Azote p. 0/0.
Colza.	$53^{gr},76$	$1^{gr},070$	1,99
Froment	2 ,80	0 ,031	1,10
Seigle	3 ,14	0 ,137	1,18
Totaux.	59 ,70	1 ,238	»

DANS L'AIR AMMONIACAL.

Plantes.	Récoltes sèches.	Azote contenu.	Azote p. 0/0.
Colza.	$67^{gr},02$	$2^{gr},810$	4,19
Froment	19 ,28	0 ,730	3,77
Seigle	18 ,65	0 ,573	3,07
Totaux.	104 ,95	4 ,113	»

On remarque que non-seulement la récolte est plus forte dans l'air ammoniacal, mais encore qu'elle est plus azotée. Au moyen de l'emploi des vapeurs ammoniacales, M. Ville était déjà parvenu à donner à des plantes de la famille des orchidées un degré de vigueur et de prospérité qui contrastait avec l'état habituellement maladif de ces plantes. L'horticulture pourrait tirer de ces expériences un parti fort avantageux.

Les conséquences pratiques à tirer de ce qui précède nous paraissent devoir être celles-ci : En général, les plantes tirent du sol la plus grande partie de leur azote quand le sol contient cet élément en proportion notable ; elles en empruntent, en outre, à l'atmosphère, une quantité qui varie selon la période de leur végétation et suivant l'espèce naturelle, la famille à laquelle elles appartiennent, les légumineuses en général plus que les graminées, bien qu'on nous semble avoir toujours exagéré, à cet endroit, la faculté absorbante des premières. En effet, si elles peuvent fournir une récolte notable, dans des sols dont la surface pauvre en principes azotés est presque stérile pour les plantes à racines superficielles, ne sait-on pas qu'elles enfoncent profondément leurs racines dans le sous-sol qu'elles finissent à la fois par épuiser et effritter ? Quand le sol ne contient pas une suffisante proportion de principes azotés, les plantes en absorbent une plus forte proportion dans l'atmosphère. Enfin, on peut augmenter artificiellement la faculté absorbante d'un grand nombre de plantes pour l'azote de l'air en introduisant des nitrates dans le sol ou des vapeurs ammoniacales dans l'atmosphère.

Nous ajouterons impartialement que la théorie de M. Ville est bien séduisante, qu'elle gagne tous

les jours des partisans, et que le savant chimiste a
obtenu d'installer au domaine impérial de Vincennes
un champ d'expériences sur lequel il applique son
système. Chaque année, il expose sa théorie dans
des conférences hebdomadaires que les cultivateurs
et les savants suivent avec intérêt, tout en lui repro-
chant d'être aussi exclusif pour l'azote de l'air que
M. Liebig pour les principes minéraux. Pratiquement, pourtant, les résultats obtenus à Vincennes
doivent éveiller l'attention, bien qu'ils aient besoin
d'être surtout confirmés par le temps. On peut obtenir, pour le présent, d'abondantes récoltes avec le
phosphate de chaux, le carbonate de potasse, la
chaux caustique et le nitrate de soude, mais il reste
à savoir si l'on ne communique point ainsi au sol
une surexcitation factice, analogue à celle que produisent le noir animal, la chaux et le guano, pour ne
lui plus laisser ensuite qu'une stérilité presque irré-
médiable, ainsi que nous l'avons si souvent observé
en Bretagne.

§ 3. Assimilation dans les plantes.

Nous venons de voir la séve au contact de l'air,
lui emprunter ses éléments, dont elle forme des combinaisons ternaires ou quaternaires ; que la plante
fabrique la masse principale de son corps avec le
carbone de l'air et des engrais ; qu'enfin, l'évaporation qui permet aux racines des plantes d'absorber
les matières de la terre végétale et l'affinité élective des liquides agissant à travers les parois des
cellules qui les séparent, sont les facultés maîtresses
de la matière qui effectue l'accroissement (Moleschott).

La plante absorbant dans l'air de l'hydrogène et
de l'oxygène, et des vapeurs d'eau, de l'eau encore

dans le sol, il fallait qu'une partie de cette eau fût éliminée. C'est à quoi la nature a pourvu par l'évaporation ou exhalation aqueuse dont sont le siége les parties aériennes de la plante munies de stomates, car c'est par ces organes qu'elle a lieu sous l'influence de la chaleur et de la lumière M. Boussingault expérimentant sur un hélianthus (tournesol) dont les feuilles représentaient une surface de quatre mètres carrés, a pu en recueillir en 12 heures d'un jour de beau temps $0^k,612$; en 12 heures de nuit, l'air étant agité, $0^k,092$, l'évaporation a été nulle pendant une nuit où la rosée était abondante; des choux dont les feuilles représentaient une surface de deux mètres carrés ont donné, en 12 heures, $0^k,580$ d'eau; un hectare de houblon évapore en 12 heures 20 à 25000 kilog., soit 20 à 25 mètres cubes d'eau.

Cette transpiration des feuilles contribue puissamment à l'ascension de la séve que la pression atmosphérique, la capillarité et l'endosmose suffisent bien pour élever à une certaine hauteur, mais ne sauraient faire circuler plus loin.

Dans son contact avec l'air, la séve a dissous certains gaz qui, se combinant entre eux et avec certains corps inorganiques, le soufre et le phosphore surtout, produisent l'albumine, la fibrine, la caséine, puis l'amandine, la légumine, le gluten, l'amidon, la cellulose, la chlorophylle, etc., toute cette infinie variété de substances végétales diverses par leurs propriétés et leurs usages. Chacune d'elles se dépose dans les tissus qui lui sont propres surtout, bien qu'on en trouve de faibles quantités dans la plupart des organes, l'amidon dans les semences ou dans les racines, le gluten, l'albumine, la légumine dans les graines, la chlorophylle dans les tissus épidermiques, etc. En même temps, des acides végétaux prennent naissance ; les uns se trouvent répartis dans les divers organes, les autres sont le résultat de certaines réactions sur différents principes immédiats ; tous peuvent s'unir à des bases salifiables pour former des sels peu stables, et abandonnés au contact de l'air, ne tardent pas à se décomposer. Sous l'influence de la lumière et de la chaleur ; l'acide du sel disparaît peu à peu et est remplacé par de l'acide carbonique. Des sels minéraux, les uns, comme le carbonate de chaux, se portent vers les parties complètes de la plante, les autres, comme le phosphate de chaux se dirigent ou se déposent préférablement dans les tissus en voie de formation. Il y a, dans certains cas et pour certains sels, double décomposition et échange de bases. La cellulose s'incrustant de molécules minérales, devient le ligneux, le bois durci ; l'amidon se transforme, ici en sucre, là en graisse ; le sucre lui-même peut fournir de l'acide oxalique, la cellulose, l'amidon, la dextrine, le ligneux, la substance subéreuse, la graisse, la cire, voilà les principaux termes de l'évolution qu'accomplit la matière, en dégageant une abondante quantité d'oxygène.

« Tant que la matière organique apparaît en qualité d'éléments histogènes (formateurs des tissus), elle n'est ni acide, ni basique ; elle n'a pas le caractère chimique tranché qui distingue les bases et les acides, ainsi que leur aptitude à cristalliser. La plupart des substances qui peuvent prendre des formes cristallines, et qui en même temps, manifestent par des propriétés chimiques tranchées, acide ou basique, une constitution nette et chimiquement bien arrêtée, à cause du peu de mobilité de leurs molécules, occupent la limite de l'échange

des matières des corps organisés ; ce sont des degrés de la décomposition. Une grande partie de ces
matières provient de l'action de l'oxygène sur les
éléments histogènes. D'autres, pauvres en oxygène
ou qui même en sont dépourvus, se forment à côté
des produits qui prennent pour eux tout l'oxygène
destiné à opérer la désassimilation. Par exemple, aux
dépens des acides gras, il pourrait se former une
huile volatile dépourvue d'oxygène à côté de l'acide
succinique plus riche en oxygène. Ainsi donc, les
acides et les bases, les matières colorantes, les
résines et les huiles volatiles seraient les produits de
la décomposition dans la plante, comme dans l'animal l'acide carbonique, la créatinine, l'acide urique,
l'urée et la créatine. Comme celles-ci, elles peuvent
exister dans la plante en quantité excessivement variable, bien plus, suivant les circonstances extérieures, elles peuvent même manquer complétement.
Produits de la décomposition, ces substances sont
des conséquences de la vie, mais on ne peut pas
toujours les considérer comme des conditions nécessaires de la vie. » (J. Moleschott. *La circulation
de la vie*, trad. Cazelles, t. 1ᵉʳ, p. 186.)

Ainsi, les acides organiques sont presque tous les
produits de la désassimilation. On les trouve le plus
souvent renfermés au sein de la plante dans des
cavités propres, combinés à une base, placés en
dehors de l'échange actif des matières que les cellules environnantes entretiennent de tous côtés les
unes avec les autres. L'oxalate et le tartrate de
chaux, par exemple, se déposent souvent dans les
cellules des vieux cactus où ils forment des cristaux
soustraits à l'échange des matières des corps organisés (Moleschott). D'après Liebig, les acides ne
seraient pas les produits d'une décomposition nais-

sante, mais bien des produits en voie de métamorphose progressive, acide oxalique, acide tartrique, acide malique, acide citrique, puis sucre, comme nous avons vu la cellulose devenir fécule, puis dextrine et enfin sucre. Il explique ainsi une partie du dégagement de l'oxygène, et l'utilité des bases alcalines ou terreuses formant avec ces acides des sels peu fixés, tenus en réserve et qui se décomposent et se recomposent successivement. Mais d'un côté, l'acide oxalique se rencontre abondamment et constamment dans toutes les périodes végétatives de certaines plantes ; Schwarz a constaté que dans les raisins verts, l'acide malique précède l'acide tartrique ; Bérard a observé que dans les fruits près de leur maturité, ce n'est pas l'acide qui se change en sucre, puisque l'acide augmente à côté du sucre.

L'assimilation et la désassimilation marchent parallèlement dans les végétaux comme dans le règne animal ; seulement, chez les uns comme chez les autres, l'assimilation prédomine pendant la première période de la vie et la désassimilation pendant la dernière.

On ne croit plus aujourd'hui que les plantes éliminent les produits de désassimilation par leurs racines ; la nature a bien assez d'autres voies comme l'évaporation, les sécrétions et les excrétions, par les glandes superficielles, par les parois de l'épiderme, par les stomates ou même par des solutions de continuité naturelles. Au nombre des sécrétions, il faut placer la matière résineuse qui forme sur les feuilles du choux et sur certains fruits comme le raisin, la pomme, ce qu'on appelle la fleur. Cette substance grasse, analogue à la cire, imperméable à l'eau a pour rôle de modérer l'évaporation. C'est elle encore qui protège les bourgeons de certains arbres contre le froid et l'humidité. Parmi

les secrétions, nous rangerons les gommes et les
résines qui se font jour au travers des couches cor-
ticales lorsqu'elles se trouvent en excès dans la
plante ; tout le monde a pu voir ces exsudations sur
le tronc des cerisiers, des abricotiers, des pommiers
et des arbres résineux.

La nature a toujours eu en vue d'assurer autant
que possible la conservation de l'espèce d'abord, de
l'individu ensuite. Aussi, regardez les plantes qui
végètent sur un sol aride ; leur feuillage est maigre,
leur tige peu élevée ; c'est pour la fleur et le fruit
que la plante a ménagé toutes ses ressources ; là peu
de fourrage, peu de paille, mais proportionnellement
beaucoup de grains ou de semences ; sur le sol
fécond, au contraire, le feuillage d'un vert foncé est
abondant et épanoui ; un grand nombre de fleurs
avortent et quelques grains seulement parviennent
à maturité. Coupez une plante vivace par le pied,
au-dessus du collet toutefois, et vous verrez la séve
affluer vers la blessure, s'y épaissir en un bourrelet
cherchant à protéger les parties vives contre l'air et
le soleil ; bientôt des bourgeons apparaissent entre le
collet et la partie amputée, et la plante émet de nouveaux rameaux ou même une nouvelle tige ; ou bien
si c'est une branche qu'on a amputée, le développement se reporte sur la branche voisine ou sur une
autre plus verticale. L'assimilation après avoir pourvu
à l'accroissement de la plante, à l'entretien de ses organes, à la réparation de ses pertes, pourvoit encore
à la production des semences, au remplacement des
parties détruites, aux secrétions anormales, jusqu'à
ce qu'elle soit vaincue par la désassimilation. Alors,
c'est la mort prochaine et la plante rentre dans le
torrent de la circulation qui unit le ciel à la terre, le
sol à la plante et la plante aux animaux et à l'homme.

En résumé, la nutrition s'opère en grande partie dans le sol par l'absorption radicellaire, et plus ou moins partiellement dans l'atmosphère. Le problème consiste donc à fournir à la terre, sous la forme assimilable, les principes dont chaque plante a besoin pour se développer. Mais ces divers éléments n'ont pas besoin d'être immédiatement assimilables, et il suffit qu'ils le puissent devenir au fur et à mesure des besoins de la végétation, à des périodes variables, ainsi que nous le verrons tout à l'heure, pour chaque espèce de plantes. « Il y a, disait déjà en 1843 le physiologiste anglais Lymburn, dans la vie végétale des plantes cultivées, des périodes où elles ont besoin de trouver dans le sol une nourriture plus substantielle que de coutume, périodes qu'il faut étudier pour chaque plante. Les carottes et les turneps, s'ils manquent d'une alimentation suffisante au commencement de leur existence, ne se rétablissent jamais bien dans la suite et ne sauraient donner de bons produits ; il en est de même des pommes de terre au moment où elles germent, des céréales pendant leur floraison ; la fumure doit être calculée pour produire son plus grand effet au moment où les plantes cultivées en ont le plus besoin et sont le mieux disposées à en profiter. »

Nous avons vu quelle était la proportion d'azote empruntée au sol et à l'atmosphère par la végétation, dans diverses combinaisons culturales. Si nous cherchons à déterminer les quantités de principes minéraux enlevés au sol par diverses successions de récoltes, nous arrivons aux résultats suivants :

Prenant un hectare de terre argilo-siliceuse, d'une profondeur de $0^m,30$ environ et fumée l'année précédente avec 30,000 kilog. de fumier, nous y établirons un assolement, céréale de quatre ans, savoir :

blé d'hiver, produit 20 hectolitres de grain et
3000 kilog. de paille ; orge de printemps, produit
30 hectolitres de grains et 3000 kilog. de paille ;
seigle d'hiver, produit 30 hectolitres de grain et
3500 kilog. de paille ; avoine d'hiver, produit 40
hectolitres de grains, 2000 kilog. de paille. Veut-on
savoir la quantité de principes minéraux que les plantes auront assimilé en total, qu'elles auront enlevé au
sol par le grain et la paille, sans tenir compte des
chaumes restant sur la terre ? la voici :

Alumine	12^{kil}	,690
Silice.	872	,670
Sels de chaux	393	,720
Sels de soude	1,069	,280
Sels de potasse	1,090	,350
Sels de magnésie	756	,360
Sels de fer.	177	,770
Sels de manganèse.	25	,750
Total général . . .	4,398	,590

Ces chiffres sont importants à coup sûr, et quoique ne suffisant pas pour justifier de tous points
la théorie allemande, nous semblent avoir été peut-
être un peu trop négligés par la théorie française.
Ces résultats cependant seraient un peu différents
avec un assolement alterne ; et au lieu de s'épuiser
de principes inorganiques, la terre pourrait s'en
enrichir légèrement chaque année, ou du moins se
balancer si l'on n'exporte rien du domaine ou si l'on
comble par des engrais du dehors le déficit produit
par les exportations. M. Raybaud L'Ange a fait les
calculs suivants sur l'assolement qu'il a établi dans
son domaine de Paillerols (Basses-Alpes), savoir :
1° racines fumées à 30,000 kilog. par hectare ;
2° froment ; 3° et 4° sainfoin ; 5° blé ; 6° vesces pour
fourrage ; 7° froment. Calculant le gain et la perte
en éléments organiques et inorganiques, il trouve :

	Éléments or-ganiques.	Éléments in organiques.
Principes contenus dans la fumure. .	4,211 kil.	1,999 kil.
Principes contenus dans les récoltes.	20,843 »	1,322 »
Différences.	16,632 »	677 »
Exportation par la vente du blé . . .	3,825 »	93 »
Différence	12,807 »	584 »
Restitution par les fourrages et litières	» »	645 »
Totaux	12,807 »	1,229 »
Reconstitution de la fumure.	4,211 »	1,999 »
Perte ou amélioration pour le sol . .	8,596 »	770 »

Il est évident qu'une terre à laquelle on ne rend pas l'équivalent des éléments qui lui ont été enlevés par les plantes, doit s'épuiser, c'est-à-dire que les produits diminuant successivement en quantité, sinon en qualité finiraient par devenir nuls. Mais chaque espèce de plante enlevant au sol des produits souvent différents de ceux qu'absorbent les végétaux d'une autre espèce, il en résulte que la terre épuisée pour celle-ci peut ne pas l'être pour celle-là. C'est de ce principe qu'est né le système de culture alterne qui consiste à varier la succession des récoltes qu'on demande au sol. Dans le langage pratique, on a établi à cet égard une distinction importante et que la chimie a expliquée et justifiée dans la plupart des cas : on appelle *épuisée* une terre qui a fourni aux récoltes précédentes toutes les substances solubles et assimilables susceptibles de favoriser la végétation des plantes ; aucune récolte n'y réussit plus. On appelle *effritée* une terre à laquelle une succession trop rapprochée ou continuée trop longtemps de plantes de même genre ou de mêmes espèces a enlevé tous les principes spécialement indispensables à leur végétation, ces plantes n'y peuvent plus croître, bien que d'autres y puissent encore réussir.

Le sol, en effet, est un vaste laboratoire de chimie dans lequel, sans que nous puissions toujours l'expliquer, un grand nombre de sels se forment, se décomposent et se recomposent sous l'action multiple de l'air, de l'eau, de la chaleur, de l'électricité, etc. Plus on éloigne le retour sur le même terrain de la même plante, plus on laisse de temps pour se reconstituer aux éléments dont elle a besoin pour se les assimiler. Il en découle encore cette autre conséquence que, l'exportation hors du domaine, hors du royaume, est un appauvrissement certain du sol et doit être compensée par l'importation d'une quantité équivalente de principes organiques et inorganiques. C'est ainsi que nous avons pu dire qu'un fermier et surtout un propriétaire, agissent contre leurs intérêts quand ils exportent de leur domaine du grain de céréales, des fourrages ou des pailles et qu'ils importent à la place du guano qu'ils appliqueront exclusivement à la culture des semences. Il en sera autrement si ce guano est consacré à la culture des fourrages, parce que ceux-ci emprunteront alors à l'atmosphère une partie de leur azote qui reviendra à la terre dans les fumiers. On n'appauvrira que bien peu le sol en exportant des betteraves si on importe des pulpes, ou du colza si on importe des tourteaux, ou même des grains si on importe du fumier. Mais il est certaines cultures, la vigne par exemple, dont les produits sont constamment exportés sans qu'elles laissent de résidus appréciables pour reconstituer la fertilité du sol ; ces plantes sont éminemment épuisantes, si surtout on manque à restituer à la terre la cendre qui provient des sarments de taille, le marc du raisin, l'acide tartrique du vin. Si l'on veut entretenir la fécondité du sol, il faut lui donner des engrais du

dehors, comme des chiffons de laine, du phosphate
de chaux, des sels de soude et de potasse, de la
corne, le fumer avec des engrais verts, ou emprunter, ce qui est pire, des fumiers à la culture arable.
La plupart des plantes industrielles, comme la garance, le safran, le pastel, la gaude, le chanvre, le
lin, etc., sont dans le même cas.

La théorie des excrétions est parfaitement inutile
pour expliquer l'effrittement du sol, et bien qu'elle
ait encore quelques partisans, elle a fait place presque partout à la théorie chimique de l'absorption.
Quant à la théorie de l'alternance, elle se justifie
chaque jour dans nos cultures, comme elle se produit naturellement dans les forêts et dans les pâturages, ainsi que nous aurons occasion de le dire en
traitant des assolements.

CHAPITRE VI.

CONSIDÉRATIONS SUR LA CULTURE DES PLANTES

Après avoir étudié les rapports des plantes avec
l'atmosphère, le sol et les engrais, nous devons maintenant rechercher comment elles se comportent chacune suivant son genre, son espèce, son tempéra-
ment, pourrais-je presque dire, et comment nous
pouvons favoriser son développement selon le produit que nous en désirons obtenir. Ce sera, en un
mot, l'application de tout ce qui précède, parce que
c'est la partie pratique de l'agriculture, la mise en
œuvre des données de la science. Quelquefois, cependant, la pratique a devancé la théorie qui n'a expli-
qué qu'après coup les phénomènes observés ; d'autres fois, la science a réformé l'empirisme et la
pratique est venue confirmer la théorie. Ce n'est pas

13

à dire qu'il ne reste plus aucun point obscur, bien s'en faut, mais la lumière se fait de plus en plus et le progrès marche rapidement. Il a depuis longtemps vaincu l'ignorance, et la routine d'aujourd'hui, qui s'appelle l'impuissance et quelquefois la prudence, n'est plus la routine d'il y a cinquante ou soixante ans qui n'était autre que la tradition aveugle.

Pour tirer parti de son sol et de ses capitaux, il faut aujourd'hui s'aider, non pas seulement de ses pieds et de ses mains, mais aussi et surtout de sa tête ; pour lutter contre la concurrence sans cesse croissante, non pas seulement sur nos marchés intérieurs, mais encore sur les marchés étrangers, il faut arriver au maximum de production avec le minimum de dépenses, et le problème se résout en définitive par l'abaissement du prix de revient. Mais pour cela, il faut être maître de son sol par l'argent et par l'intelligence ; il faut le connaître, étudier ses besoins et ses ressources ; il faut le préparer, le fumer, le disposer selon la diversité des produits qu'on en attend ; lui consacrer les cultures qui lui sont le mieux appropriées ; le mettre en mesure de fournir à leurs exigences de chaque nature, presque de chaque jour ; il faut compter avec lui enfin, comme avec un coffre-fort, sachant bien qu'on en retirera d'autant plus qu'on y aura mis davantage et qu'il faut tout au moins lui rendre ce qu'on lui a pris.

§ 1er. De la fécondité du sol.

Il serait, à beaucoup d'égards, très-désirable qu'on pût estimer par une appréciation, une expérience ou une analyse rapide la fécondité réelle du sol. Cette fécondité, ou autrement cette puissance productive, n'est cependant qu'un terme relatif, car nulle terre, d'un côté, ne saurait porter toutes cultures, toute terre, de l'autre, peut et doit convenir à quelque nature spéciale de produits ; c'est au cultivateur à savoir en tirer le meilleur parti. Néanmoins, comme la valeur vénale du sol est ordinairement basée sur sa puissance productive à l'égard des plantes le plus généralement cultivées, comme le cultivateur a intérêt à s'éclairer sur les résultats probables de son système de culture, à établir à l'avance une comptabilité morale de son sol afin de savoir ce qu'il possède d'abord, ce que les engrais lui ajouteront ainsi que les façons culturales, ce que lui enlèvent les récoltes, ce qu'il lui restera ensuite et ce qu'il faudra lui rendre pour conserver ou accroître sa puissance productive, les cultivateurs, les agronomes ont dû chercher des formules, des procédés d'investigation, des méthodes expérimentales qui les puissent guider dans cette poursuite de la vérité.

La mesure de la fécondité et de l'épuisement du sol, un des problèmes les plus importants de la culture, est loin pourtant d'être encore résolu. Thaër, le premier, s'en occupa, et son système n'a subi que de légères modifications de la part de ceux qui s'en sont occupés, de Wülfen, de Woght, Crüd, Varembey, jusqu'au moment où M. de Gasparin fit intervenir la chimie, et M. Royer la pratique. Nous allons examiner successivement ces diverses méthodes d'évaluation, en cherchant à les contrôler par l'expérience des faits.

Système de Thaër. — Thaër appelle 100° de *fécondité* la valeur productive d'un hectare de terrain qui produirait 12 hectol. 84 de froment, fécondité qui serait complétement épuisée par une production subséquente, sans engrais, de 7 hectol. 70 de froment, soit ensemble 20 hectol. 50 de blé. Une fumure de 30,000 kilog. apporte dans le sol, par hectare, 100°

de fécondité pouvant ainsi produire les 20 hectolitres 50 de blé ; ce serait donc environ 1875 kilog.
de fumier pour produire 100 kilog. de froment. Nous
ferons remarquer ici que M. de Gasparin, dans le
midi, évalue la quantité d'engrais nécessaire pour
obtenir ce même poids de grain à 2937 kilog.

Thaër admet ensuite, d'après l'expérience et les
analyses chimiques de Einhoff, qu'une récolte de 12
hectol. 84 de froment épuise le sol de 40° ou de
3° 21 par hectolitre (nous remarquerons que M. de
Gasparin estime qu'une récolte moyenne de 20 hectolitres de froment enlève au sol 38 p. 0/0 de sa fécondité). Une récolte correspondante de seigle épuiserait le sol de 30° ou de 2° 34 par hectol. ; une récolte correspondante d'avoine épuiserait le sol de
25° ou de 1° 18 par hectol.; une récolte correspondante d'orge épuiserait le sol de 31° ou de 1° 64 par
hectol.; une légumineuse fourragère comme le trèfle,
les vesces, etc., fauchée en vert, améliorerait le sol
de 10 à 20°. Une légumineuse (pois, vesces, gesses)
récoltée à graine épuiserait le sol de 20°, mais l'a-
méliore de 10° par ses racines ; une culture sarclée de racines l'épuiserait de 30° et l'améliorerait
de 10°. Enfin, il estime qu'une jachère morte d'été,
avec ses cultures convenables peut réparer l'épuisement causé au sol par une récolte de grains, mais
que son effet, cependant, est proportionnel à la fécondité déjà acquise du sol. Ainsi, si la terre a déjà 10°
de fécondité, la jachère lui en ajoutera 4° ; 20° de
fécondité du sol en reçoivent 6° de la jachère ; 30°
du sol, 8° de la jachère ; 40° du sol, 10° de la jachère ; 50° du sol, 11° de la jachère ; 60° du sol,
12° de la jachère ; 70°, 80°, 90° du sol, 13°, 14°, 15°
de la jachère.

Essayons de traiter divers assolements par ce système et au moyen de ces chiffres. Prenons d'abord celui de Paillerols dont nous avons eu déjà occasion de parler dans le chapitre précédent ; rappelons-nous qu'il comprend : 1° récoltes sarclées, 2° froment, 3° trèfle, 4° froment, 5° et 6° sainfoin, 7° froment. La fumure appliquée à la sole des récoltes-racines est de 30,000 kilog. par hectare, et la fécondité initiale du sol est évaluée à 40°, soit avec la fumure, 140°. La fécondité absorbée est de 150°, et celle ajoutée par les plantes de 52°, la fécondité restante est de 42°. La fécondité du sol s'est donc accrue de 2°, résultat admis comme probable par le propriétaire

L'assolement de Grignon est de six ans, et comprend : 1° racines sarclées et fumées, 2° céréales de printemps, 3° trèfle, 4° froment, 5° colza et 6° froment. La fumure est de 60,000 kilog. pour les racines et de 30,000 kilog. pour le colza, soit ensemble 90,000 kilog. ou 300° de fécondité. La fécondité initiale du sol doit être évaluée à 50°, celle absorbée est de 330°, et celle rendue de 40° ; la fécondité du sol s'est donc accrue de 10°, ce qui est vraisemblable dans la pratique.

Ce système, cependant, ne peut être juste que dans certains cas donnés, parce qu'il ne repose que sur des bases incomplètes. Nous savons que les diverses natures de terres ne tirent pas un égal parti des engrais, et que l'effet de ceux-ci varie avec le climat, sur des sols de nature identique. Les façons données à la terre désagrègent les molécules, rendent la couche végétale plus perméable à l'air, favorisent l'absorption de l'azote, de l'oxygène et de l'acide carbonique, préparent l'assimilation des engrais, outre qu'elles rendent le sol moins humide en hiver et plus frais en été. Mais l'influence des

jachères serait calculée avec plus de justesse d'après
le degré de tenacité, de cohésion du sol que d'après
sa fécondité. Ensuite, les bases sur lesquelles s'est
appuyé Thaer, et sur lesquelles il pouvait seules s'appuyer à cette époque, sont pour la plupart assez
contestables aujourd'hui. Ainsi, par exemple, il
n'est pas vrai qu'une terre puisse être complètement épuisée par une courte rotation de récoltes.
M. de Gasparin a cité depuis longtemps les terres
calcaires du midi, qui, avec l'assolement biennal :
jachère, blé, produisent constamment 8 hectol. de
blé par hectare, ce qui serait loin de concorder
avec les chiffres établis par Thaër.

Système de Wülfen. Le second terme du problème devait être découvert par M. de Wülfen. Il y
a les engrais accumulés dans le sol par la nature, le
temps et l'homme, c'est la *richesse* ; il y a ensuite
l'aptitude du sol à mettre ces engrais à la disposition des plantes, c'est la *force* ou l'*activité* du sol.
Or, la réunion de la richesse et de la puissance
doit donner la fécondité. Seulement, ce n'est que
sur des données arbitraires que M. de Wülfen évalue la richesse et la puissance, de sorte que sa formule mathématique est à peu près insignifiante.
M. de Wülfen prévoyait déjà cependant ce qui,
depuis lors, a été clairement démontré, à savoir que,
d'abord le produit des céréales est en raison directe
de la fécondité du sol, et que celui-ci est épuisé en
proportion de la quantité de principes nutritifs (azotés) que renferment les grains ; ensuite, que l'épuisement du sol peut être plus ou moins complètement réparé par les façons données au sol au moyen
des instruments.

C'était deviner à la fois et le mode d'action des
engrais et l'influence des labours sur le sol pour

préparer et favoriser l'assimilation des engrais. Chose bizarre, cependant, M. de Wülfen n'admettait, comme aliments des plantes, que les principes organiques et rejetait l'absorption des gaz, soit à l'état simple, soit combinés avec les eléments du sol. Il est présumable que M. de Wülfen connaissait et les expériences de Jethro-Tull, et surtout celles de Beatson sur la calcination des argiles et la division des molécules terreuses.

Système de Woght. M. de Woght, enfin, ayant remarqué que la même somme d'engrais ne produisait pas des résultats identiques sur les diverses natures de terrain et avec diverses préparations, reconnut qu'il fallait tenir compte de l'aération du sol comme facilitant l'absorption des gaz et l'assimilation des principes nutritifs. Il remplaça dès lors la force ou activité de M. de Wülfen par le mot *puissance*, ou la faculté actuelle que possède le sol de mettre en action les principes nutritifs qu'il renferme et ceux qu'on lui confie. Dès lors, il arrivait à la formule : *Richesse* × *Puissance* = *Fécondité.* Il s'agissait ensuite de déterminer les chiffres à l'aide desquels on établirait l'équation, et M. de Woght, après de longues expériences, reconnut que son sol possédait 75° de richesse et 8° de puissance, c'est-à-dire 600° de fécondité ; que 1000 kilos de fumier par hectare lui apportaient 2° 50 de puissance et 15° de richesse, c'est-à-dire 37° 50 de fécondité. Voici du reste le résumé de ses essais principaux :

Poids et nature des récoltes.	Richesse enlevée.	Fécondité enlevée.	Fécondité supposée du sol.
100 kilog. de blé (grains).	2°,46	16°,68	44°,02
100 » de pommes de terre (racines)	0 ,21	1 ,68	4 à 5
100 » de colza (grains)	3 ,80	26 ,40	41 ,20
100 » de seigle (grains)	2 ,21	17 ,62	44 ,20
100 » d'orge (grains)	2 ,21	17 ,68	44 ,20
100 » d'avoine (grains)	2 ,46	19 ,68	49 ,00

On remarquera qu'ici, contrairement aux faits admis et observés chaque jour, le colza et l'avoine sont considérés comme plus épuisants que le froment. Pour trouver les éléments de la formule, il suffit de faire deux expériences : l'une, afin de connaître le produit de la terre fumée depuis longtemps, l'autre, afin de déterminer le produit du même sol ayant reçu récemment une dose connue d'engrais. Si une première terre, par exemple, sans fumure récente, donne 12 hectol. 80 de froment par hectare, sa richesse égale 78° 20 et sa puissance 6° 9 ; sa fécondité est donc de 544°. Si après une fumure de 4,000 kilog. elle produit 18 hectol., sa richesse égale 86° 9, sa puissance 6° 9 et sa fécondité sera de 604° 80.

Mais M. de Woght donnait, on le voit, une valeur arbitraire à la puissance, qui varie suivant les saisons, la température, le climat, la préparation, etc. Certaines plantes augmentent la richesse et la puissance du sol ; d'autres enlèvent de la richesse et augmentent la puissance. C'est ainsi que, d'après M. de Woght, les grains d'hiver enlèvent de 1° 91 à 0° 12 pour 0/0 de richesse et de 5 à 10° pour 0/0 de puissance ; que le colza enlève 1° 60 pour 0/0 de richesse et augmente la puissance de 5° pour 0/0 ; que la pomme de terre épuise de 0° 10 pour 0/0 la richesse et rend 2° pour 0/0 de puissance ; la troisième coupe d'un trèfle enfoui en vert augmente la puissance de 5 pour 0/0 et la richesse de 9° pour 0/0 ; le marnage ajoute à la puissance 3° la première année, 4° la seconde, 3° la troisième et après quinze ans, la puissance retombe au même degré qu'auparavant. On comprend cependant que ceci devrait dépendre de la nature du sol, de la nature et des doses de la marne et de la quantité d'engrais qu'on lui adjoint. Ces chiffres complétement arbitraires attirèrent les investigations de Kreissig qui consacra un long temps à des expériences, mais sans arriver à aucun résultat, soit nouveau, soit notable.

Système de Crüd. M. Crüd trouvant le système de M. de Woght incomplet sur certains points et inexact sur beaucoup d'autres, tenta des expériences d'où il tira une nouvelle base de calculs. Il chercha d'abord à déterminer la quantité de fumier nécessaire pour obtenir un produit donné, et il trouva que pour obtenir, en outre, de la semence,

Un hectolitre de seigle, il fallait. . . 503 kilog. de fumier.
Un hectolitre de maïs, » . . . 498 » »
Un hectolitre d'orge. » . . . 311 » »
Un hectolitre d'avoine » . . . 249 » »
Un hectolitre de colza, » . . . 933 » »
100 kilog. de graine de trèfle ou de
    luzerne . . . . 400 » »
100 kilog. de racines de betteraves. 50 » »
100 kilog. de tubercules de pommes
    de terre . . . . 88 » »

On comprend que cette donnée prise en sus de la semence est trop peu stable, puisque ce chiffre inconnu varie sensiblement avec le sol et le climat, et que la proportion du produit à la semence est plus variable encore, selon la variété, les saisons, etc. Voici maintenant comment il se bornait à évaluer la richesse, c'est-à-dire la quantité d'engrais nécessaire à un sol pour donner une somme de produits. Un degré de richesse résulte de 1000 kilog. de fumier par hectare et par an. Ainsi,

10° de richesse (maximum) produisent 30 hect. de froment.
  8° » » 28 » »
  6° » » 22 à 26,50 »
  5° » » 15 à 17 »
  4° » (minimum) » 13 »

M. Crüd se contente de la richesse du sol comme

élément de calcul et ne s'inquiète nullement de la
puissance ; c'est plus simple, c'est peut être aussi
juste en pratique, c'est beaucoup plus élémentaire,
mais c'est encore trop éloigné de la vérité. Comparant
entre eux les divers systèmes de culture, il en arrive
à ces conclusions que : l'assolement triennal pur,
avec jachère, améliore le sol de 1° 46 en 6 ans.

Un assolement quinquennal (pommes de terre,
blé, trèfle, blé, avoine) l'améliore de 2° 08 en 5 ans.

Un assolement quadriennal (racines, blé, trèfle)
l'améliore de 3° 50 en 4 ans.

Enfin, la jachère augmente la richesse de 4°.

Il faut bien confesser que ces résultats sont bien
problématiques et que l'observation est loin de les
confirmer dans la plupart des cas, même comme
moyenne. Il sont trop profondément influencés par
le climat, par la nature du sol, par la nature des
engrais employés, par l'étendue cultivée, par la dose
surtout des fumiers ou celle des stimulants, etc.,
pour qu'on puisse déterminer une moyenne, ne fût-
elle qu'approximative, pour qu'on puisse calculer
sur un cas donné.

Système Varembey. M. Varembey, plus récemment (vers 1840), reprit encore les systèmes précédents pour les simplifier et les rendre plus exacts,
mais sans y réussir beaucoup. Il donna à ce point
scientifique le nom d'euphorimétrie. Comme Crüd, il
admit qu'un degré de richesse correspondait à 1,000
kilog. de fumier ; comme Thaër, il reconnut que la
jachère augmente la richesse du sol proportionel-
lement à sa richesse antérieure. Une récolte sarclée
l'enrichit aussi suivant son état, mais l'épuise de 25
p. 00 ; le froment de 40 p. 0/0 ; le sainfoin l'améliore de 3° 50 la première année, de 2° 80 la seconde année, etc ; le trèfle en fourrage augmente la

richesse proportionnellement à la richesse antérieure
c'est-à-dire qu'il améliore le sol en raison même
de sa végétation, en moyenne, de 5°. On le voit,
M. Varembey ne tient compte que de la richesse
naturelle ou ajoutée du sol, à l'exclusion de sa
puissance, c'est-à-dire de son aptitude à l'assimilation. Il en résulte que, selon qu'il fixe trop haut ou
trop bas la richesse actuelle du sol, la même rotation peut l'enrichir ou l'appauvrir, que, en d'autres
termes, celle qui enrichirait celui-ci ruinerait ce-
lui-là. Ce reproche s'applique également au système
de Crüd et, quoique à un moindre degré, à ceux de
Thaër et de Vülfen. Tout, en effet, dépend de la
base, et la puissance, dont il est indispensable de
tenir compte, n'a pu être évaluée jusqu'ici qu'arbi-
trairement ou pour des cas tout particuliers. Certains sols fixent plus que d'autres les gaz de l'atmosphère, d'autres ceux des engrais ; les uns ne cèdent
les principes nutritifs aux plantes que lentement et
difficilement, ceux-ci au fur et à mesure des besoins
de la végétation, ceux-là rapidement et avec sura-
bondance. Et puis, toujours, revient l'influence du
climat et des saisons qui compliquent singulièrement
le problème et ne permettront toujours, sans doute,
que de lui donner des solutions particulières ou de le
résoudre seulement pour des faits accomplis et non
prévisionnels.

Système de l'azote. Le système qui consiste à
évaluer la fécondité du sol par la dose d'azote qu'il
renferme, et qui est celui de l'école chimique française, a été appliqué pour la première fois, croyons-
nous, par M. de Gasparin. Mais la science ne suffisait
pas et il lui fallait le concours de la pratique ; on
ne pouvait se borner à doser l'azote, sachant que
toutes les terres ne le cèdent pas avec la même fa-

cilité et qu'il n'est pas également assimilable sous toutes ses formes. En effet, il faut, dans les sols tenaces, que chaque kilogramme d'argile ait reçu $0^k,0015$ d'azote pour que les engrais ajoutés puissent être mis à la disposition des plantes. Ainsi, une terre renfermant 30 p. 0/0 d'argile devrait absorber d'abord $1,350$ k^{os} d'azote prélevé sur les fumiers avant qu'elle en cédât rien aux plantes. Une fois saturée d'azote, il est vrai que cette terre deviendra d'une grande fécondité et que les engrais y pourront produire leur maximum d'effet utile. Il s'agissait donc d'établir quelle était la quantité d'azote empruntée au sol par les diverses cultures, quelle proportion elles en enlevaient au sol, quelle quantité d'engrais était nécessaire dans les divers sols et sous les différents climats pour obtenir une quantité donnée des différents produits.

Voici comment M. de Gasparin a cherché à résoudre ces trois points : la pratique et les calculs lui ont donné pour le midi les résultats suivants :

100 kilog. de grains de froment enlèvent	$4^{kil},150$ d'azote, et avec la paille correspondante		$5^{kil},380$		
100 " de grains de seigle	"	1 ,960	2 ,540		
100 " de grains de sarrasin	"	2 ,100	2 ,450		
100 " de grains de haricots	"	3 ,910	5 ,010		
100 " de grains de fèves	"	5 ,020	7 ,810		
100 " de grains de pois	"	3 ,820	11 ,200		
100 " de grains de vesces	"	4 ,370	7 ,250		
100 " de grains de lentilles	"	4 ,000	5 ,410		
100 " de grains de riz	"	1 ,200	1 ,510		
1000 kilog. de racines de pommes de terre restituaient au sol par leurs fanes.			$4^{kil},900$ d'azote		
1000 " de paille de blé lui rendaient par la paille.			5 ,900		
1000 " de trèfle en fourrage sec, par les feuilles, fleurs, etc., tombées au fanage.			26 ,400		

Mais l'aliquote d'engrais enlevée par les récoltes varie selon la nature et la dose de l'engrais, la nature du sol et du climat. Le tableau suivant, qui résume les expériences faites à la ferme-école des Trois-Croix, près de Rennes, par M. Bodin, et celles faites à la ferme-école de la Montaurone, dans le midi, par M. de Bec, sera intéressant à plusieurs titres.

A Rennes.	250 kilog. de guano.			0,30
	500	»	»	0,24
	1,000	»	»	0,31
A la Montaurone.	500	»	»	0,14
	600	»	»	0,16
	700	»	·	0.15
	800	»	»	0,16
	1 900	»		0,16
	100	»	»	0,19
	500	»	tourteau de colza	0,21
	750	»	»	0,21
	1,000	»	»	0,24
	500	»	tourteau de sésame	0,29
	750	»	»	0,23
	1,000	»	»	0,24

M. de Gasparin a trouvé, de son côté, qu'en Provence, l'aliquote du blé est de 0,17 pour le guano, 0,14 pour le fumier et 0,34 pour le tourteau de colza. Quant à l'aliquote des autres plantes, elle est de 0,56 pour l'orge d'hiver, 0 35 pour l'orge de printemps, 0,53 pour l'avoine d'hiver, 0,35 pour les pommes de terre, 0,33 pour le topinambour et la betterave, 0,40 pour la carotte, 0,67 pour le rutabaga, 0,54 pour les choux, 0,40 pour le colza à graines, 0,44 pour le madia, 0,222 pour la garance, 0,30 pour le tabac, 0,70 pour le chanvre, 0,133 pour le lin, 0,27 pour la vigne, etc. On conçoit que plus l'aliquote empruntée à la fumure par la plante est faible et plus cette fumure doit être augmentée. Dans le calcul, il faut encore tenir compte de l'azote restitué au sol par la culture, en racines, tiges, feuilles, débris de fleurs, de tiges et de feuilles, etc. Il ressort encore de ces chiffres que le froment doit préférer les terres renfermant de la vieille force, du fumier très-décomposé et réduit à l'état de terreau, tandis que les autres céréales se contentent mieux d'une fumure plus récente. Dans la production végétale, il faut sans doute distinguer, comme dans la production animale, la ration d'entretien et la ration de production ; la première saturant seulement le sol, entretenant seulement sa fécondité native, la seconde destinée à être assimilée, à fournir des produits ; et dans l'un comme dans l'autre règne, l'économie des produits est en raison directe de la ration de production.

Restait à fixer le troisième point par les expériences directes ; de celles faites par lui-même, et de celles faites par d'autres agronomes et cultivateurs, M. de Gasparin conclut qu'en moyenne :

100 kilog de graines de seigle et la paille correspondante sont produites par. . . . . 530 kilog. de fumier.
100 kilog. de graines d'orge et . . d° . . . 320   "
100 kilog. d'avoine d'hiver et . . d° . . . 578   "
100 kilog. de racines de pommes de terre,
tiges et feuilles correspondantes par. . . . 112
100 kilog. de racines de betteraves et d°. . 100   "
100 kilog. de racines de navets . . . d°. . 312   "

Ces chiffres dont nous ne citons que quelques-uns, ne diffèrent pas très-notablement de ceux recueillis par Crüd ; on peut donc les considérer comme des moyennes.

Système de Liebig. De même que l'école française établit entre le sol, les engrais et les plantes la balance de l'azote, l'école allemande à la tête de laquelle se trouve le savant Liebig, cherche à y établir surtout la balance des principes inorganiques. On analyse le sol pour doser les sels qu'il renferme, on dose les sels enlevés par les récoltes, ceux rendus par les fumiers, et on fait la balance. Nous avons eu occasion déjà de parler de cette théorie qu'il appartient aux chimistes de discuter et de vérifier, mais qui, par sa nature même, n'entrera que difficilement dans la pratique des cultivateurs.

Nous ne pensons pas que de longtemps, jamais peut-être, on puisse arriver à une exactitude mathématique dans l'évaluation de la fécondité du sol ; trop d'influences sont en jeu, dont il est difficile de déterminer la puissance relative. Mais heureusement, nous avons devant nous un moyen dont on ne peut nier l'exactitude, puisque c'est un fait accompli, le produit du sol en récoltes de diverses natures, et nos cultivateurs peuvent facilement, sur une période de dix années, apprécier si la fécondité de leur sol s'est accrue ou diminuée ; je dis sur une période de dix ans, afin de balancer, d'équilibrer les influences atmosphériques, les saisons favorables et défavorables ; j'ajoute qu'il faut aussi tenir compte de la fréquence du retour de la même récolte ou des récoltes suivantes, et ne pas confondre l'épuisement avec l'effrittement.

Un très regrettable agronome, M. Royer, a rendu un service, trop négligé, à la pratique, en cherchant à préciser dans le langage agricole les diverses périodes de fécondité du sol. Voici en quels excellents termes la classification de M. Royer est décrite, appréciée et complétée par l'éminent M. de Gasparin :

« Sans entrer dans les considérations de la nature des terres, qu'elles soient siliceuses, calcaires, glaiseuses, l'auteur de ce système les classe selon six périodes de fécondité de la manière suivante : 1° fo-

restière ; 2° pacagère ; 3° fourragère ; 4° céréale ;
5° commerciale ; 6° jardinière. Il est bien évident
qu'il y a des terres qui, par leur fertilité intrinsèque,
ne se trouvent jamais dans les périodes inférieures,
mais qui sont, dès leur défrichement, dans la période
céréale ou commerciale, comme au contraire il en
est d'autres qu'il ne faut jamais faire sortir de la période forestière, et d'autres, comme les steppes, les
garrigues, les terres salées ou manquant de fonds,
qui seront dans une période pacagère inférieure à la
période forestière et d'une moins grande valeur, et
y resteront toujours ; ce serait une période à ajouter à celles de M. Royer. Examinons maintenant les
définitions de celles qu'il a indiquées.

1° *La période forestière* est celle où les terres
manquent de principes végétatifs et ne portent qu'un
pâturage à peu près nul. Il ne faudrait pas juger
cependant de cette faculté productive par une seule
saison de l'année ; ainsi, on trouverait dans les pays
méridionaux d'excellentes terres qui paraissent absolument sèches en été. C'est donc sur l'état d'en-
herbement du sol, dans la saison humide, qu'il faut
seulement les juger. Selon l'auteur, les terres qui
sont dans la période forestière, ne paient que le quart
ou au plus la moitié du travail qui leur serait consacré ; pour les faire passer à un état meilleur, il faudrait employer des masses d'engrais qui surpasseraient
de beaucoup la valeur des terres ; aussi le meilleur
moyen d'exploitation est encore de les semer ou
planter en bois, laissant aux siècles à venir et à la
nature le soin de les porter à la période suivante[1].

---

[1] Nous ferons observer que la désignation de période forestière
n'implique pas que le sol soit planté en bois ; qu'elle indique seulement que la forêt est la production la plus économique à lui deman-

2° *La période pacagère* est caractérisée par la pousse chétive des luzernes, trèfles, sainfoins qui n'y deviennent pas susceptibles d'être fauchés, et forcent à les consacrer au pâturage. Dans cette période, le prix de ferme dépasse 10 fr. par hectare, et les terres donnant une production annuelle, possèdent en elles-mêmes les moyens de production d'engrais et d'avancement. Il n'est pas rare qu'un marnage ou un chaulage fassent passer immédiatement à la période suivante les glaises tenaces de cette période, en favorisant le développement des légumineuses. Cette espèce de puissance cachée dans les glaises, si facile à mettre en action, tandis que les terres calcaires manifestent spontanément toute leur fertilité, justifie l'auteur qui met les premières parvenues à l'état pacager, au dessus des calcaires qui se trouvent dans la même période.

3° *La période fourragère* est indiquée par la réussite à peu près complète de l'un de ces trois fourrages, luzerne, sainfoin, trèfle, dont on obtient le produit moyen de 1500 à 2000 kilog. par hectare. Ce faible produit indique l'inégalité de richesse des terres dont certaines portions ne peuvent encore se faucher, et la nécessité de consacrer la plus grande partie du terrain à la production exclusive du fourrage, à l'effet de multiplier les engrais nécessaires pour arriver à un plus haut degré de fertilité.

4° *La période céréale.* Le produit moyen des fourrages étant arrivé de 3000 à 5000 kilog. par hec-

----

der; et que d'un autre côté, beaucoup de sols plantés en bois, comme une partie de la forêt d'Orléans située sur le plateau de la Beauce, ont une fécondité propre et acquise bien supérieure à celle des terres en période forestière.

tare, la production céréale peut marcher de pair avec celle des fourrages et lui fournir la paille pour les litières. Alors s'introduit la nourriture à l'étable.

5° *La période commerciale* commence quand les engrais sont surabondants. Les céréales exposées à verser par trop de richesse ne sont plus le produit le plus avantageux de la ferme, si on ne les intercale pas avec des récoltes épuisantes, comme les plantes oléagineuses, textiles, tinctoriales, etc.

6° Enfin, *la période jardinière* ne diffère de la précédente qu'en ce qu'une nombreuse population permet de substituer la bêche à la charrue, et que la possibilité d'acheter des engrais dispense de les créer sur le domaine.

Telle est la classification naturelle que nous présente M. Royer [1]. Nous avons vu que la base dont part l'auteur est la production des fourrages ; s'il avait vécu dans les contrées méridionales, il aurait pu ajouter quelques traits à son tableau. Ainsi, après les terres qui produisent de beau sainfoin et au-dessus d'elles, il aurait trouvé celles qui produisent de belles luzernes, et ce sont deux degrés différents de fécondité ; il aurait trouvé enfin des alluvions qui portent ces luzernes sans engrais. Nous aurions encore un reproche à faire à cette classification ; préoccupé de la grande culture des céréales et des fourrages, M. Royer a complétement oublié la possibilité de tirer des terres de ses trois premières divisions un autre parti que celui qu'on en tire dans le nord. La vigne, l'olivier, le mûrier, élèvent quelquefois le produit de ces terres négligées au niveau de celui

---

[1] *Agriculture de l'Ouest*, t. II, p. 465. De l'acquisition de la propriété et de l'évaluation du sol.

des meilleures terres. L'exposition et la profondeur du sol jouent ici un rôle qui ne peut être passé sous silence. Il y a donc un nouveau perfectionnement à faire à ce tableau, c'est d'introduire la considération des arbres et arbustes qui résument les qualités du sol, du sous-sol et celles du climat. » (*Cours complet d'agriculture*, t. I, p. 346 et suiv.)

M. de Gasparin nous semble se montrer un peu trop exigeant pour une idée qui a le mérite du moins d'être simple, très-pratique et qui n'affiche aucune prétention à la science. M. Royer a classé synthétiquement les faits qu'il a observés, et il en a déduit les conséquences économiques qui en découlent, à savoir la valeur foncière et locative du sol et la plus-value qu'il peut acquérir en capital et intérêts en passant d'une période à l'autre. Mais ce n'est pas la peine d'aborder ces considérations, et nous avons dû nous borner à reproduire une classification, incomplète peut-être, mais dont la pratique pourrait tirer un utile secours pour préciser son langage et indiquer le degré de richesse de son sol.

§ 2. De la préparation du sol.

Nous venons de voir l'importance que les agronomes allemands attribuent à la jachère sur la puissance du sol; nous savons que plus le sol est meuble, c'est-à-dire plus ses molécules sont disjointes, éloignées les unes des autres, et plus la chaleur, l'air et la lumière y pénètrent facilement ; nous avons vu enfin que certains principes du sol jouissent de la propriété d'absorber et de fixer l'ammoniaque ou l'azote de l'air. Il n'est donc pas difficile de s'expliquer l'influence que peuvent avoir les façons culturales sur le sol.

La chaleur rend les sols légers plus précoces au
printemps ; c'est le moment où la végétation y atteint
son maximum d'activité; l'été venu, le soleil dessèche
tout, la séve des plantes et la fraicheur du sol ; les
plantes languissent, s'arrêtent et meurent parfois.
Moins ces terres sont remuées, plus elles sont plom-
bées par les roulages, et plus les molécules conservent de cohésion et de fraicheur. La chaleur, au
printemps, est utile aux sols forts pour évaporer la
grande quantité d'eau qu'elles retiennent, et cette
évaporation produit un abaissement plus sensible de
température ; les façons culturales, en désagrégeant
les molécules, en rompant leur cohésion permettent
à l'air de s'introduire plus ou moins profondément,
aux vapeurs humides, à la rosée d'y pénétrer ; elles
s'opposent à la formation de cette croûte dure qui s'y
formerait à la surface après les pluies, coupant, en
serrant le collet des plantes, à ce dessèchement et
à cette cohésion qui compriment les racines, arrêtent la circulation de la séve, non pas seulement
par le manque de fraicheur, mais aussi par une sorte
de compression mécanique. Plus une terre est poreuse, et plus elle absorbe avidement les vapeurs
atmosphériques et la rosée, l'acide carbonique et
l'ammoniaque.

Les façons culturales ont un autre but encore et
non moins important dans tous les sols ; elles
mélangent les molécules du sol et de l'engrais,
elles les mettent en contact direct les unes avec
les autres, puis avec l'eau et l'air ; la fermentation
s'accomplit insensiblement, les principes solubles
se dissolvent, les gaz sont absorbés et entrent dans
la composition de certains sels plus ou moins fixes;
la marche et le fonctionnement des racines s'opèrent
sans gène, régulièrement, et la plante végète d'une

manière normale. Nous avons dit quelle était l'action du froid sur les terres argileuses, ce qui implique l'utilité des labours d'hiver.

Mais les instruments qui servent à donner les façons culturales jouent différents rôles, remplissent différents buts, selon leur forme et la manière dont on les emploie : les uns, ce sont les charrues, les herses, les scarificateurs, les extirpateurs, les rouleaux ; les herses, etc., servent à ameublir le sol, en le divisant, en écrasant les mottes ; les autres servent à plomber le sol comme les rouleaux ou à le disposer en billons comme les butteurs ; ceux-ci ne remuent que la surface, ce sont les herses ou les extirpateurs ; ceux-là séparent les racines des plantes nuisibles du sol et les ramènent à la surface, ce sont les scarificateurs ; la houe à cheval détruit les mauvaises herbes à la surface du sol qu'elle ameublit et rend, en outre, plus perméable à la pluie et à la rosée ; les fouilleuses ou défonceuses approfondissent l'épaisseur du sol pour donner plus de profondeur aux racines et un écoulement plus complet aux eaux[1].

Ameublir et nettoyer la terre, c'est là le but que l'on cherche à atteindre partout ailleurs que sur les terres siliceuses et calcaires qu'on nettoie bien le plus possible, mais qu'on s'attache à tasser et non à soulever. C'est qu'il ne suffit pas de combiner prudemment un assolement, d'établir une rotation irréprochable, de fumer abondamment le sol ; il faut encore placer l'engrais dans des conditions où il

[1] Voir *Guide pratique pour la culture des plantes fourragères*, t. II, des plantes céréales, commerciales et industrielles· (Bibliothèque des professions agricoles et industrielles. Eugène Lacroix.)

puisse produire son maximum d'utilité, la plante dans
des circonstances où elle puisse tirer parti de l'engrais et du sol en donnant un maximum de récolte.
Il faut, pour cela, surtout protéger le sol, l'engrais et
la plante contre les herbes adventices qui se pro-
pagent si rapidement, aux dépens de la fertilité du
sol, de l'efficacité des engrais, du produit des
récoltes. C'est là la lutte de chaque jour, lutte
contre les parasites végétaux et les herbes nuisibles,
lutte contre les infiniment petits du règne animal,
les insectes [1].

Chaque nature de sol a sa végétation spéciale,
naturelle, variable sous les divers climats ; aussi,
chaque cultivateur a-t-il souvent à combattre avec
ardeur et constance contre les forces de la nature,
s'il veut substituer la culture des plantes utiles à la
croissance des plantes adventives. La tâche est plus
ou moins rude, plus ou moins difficile, suivant diverses circonstances, ainsi qu'on va le voir.

Disons d'abord que le climat humide favorise la
croissance des mauvaises herbes et rend leur
destruction longue et coûteuse ; que toute négligence, à l'endroit des soins de culture, se paie souvent
cher plus tard, parce que les plantes nuisibles se
multiplient fort vite, et qu'il faut de longues années
de soin pour réparer une semaine d'insouciance ;
que certaines natures de sol produisent des semences
plus ou moins nombreuses à extirper ; enfin, que ces
plantes se multiplient de diverses façons, ce qu'il
faut étudier afin de les combattre plus efficacement.

---

[1] Voir *Guide pratique d'Entomologie agricole et destruction
des insectes nuisibles,* par M. H. Gobin. (Bibliothèque des professions agricoles et industrielles. Eugène Lacroix.)

Les terrains argileux produisent surtout en abondance : l'agrostis traçante (agrostis stolonifera) qui se reproduit par graines et par stolons ; l'avoine élevée ou fromental (avena elatior), qui se multiplie de semences ; l'avoine à chapelets qui se propage à la fois par ses racines bulbeuses et par ses graines ; l'avoine folle (avena fatua, A. ludoviciana) qui se reproduit de ses graines, de même que l'ivraie vivace (lolium perenne), la nielle (agrostema githago). Les sols tourbeux acides se couvrent promptement d'oseille sauvage (rumex patientia et acetosa), de renoncules (acris, sceleratus, flammula, etc.), de la persicaire (polygonum persicaria), de la crête de coq (rhinantus christa-galli), du bugle rampant (adjuga reptans), qui tous se reproduisent à peu près exclusivement de semences. Les terres de bruyères n'offrent guère que la petite oseille sauvage (rumex acetosella), la luzule de printemps (luzula verna) et quelques autres plantes peu redoutables qui, comme elles, se reproduisent de graines. Les terres siliceuses ont pour principal ennemi le chiendent (triticum repens) qui se reproduit surtout de racines et est très-vivace. Sur les bords de la mer, vient se joindre à lui l'élyme des sables (elimus arenarius). Les terres calcaires multiplient outre mesure les chardons (cardus mitans, marianus, arvensis, lanceolatus, etc.), les sèneçons (sunchus oleraceus, odoratus, etc), dont les graines innombrables sont transportées au loin par les vents ; l'arrête-bœufs (ononis spinosa) dont les volumineuses et traçantes racines rendent souvent les labours pénibles pour l'attelage ; le bluet (centaurea cyanus) et le pavot coquelicot (papaver rhœas) infestent souvent aussi nos moissons ; joignons y encore l'asclépiade dompte venin (asclépias vince-toxicum).

Enfin, dans presque tous les terrains, on rencontre
la ravenelle (raphanus raphanistrum) et la moutarde
sauvage ou sauve (sinapis arvensis) ; dans les terres
riches, les jardins, la mercuriale (mercurialis annua),
le fumeterre (fumaria officinalis) le mouron des champs
(anagallis arvensis), le liseron des champs, (convolvu-
lus arvensis), etc. Chaque sol, chaque exposition ont,
en quelque sorte leurs ennemis particuliers, comme
chaque plante a ses insectes distincts, et le cultivateur doit soutenir contre tous, plantes et animaux, une
lutte de chaque instant. Pour parvenir à vaincre, il
luï faut étudier le mode de vivre et de se reproduire
de ses adversaires ; c'est ainsi qu'il arrivera à dé-
couvrir les moyens les plus efficaces et les moins
coûteux de les détruire. Il doit donc bien distinguer
les plantes qui se reproduisent de semences seulement et celles qui se multiplient à la fois par leurs
racines et par leurs graines.

Parmi ces dernières, le chiendent, l'avoine à chapelets, l'agrostis traçante, l'élyme, le liseron, les renoncules, etc., sont les plus à redouter; contre elles,
la jachère d'été, avec des façons répétées à la charrue, au binot, à la herse, au rouleau, au scarificateur, alternant entre eux pendant les grandes chaleurs, tels sont les procédés les plus efficaces ; je
dirais volontiers qu'il n'en est point d'autres ; les
enterrer profondément pour tuer leur végétation et
les faire pourrir, ou pour les ramener à la surface, afin
de les faire dessécher par la chaleur ; diviser le sol
dans toute sa masse, afin de rompre avec lui toute
adhérence, tout rapport avec les racines ; alterner
les labours profonds avec les labours superficiels, les
hersages et les roulages avec les coups d'extirpateur
et de scarificateur ; répéter, enfin, toutes ces façons
autant de fois qu'il est nécessaire, et faire suivre la

jachère d'un fourrage étouffant, comme les vesces ou le sarrasin, ou d'une récolte sarclée ; voilà les moyens par lesquels on arrivera à débarrasser le sol de ses hôtes incommodes, si on y ajoute un assolement bien combiné et des sarclages soignés.

M. de Dombasle ayant observé que, plus que la plupart des autres plantes, le chiendent avait besoin à la fois d'air et d'humidité, employait un mode de destruction qui consistait à l'enfouir à une certaine profondeur par les labours d'abord ; mais il avait soin ensuite de donner de temps en temps, par la sécheresse, des labours en travers, de manière à bien diviser les touffes des stolons dont une partie se trouvait enterrée et l'autre ramenée à la surface du sol pour y être desséchée par le soleil. « Dans les sols infestés de chiendent ou d'autres plantes à racines traçantes et vivaces, dit-il, la terre doit rester à l'état où l'a mise le labour (c'est-à-dire qu'on ne doit pas la herser), parce qu'alors elle se dessèche baucoup plus promptement, ce qui contribue infiniment à détruire le chiendent ; le hersage doit alors être donné immédiatement avant le labour qui suit.... Cette manière de détruire le chiendent mérite presque toujours la préférence sur la méthode qui consiste à l'extirper pour l'enlever du champ, travail fort coûteux et dont les effets sont presque toujours incomplets. Au moyen de plusieurs labours donnés en temps sec, avec les précautions que je viens d'indiquer, on détruit le chiendent de manière qu'il n'en reste pas de traces ; et les racines de cette plante qui restent dans le sol y pourrissent et y servent d'engrais. On doit donner un nouveau labour aussitôt que l'on voit les nouvelles pousses de chiendent apparaître à sa surface, et l'on continue

14

ainsi jusqu'à ce que la destruction soit complète. »
(*Calend. du bon cultiv.* 7ᵉ éd. p. 147).

Antoine de Roville, ancien directeur des cultures
de l'Institut agricole de Coetbo, en Bretagne, décrit
aussi dans la *Maison rustique du XIXᵉ siècle*, un
procédé qu'il employa avec succès contre l'avoine
à chapelets : « On donne un labour aussi profond
qu'il est nécessaire pour que toutes les souches de
tubercules soient remuées et retournées ; on donne
un coup d'extirpateur pour ramener tous les nids à
la surface ; si l'on en restait là, tous les tubercules
reprendraient bientôt une nouvelle vie, parce que
la terre qui adhère à leur surface leur permettrait de
végéter. C'est à enlever cette terre qu'il faut tourner toute son attention. Aussitôt que la sécheresse
a rendu le sol meuble et friable, on fait passer plusieurs
fois de suite le rouleau suivi d'une herse à dents
rapprochées ; la terre qui adhérait aux tubercules
tombe à la suite des secousses multipliées que
reçoivent ceux-ci, et l'on peut être assuré de leur
destruction si la sécheresse dure encore quelques
jours après l'opération. » (T. 1ᵉʳ, p. 232.) Désormais,
la herse norwégienne, la herse Howard, les râteaux
à cheval, scarificateurs, peignes, etc., perfectionnés,
rendront l'opération plus prompte encore et plus
sûre.

Quant aux plantes qui ne se multiplient que de leurs
graines, la première condition consiste évidemment
à ne les laisser jamais fructifier, ou plutôt à les détruire avant qu'elles puissent se reproduire. Mais le
problème est souvent compliqué. Toute récolte
claire, à demi-manquée, laisse envahir le sol par les
mauvaises herbes qu'on ne peut guère enlever par le
sarclage ; souvent, dans ce cas, il serait plus avantageux de sacrifier la récolte, dor ton pourrait pres-

que toujours tirer parti comme fourrage, afin d'empêcher les plantes nuisibles de se reproduire. En règle générale, aussitôt une récolte enlevée du sol, il faut donner deux coups de herse croisés, une façon à l'extirpateur ou un léger labour, suivant les circonstances pour faire germer toutes les semences qui, venues à maturité, seraient tombées sur le sol. Après une récolte de colza, de cameline, etc., ce soin est indispensable, les graines de ces plantes devenant nuisibles en germant dans les cultures suivantes. Quant aux façons subséquentes, elles seront dirigées selon le mode de végétation des herbes qu'on a surtout en vue de faire disparaître.

M. Lagrèze-Fossat a fait, de 1853 à 1855, dans le Tarn-et-Garonne, de fort intéressantes études sur le mode de reproduction de la folle avoine (avena fatua et ludoviciana) qui cause souvent dans le sud-ouest un dommage de 15 p. 0/0 sur le produit d'une année moyenne. De ses expériences, il résulte : 1° que tous les grains, soit inférieurs, soit supérieurs de l'avena fatua germent bien lorsqu'ils ne sont enfouis qu'à dix centimètres de profondeur ; mais qu'à cette profondeur, il en périt les trois quarts pendant la germination, l'albumen n'étant pas assez abondant pour que la plumule puisse s'allonger jusqu'à la surface du sol ; 2° qu'à vingt ou trente centimètres, les sept huitièmes des grains inférieurs germent, mais périssent pendant la germination, et que le huitième restant se conserve à l'état de repos ; 3° qu'à la même profondeur, les quatre huitièmes des grains supérieurs germent, mais périssent pendant la germination, tandis que les quatre autres huitièmes se conservent à l'état de repos ; 4° que dans l'avena ludoviciana, la moitié des grains supérieurs se conservent bien dans le sol sans germer, même à dix centimètres de profondeur, ce qui la rend plus nuisible que l'avena fatua.

L'auteur de ces expériences en tire les conclusions pratiques que voici : 1° avec l'assolement triennal, on peut se débarrasser de l'avena fatua par un labour ne dépassant pas dix centimètres de profondeur, tous les grains, soit supérieurs, soit inférieurs pouvant germer à cette profondeur ; 2° avec le même assolement, il est impossible de se débarrasser de l'avena ludoviciana, la moitié des grains supérieurs se conservant dans le sol sans germer, même à la profondeur de dix centimètres. M. Lagrèze-Fossat ajoute qu'on arrive à la destruction de l'une et de l'autre de ces variétés de folle avoine en faisant succéder au blé des vesces noires et à celles-ci une récolte sarclée.

En effet, les fourrages étouffants et les cultures en lignes, soigneusement sarclées, sont les deux auxiliaires les plus économiques contre les mauvaises herbes ; aussi ces deux cultures remplacent-elles souvent la jachère dans les terrains qui ne la supporteraient pas sans inconvénients, comme les terres calcaires qu'elle soulève trop et expose au déchaussement, et doivent-elles revenir de temps en temps dans tout assolement, afin d'entretenir la propreté du sol. Parmi les fourrages, le plus nettoyant nous paraît être le sarrasin fauché en vert comme fourrage ou enfoui comme engrais. Ce sont ces fourrages encore qu'on emploie pour faire disparaître les topinambours des champs où on les a cultivés quelques années, et où ils tendent sans cesse à se maintenir.

Mais le cultivateur, dans certains cas donnés, peut encore disposer de plusieurs autres opérations économiques contre les herbes nuisibles, contre la végétation des sols humides, contre les renoncules, les joncs, les prêles, etc., il a la ressource du drainage, qui, en modifiant les propriétés physiques du sol, le rend hostile à ces plantes. Contre la végétation naturelle aux terrains tourbeux et acides, il a la ressource du chaulage qui, détruisant l'acidité du terrain, fait disparaître les oseilles, les bugles, etc. Toujours et partout il a les labours de défoncement, les sarclages à la main dans les céréales, et trop rarement il en use à l'encontre des chardons, des pavots, de l'ivraie, de la folle avoine, de la ravenelle, etc. Dans le midi, on suit quelquefois encore aujourd'hui, les conseils de Virgile, en incendiant les chaumes après la moisson :

Sœpè etiam steriles incendere profuit agros
Atque levem stipulam crepitantibus urere flammis.

Un soin non moins important, c'est le parfait nettoyage des semences, maintenant surtout que les cylindres, trieurs, cribles et tarares perfectionnés permettent d'obtenir à peu de frais des graines parfaitement nettes. Mais la cause la plus efficace, peut-être, de la multiplication des semences nuisibles, ce sont les fourrages naturels et artificiels qu'on ne sarcle jamais et qui, revenant toujours au fumier, reproduisent les mauvaises graines dans nos cultures ; ce sont les fonds de greniers qu'on vide dans les cours, les déchets de grains qu'on donne à la volaille, et qui, revenant toujours au fumier, perpétuent sans cesse le mal que l'on combat en vain alors dans les champs.

Les plantes adventices, en effet, jouissent pour la plupart d'une grande rusticité et d'une incroyable puissance germinative ; les unes passent intactes à travers le corps des animaux ; les autres séjournent des années entières dans le sol, attendant sans dan-

gers les circonstances qui leur permettront de germer. Thaër en cite de curieux exemples : « Dans
les marais de l'Oder, dit-il, il pousse quelquefois une
quantité surprenante de moutarde (sinapis arvensis),
lorsqu'ayant mis en culture un terrain qui, de tout
temps, a été en marais, on l'ameublit de manière
que, la seconde année, ce gazon soit détruit et divisé. Cette semence ne peut avoir été amenée là que
dans les temps les plus reculés, et après avoir été
déposée par les eaux dans les limons qu'elles char-
riaient avec elles. Souvent aussi, l'on a vu pousser
de nouvelles herbes sur ces terres de plus d'un
mètre de profondeur, et même sur le sol d'anciennes
forêts. On a trouvé sous un bâtiment qui, sûrement
avait existé deux cents ans, une terre noire qui fut
transportée avec des plâtras dans un jardin ; bientôt il poussa une quantité de marguerites dorées
(chrysanthemum segetum), quoique auparavant on
n'y en avait jamais vu. Le nombre de ces petites semences qui peuvent exister dans le sol dépasse toute
idée. Lorsqu'on a divisé soigneusement la terre et
qu'on l'a réduite en poudre, elle est bientôt cou-
verte d'une masse épaisse de mauvaises herbes que
le labour ne tarde pas à détruire complétement ; ces
jeunes plantes ne pourraient y résister. Mais alors,
le terrain inférieur, ramené à la surface, se couvre
bientôt d'une quantité de mauvaises herbes tout
aussi grande que la première. J'ai vu cela se répéter
jusqu'à six fois dans un été, sans que je remarquasse
de diminution dans cette pousse de mauvaises
herbes et sans que l'espèce en fût détruite pour
l'année suivante. On a renouvelé ces observations
jusqu'à la troisième année, sans pouvoir débarrasser
entièrement le terrain de la semence de la marguerite
dorée. » (*Principes raisonnés d'agriculture*, § 570.)

Une précaution que nous ne saurions trop recommander, c'est celle d'entretenir propres les chaintres des champs et les haies qui les entourent ; ce sont là trop souvent des pépinières d'où partent, transportés par le vent et les oiseaux, les germes des plantes nuisibles. Une chose déplorable encore, à ce point de vue, c'est que la législation ne fasse point au propriétaire une obligation de détruire les mauvaises herbes sur ses champs, chacun ayant le droit de laisser son terrain inculte s'enherber et infester les terres voisines sur lesquelles on a fait, peut-être, de grandes dépenses de nettoyage. Il n'en est pas de même en Angleterre, où la loi oblige le possesseur du sol à détruire les plantes nuisibles, non-seulement sur ses champs, mais encore aux bords des routes et des chemins qu'ils longent. En Allemagne, c'est M. de Gasparin qui nous l'apprend, les propriétaires imposent aux fermiers, par leur bail, une amende de 1 à 2 gros ($0^f,15$ à $0^f,30$) pour chaque pied de chrysanthème trouvé sur leurs terres. Espérons que le projet de code rural, tant de fois et depuis si longtemps mis à l'étude, remédiera à cette plaie de l'agriculture française.

Quant aux plantes véritablement parasites, la cuscute, l'orobanche, etc., le cultivateur peut les combattre par divers moyens directs dans les fourrages légumineux qu'elles envahissent parfois au point de contraindre à en abandonner la culture. Le choix des semences, les brûlis, l'arrosement au purin, le piochage, etc., fournissent contre elles des armes presque toujours assez puissantes lorsqu'elles sont employées au début du mal.

Enfin, il est certaines circonstances qui semblent, contre la volonté du cultivateur, multiplier encore le nombre de ses ennemis. Tels sont, en terres argi-

leuses, argilo-siliceuses et calcaires, les labours
donnés pendant ou peu après la pluie, le sol étant
enfin dans certaines conditions d'humidité ; on dit
alors que la terre est gâtée. Ce phénomène, connu
de Columelle et de Caton, est plus fréquent dans
les contrées méridionales, mais se présente aussi
quelquefois dans le centre de la France. « La terre
gâtée, dit M. de Gasparin, se couvre rapidement
d'une foule de mauvaises plantes très-avides d'engrais, telles que les pavots, les camomilles, les crucifères. Plusieurs générations de ces plantes se succèdent dans le courant de l'année et, les années qui
suivent, ces plantes se montrent encore, jusqu'à ce
que des labours actifs les aient fait disparaître. Mais
alors l'épuisement de la terre est manifeste et les
céréales, qui y poussent bien en herbe, manquent
de force pour monter en épis, soit à cause du voisinage de ces plantes épuisantes, soit à cause des
pertes que le terrain a faites en nourrissant plusieurs
de leurs générations. » (*Cours complet d'agriculture*, t. III, p. 374.)

Pour justifier l'importance que nous attachons à
cette guerre que le cultivateur doit faire à la végétation naturelle du sol, il nous suffira, sans doute,
d'indiquer la quantité de graines produites en
moyenne, par chaque pied de quelques-unes des
plantes adventices les plus répandues dans nos
champs.

L'ortie dioïque.	100,000 graines.
Le coquelicot.	50,000
La matricaire.	45,000
L'orobanche.	20,000
La cuscute.	20,000
Le chardon des champs	20,000
Le séneçon des champs	19,000
La carotte sauvage.	10,000

La ravenelle.	6,000
La grande marguerite	5,500
Le mouron et la moutarde sauvage. .	4,000
Le chardon penché.	3,700
La nielle (agrostème).	2,600
Le pissenlit (leotondon taraxacum). .	2,500
Le brome stérile	1,000
La centaurée jacée	700

En voici plus qu'il n'en faut, certes, pour faire ajouter un article protecteur au code rural, dont il semble que ce soient les agriculteurs qui s'occupent le moins, eux qui pourtant semblent tant aimer à être protégés. Aussi, le plus ordinairement, laisse-t-on les herbes pousser à la volonté du ciel, sans calculer la part d'engrais qu'elles vont consommer aux dépens du sol et des cultures, sans songer qu'elles se multiplieront désormais à l'infini, menaçantes par leurs effets désastreux. Mieux vaut pourtant encore prévenir que combattre, et pour cela, la science et la pratique nous conseillent : l'adoption d'assolements rationnels, le choix de semences bien nettes, le sarclage soigné des cultures, le travail sérieux des jachères et demi-jachères, l'éloignement des fumiers de tous débris de fourrages, de granges ou de poulaillers, l'entretien et l'appropriement des fossés, chemins et haies, des pâturages et des prairies ; enfin, dans certains cas, le drainage, le chaulage ou le marnage.

Lorsque le mal est produit, il reste encore à mettre en œuvre les jachères, l'écobuage, les fourrages étouffants fauchés en vert, les façons culturales, les plantes sarclées, l'enlèvement des racines traçantes, etc.

§ 3. Du semis ou de la semaille.

Le semis ou la semaille est l'opération par laquelle
on met les bourgeons latents renfermés en la semence dans des circonstances favorables à leur germination, puis à leur développement. La première
condition est donc que la graine ou le fruit contiennent un bourgeon latent, un germe apte à reproduire l'espèce de plante à laquelle il appartient.

Le fruit, la graine, la semence, le bourgeon latent
par excellence enfin, est le produit de la floraison,
l'organe destiné à assurer la reproduction de l'individu et de l'espèce. Aussi, la nature a-t-elle déployé
une merveilleuse fécondité de moyens pour le préserver des causes naturelles de destruction, en
l'enveloppant, l'abritant, le protégeant par des membranes tantôt multipliées, tantôt résistantes et
fibreuses, en l'entourant d'une pulpe protectrice ou
en le garnissant de moyens très-perfectionnés de
transport. Ce n'est pas le lieu d'étudier le fruit au
point de vue de la botanique, mais nous devons
indiquer sommairement le mode de développement
de la graine et la constitution de l'embryon en
germe.

La fécondation des étamines ayant eu lieu, *l'ovule*
devient la *graine*, et l'ovaire devient le *péricarpe*,
l'enveloppe du *fruit*. Si le péricarpe doit conserver
jusqu'à la maturité sa consistance foliacée, il respire comme les feuilles et se nourrit comme elles,
les tissus mous et riches en sucs, se solidifient
petit à petit, puis, arrivés à une certaine période,
commencent à se dessécher, à prendre une teinte
jaunâtre; dès ce moment, ils ont commencé à dégager de moins en moins d'oxygène et finissent par

ne plus exhaler que de l'acide carbonique ; quelques-uns, arrivés à cette période, se détachent de
la plante et tombent sur le sol ; c'est la maturité.
Dans les fruits à péricarpes charnus, l'accroissement a lieu par un grand développement cellulaire. L'évaporation diminue à la surface du péricarpe à mesure que la maturité approche ; la
séve dépose dans la pulpe cellulaire de la gomme
ou de la dextrine, du sucre, du ligneux, différents
acides, des substances aromatiques particulières,
puis de l'albumine, de la glutine ou de la caséine ; en même temps, affluent des bases organiques qui se combinent diversement. Si ces fruits,
après leur maturité, sont conservés pour la reproduction, la pulpe qui les entoure devient le siége
d'une combusion lente résultat de la combinaison
de l'oxygène de l'air avec le carbone du fruit, et
qui produit un dégagement d'acide carbonique et
quelquefois d'autres gaz carbonés et d'eau, puis la
fermentation et enfin la pourriture. Pendant ce
temps et sous l'influence de ces phénomènes, le péricarpe s'est ramolli et désagrégé, le germe s'est
gonflé en absorbant de l'eau, il a fixé une partie du
carbone qui se dégageait, et libre désormais, il va
peut-être commencer une existence propre.

Tantôt le fruit est adhérent par sa base (placenta)
aux parois de la cavité où loge l'ovaire ou de l'ovaire
lui-même ; tantôt, il y est fixé médiatement par un
prolongement appelé funicule auquel il adhère par
le hile ou ombilic. C'est par l'intermédiaire du funicule qu'a lieu la nutrition.

Le froment serait comme le seigle, l'orge, l'avoine,
un exemple du premier genre ; le haricot, le pois,
la vesce, un exemple du second genre ; dans le froment, le fruit est soudé immédiatement au péricarpe ;

dans le haricot, chaque grain de la gousse est soudé
par un hyle au placenta pariétal. Parmi les quatre
divisions et les 24 genres de fruits qu'ont établi les
botanistes, nous ne parlerons que de ceux auxquels
appartiennent les fruits, grains ou graines de nos
principales plantes cultivées :

A. *Fruits secs* : 1° Le carriopse a le péricarpe intimement soudé avec la face externe de la graine ;
il caractérise toute la famille des graminées ; le péricarpe constitue ce que nous nommons le son.
2° L'akène, où le péricarpe est distinct du tégument
propre à la graine, caractérise toute la famille des
composées, comme le topinambour et aussi le sarrasin qui appartient à la famille des polygonées.
3° Le polakène , ou fruit composé de deux ou
plusieurs akènes réunis mais séparables les uns des
autres, caractérise la famille des ombellifères, comme
la carotte. 4° La silique, formée de deux placentas suturaux opposés au stigmate et auxquels s'atta-
chent les graines, caractérise la famille des crucifères,
comme le colza, le chou, le navet, la moutarde, etc.
5° La gousse ou légume est un fruit à deux valves,
dans lequel les graines sont attachées à un seul placenta qui suit l'une des sutures ; il caractérise la famille des légumineuses.

B. *Fruits charnus* : 6° La péponide est un fruit uniloculaire, indéhiscent et ruptile, qui renferme un
grand nombre de graines attachées à trois placentas
pariétaux ; elle caractérise la famille des cucurbi-
tacées. 7° La baie est un fruit dépourvu de noyaux,
c'est-à-dire dont le péricarpe n'a pas pris la structure
ligneuse, comme le raisin ou fruit de la vigne.

C. *Fruits composés* : 8° La sorose est une réunion
de plusieurs fruits soudés ensemble par l'intermédiaire de leurs enveloppes florales, de manière à

représenter une baie mamelonnée, comme dans le mûrier. 9° Le sycône est constitué par un involucre charnu, où il porte un grand nombre d'akènes ou de drupes provenant d'autant de fleurs femelles, comme dans le figuier.

Le plus ordinairement, le fruit se développe dans une nucelle, petite masse cellulaire qui occupe tout ou partie de l'ovaire, selon que le fruit est uniloculaire ou multiloculaire, et qui est entouré d'une ou deux petites gaines emboîtées l'une dans l'autre et qui disparaîtront successivement. « A une certaine époque, selon M. A. de Jussieu, la masse ovoïde, formée d'un tissu homogène qui constitue le germe du fruit, se creuse vers son sommet, et ensuite, après que la fécondation est opérée, on voit poindre vers le haut de cette cavité un nouveau corps suspendu par un filet résultant de la réunion de plusieurs cellules. Ce corps, dont les formes se détermineront de plus en plus, est l'ébauche de la petite plante nouvelle, l'embryon. On a donné le nom de nucelle à l'ensemble de la masse cellulaire qui, dans ces cas, constitue seule l'ovule ; de suspenseur, au petit fil par lequel l'embryon se rattache à son sommet. On peut nommer cavité embryonnaire celle dont s'est creusé à son centre la nucelle. Il est très-vraisemblable que cette cavité est due au développement prédominant d'une cellule intérieure de la nucelle qui a refoulé tout le tissu environnant. Du moins, c'est ce qu'on voit nettement dans la plupart des nucelles, où une cellule se développe ainsi graduellement en un sac qui persiste et prend le nom de sac embryonnaire, parce que c'est dans sa cavité que se formera l'embryon. L'ovule complet se compose donc d'un noyau cellulaire ou nucelle creusé à l'intérieur d'une cavité que revêt le sac embryonnaire ; enveloppé au dehors de deux autres sacs ou téguments, l'un extérieur, l'autre intérieur, qui lui adhèrent à la base seulement et sont entr'ouverts à l'extrémité opposée. Leur texture est entièrement cellulaire.

« Quelquefois, tous ces sacs ainsi emboîtés persistent et croissent ensemble, plus souvent il y en a qui se confondent en un seul (comme les deux téguments), ou qui cessent de croître, et alors, refoulés en dehors par l'embryon de plus en plus développé, s'amincissent graduellement, s'effacent et finissent même par disparaître complétement. Quelquefois, c'est la nucelle qui disparaît ainsi, et le sac embryonnaire se montre à nu sous ces téguments. Il en résulte que, dans la graine mûre, le nombre des enveloppes paraît souvent diminué, le plus ordinairement réduit de quatre à deux. On donne généralement à l'extérieure le nom de testa, à l'intérieure celui de membrane interne.

« Mais d'autres changements se sont en même temps passés dans l'intérieur de l'ovule croissant. Après l'apparition de l'embryon, le sac embryonnaire est rempli d'un fluide mucilagineux qui ne tarde pas ordinairement à s'organiser en un tissu cellulaire d'abord mou et lâche. Il peut s'établir une formation à peu près semblable en dehors du sac embryonnaire, par conséquent dans celui qui est constitué par la nucelle elle-même, et qui s'épaissit par un développement celluleux. Les sucs d'abord demi-liquides, puis organisés en un tissu continu, sont destinés à la nourriture du jeune embryon, qui continue lui-même à s'étendre. Tantôt, il les absorbe avant que ce tissu ne soit solidifié, et s'avançant toujours, envahit peu à peu tout l'intérieur de la graine, et finit par la remplir, recouvert immédiatement par les enveloppes que nous avons décrites

plus haut. D'autres fois, il prend beaucoup moins
de place, et le reste est occupé par ce tissu formé
en dernier lieu, soit dans la nucelle, soit dans le sac
embryonnaire, soit dans tous les deux à la fois, tissu
qui forme alors une masse solide, à laquelle on a
donné le nom de périsperme, endosperme ou albumen.

« Nous verrons la vésicule embryonnaire se développer au contact du tube pollinique. D'abord
simple, elle se dédouble par une cloison transversale,
puis les cellules se multiplient par voie de division.
Elles s'accolent ordinairement bout à bout en une
série dont toute la portion supérieure forme le suspenseur, dont l'extrémité inférieure forme l'embryon,
borné d'abord à un seul utricule, composé bientôt
de plusieurs, après en une petite masse. Souvent le
suspenseur s'arrête à ce degré de ténuité ; d'autres
fois, il s'allonge et se fortifie par l'addition de cellules nouvelles ; mais néanmoins, il finit presque toujours par disparaître lui-même, lorsque l'embryon,
quelque temps suspendu par lui au sommet du sac,
a acquis un certain volume. » (Cours élément. d'hist.
natur., p. 343-353.)

Un peu plus tard, la petite masse cellulaire, in-
divise d'abord, présente manifestement plusieurs
divisions distinctes, un axe d'abord dont l'une des
extrémités, celle tournée vers le suspenseur, donnera
naissance à la radicule, l'autre tournée du côté opposé fournira la tige et qui déjà émet les cotylédons,
lesquels ne sont, à tout prendre, que des feuilles ru-
dimentaires ; sur l'extrémité tigellaire de l'axe, de
petites excroissances apparaissent, qui sont l'ébauche des premières feuilles. Mais il nous faut établir
dès lors une grande division entre les graines qui
n'ont qu'un seul cotylédon (mono-cotylédones) et
celles qui en ont deux (dycotylédones).

Dans les graines mono-cotylédones, l'embryon a généralement la forme d'un cylindre arrondi à ses deux extrémités, ou tout au moins, celle d'un ovoïde plus ou moins allongé (froment, avoine), rarement cylindrique (maïs, millet). Si nous prenons un grain de froment et si, avec M. Mège-Mouriès, nous en faisons l'anatomie, nous verrons qu'il est extérieurement entouré de trois enveloppes appelées : épiderme ou cuticule, épicarpe, endocarpe, le sarcocarpe ayant été résorbé ; ces enveloppes externes forment environ les trois centièmes du grain. En procédant vers le centre, nous rencontrons le testa ou épisperme, tégument de la graine proprement dite, qui contient la matière colorante des enveloppes et forme les deux centièmes environ du poids du blé. Vient ensuite l'endosperme ou masse farineuse, composé de grandes cellules pleines de gluten, au milieu duquel les globules d'amidon se trouvent, pour ainsi dire, enchâssés ; elle entre pour quatre-vingt-dix centièmes dans la constitution du grain. En dernier lieu, enfin, voici l'embryon et ses membranes. « L'embryon, dit M. Mège, est composé du rudiment de la plante qui doit naître (radicule et gemmule) et est plongé dans une masse de cellules remplies de corps gras. Ces corps présentent cette particularité remarquable qu'ils contiennent parmi leurs éléments le soufre et le phosphore ; déshydratés par l'alcool et traités par l'éther, ces embryons donnent 20 p. 0/0 d'huile composée élémentairement d'hydrogène, d'oxygène, de carbone, de soufre et de phosphore. Cette analyse démontre que les corps gras de l'embryon sont composés, comme ceux du germe de l'œuf, comme ceux du cerveau et du système nerveux des animaux. » (Mémoires de la Société impériale et centrale d'agriculture, 1861.) Les membranes qui entourent l'embryon renferment du phosphate de chaux, des corps gras phosphorés et de la céréaline soluble. L'embryon et ses enveloppes entrent pour deux centièmes environ dans le poids du grain. Le phosphate de chaux paraît être, dans le règne végétal, comme dans le règne animal, le stimulant naturel et indispensable des matières vivantes.

Quant au grain considéré chimiquement et dans son entier, il contient :

Sels de chaux.	1,76
Sels de soude.	20,50
Sels de potasse.	4,09
Sels de magnésie	0,39
Amidon	67,60
Gluten.	12,30
Matières grasses	1,50
Azote	1,97
Eau	14,50

La graine du maïs, dont la forme est presque cylindrique, dont les enveloppes extérieures sont presque testacées, est constituée à peu près de même que le froment, mais on y trouve une plus grande abondance de matières grasses, et tout récemment, dans une fabrication industrielle, M. de Planet est parvenu à obtenir de 100 kilog. de ce grain 50 kilog. d'huile, plus 5 kilog. de tourteau, 38 kilog. de gruaux féculents et 3 kilog. 500 de son. On pourrait également obtenir de l'huile de la semence des conifères ; du fruit du marronnier d'Inde, on peut extraire de l'huile et de l'amidon ou du sucre incristallisable ; du froment, on tire du gluten, de l'amidon et de la farine ; de l'orge, de la diastase ; des graines des céréales, en général, de l'alcool.

Les fruits dycotylédonés sont très-variés de formes, mais se distinguent toujours par la division en deux lobes de l'extrémité dicotylédonaire, tels sont ceux du haricot, du pois, de la vesce, de la luzerne, du sainfoin, de l'amandier, de l'ajonc, etc. On y rencontre, comme dans les graines des monocotylédonés, du phosphate de chaux, de soude et de potasse, de la magnésie, de l'azote, de l'eau, de l'amidon, des matières grasses, puis tantôt de la légumine, tantôt de l'amandine. Voici, du reste, la composition chimique de plusieurs graines appartenant à cette classe:

Éléments inorganiques.	Sarrasin.	Fèves.	Vesces.	Haricots.	Pois.	Colza.	Lin.
Potasse	8,70	20,82	30,60	33,60	34,19 }	25,20	24,50
Soude	20,10	19,06	1,10	10,60	12,76 }	12,90	3,40
Chaux	6,70	7,26	4,70	5,80	2,46	11,40	14,70
Magnésie	10,40	8,81	8,50	8,00	8,60	0,60	9,00
Oxyde de fer et alumine	1,10	37,94	0,10	0,60	34,57		1,90
Acide phosphorique	50,10	1,34	38,10	38,00	3,56	45,90	38,10
Acide sulfurique	2,20	1,48	4,10	1,00	0,31	0,60	0,90
Silice	0,70	4,00	2,00	1,20	3,00	1,10	5,70
Chlore	»	1,03	1,20	0,70	0,96	0,10	0,30

Nous verrons, au § 6, quels sont les phénomènes qui s'opèrent pendant la germination, mais nous avons dit déjà que pour que son premier développement d'abord, puis sa végétation complète ensuite, puissent suivre une marche régulière et normale, il fallait que la graine trouvât dès le premier moment, dans le sol, la réunion de toutes les circonstances de chaleur humide, d'aération, de nutrition, c'est-à-dire que le sol doit être frais sans être humide, chaud sans être brûlant, ameubli, et suffisamment pourvu de principes organiques et inorganiques immédiatement assimilables et en de certaines proportions relatives. En effet, quand les éléments inorganiques manquent et que, par conséquent, les sels minéraux dominent, la plante produit des tiges courtes, solides, ligneuses, garnies de peu de feuilles étroites, d'un vert un peu pâle, des fleurs nombreuses mais petites, des graines abondantes mais un peu chétives. Lorsqu'au contraire, ce sont les éléments inorganiques (l'humus) qui dominent, la plante pousse avec vigueur des tiges molles, des feuilles d'un vert sombre, les fleurs sont rares, parfois nulles ; les graines peu abondantes sont rondes tant qu'elles sont fraiches, mais leur écorce est épaisse et quand leur eau de végétation s'est évaporée, elles apparaissent maigres et ridées. Ce n'est qu'avec une juste proportion de ces principes du sol qu'on peut obtenir une végétation normale, une abondante production de graines bien constituées et de bonne qualité

Le volume des graines n'est que rarement en rapport avec le développement que prendra la plante future ; ainsi, la semence de l'orme est plus petite que celle du haricot, celle du marronnier d'Inde ou du châtaigner même, plus grosse que celle du chêne, celle de la luzerne plus petite que celle du pois ; en outre, nous venons de faire pressentir que les semences provenant d'individus de même espèce variaient souvent en poids et en volume ; nous ajouterons que ces différences sont sensibles souvent entre graines provenant d'un seul et même individu, surtout dans les plantes qui portent leurs fleurs en panicules ou en épis. Cela tient à ce que la sève ne peut nourrir avec la même abondance le sommet que la base de l'épi ou du panicule. Aussi, dans la petite culture, coupe-t-on le sommet des tiges florifères de la betterave, du chou, etc., afin de faire refluer la séve vers les fleurs que l'on a conservées. Dans la grande culture, ces opérations ne sont pas toujours praticables et d'ailleurs, elles ne seraient pas possibles pour les céréales ; mais nous possédons des instruments qui peuvent trier les semences d'après leur volume, et par conséquent, nous donnent la faculté de n'employer pour semences que les graines bien nourries, celles provenues de la partie inférieure de l'épi. Tandis qu'un hectolitre de froment du poids de 80 kilog. contient en moyenne 2,150,000 grains. M. Tallard, avec son crible, a pu en extraire quatre qualités qu'il caractérise et évalue ainsi :

1° grain tailleur, proportion 6,00 p. 0/0, contenant par kil. 19,500 grains
2° grain fécond, » 43,50 » » 21,000 »
3° grain marchand, » 46,00 » » 25,000 »
4° grain stérile, » 4,50 » » 42,000 »

Ces grains stériles proviennent en grande partie du sommet de l'épi, et doivent être soigneusement extraits des semences au profit du bétail ou de la volaille, bien que, d'après M. Isidore Pierre, les grains maigres et ridés renferment plus d'azote que ceux gros et ronds. Le cultivateur a donc tout avantage à trier les diverses qualités de ses grains pour porter au marché les plus gros, semer les moyens, et conserver pour la nourriture de ses employés et de son bétail les grains les plus petits.

Nous avons eu déjà occasion d'insister fortement sur la qualité des semences consacrées à la reproduction [1], nous n'y reviendrons pas ici. Mais nous rappellerons que toutes les graines ne conservent pas pendant le même laps de temps leur faculté germinative. Cette durée dépend tantôt de facultés inhérentes à la plante, tantôt du milieu dans lequel la semence est conservée. Ainsi, du froment placé à l'abri de l'humidité et d'une sécheresse extrêmes, des variations de température de l'air et de la lumière, pourra germer après un temps fort long, tandis qu'après deux ans, du sainfoin conservé dans les circonstances les plus favorables ne fournit qu'une proportion très-restreinte de graines capables de se reproduire. Nous empruntons à M. Heuzé le tableau suivant qui indique le maximum de temps pendant lequel les semences des principales plantes cultivées conservent leur faculté germinative :

Tabac	6 ans.	Froment	2 ans.
Chicorée	6	Lin	2
Betterave	4	Lentille	2
Carotte	4	Luzerne	2
Chou	4	Maïs	2
Cameline	4	Millet	2
Colza	4	Orge	2
Gesse	4	Pastel	2
Navet	4	Pavot (œillette)	2
Rutabaga	4	Sarrasin	2
Féverolle	3	Trèfle	2
Moutarde	3	Arachide	1
Pois	3	Chanvre	1
Vesce	3	Panais	1
Avoine	2	Pimprenelle	1

[1] *Guide pratique de la culture des plantes fourragères*, T. II, introduction, p. 9.

Il est aisé d'en déduire, comme conséquence, que chaque cultivateur devrait, autant que possible, produire lui-même ses semences, afin d'être certain, non pas seulement de leur provenance et de leurs qualités, mais encore et surtout pour être assuré de leur âge. S'il achète du sainfoin de trois ans, le tiers des graines peut-être germera seulement, les mauvaises herbes s'empareront du sol, et non-seulement la récolte présente sera compromise, mais encore il devra dépenser du temps et de l'argent pour nettoyer à nouveau sa terre.

D'un autre côté, il est certaines graines qu'on recommande de ne pas employer de suite après leur récolte ; telles sont celles du melon et de la citrouille qui, dans ce cas, donneraient des plantes plus coureuses et moins fructifères. Mais ce sont là les deux seules exceptions peut-être qu'on puisse citer.

Nous savons que, pour d'autres plantes, on conseille le renouvellement des semences, entre autres pour le froment et le lin. Il est vrai que dans certains cas, cette émigration ne peut être que favorable au produit, mais c'est quand on prend une variété sous un climat ou sur un sol moins favorable à sa réussite que ceux dans lesquels on la veut importer. Nous faisons venir nos graines de lin de Riga, des bords de la Baltique, et pendant deux ou trois ans, elles donnent chez nous des récoltes plus belles que les graines indigènes ; après ce temps, il faut recourir encore à l'importation. Nous achetons souvent des froments produits par des contrées riches, et pendant quelques années, ils nous fournissent des moissons plus productives que nos blés du pays, mais bientôt, ils prennent la plupart des caractères de ceux-ci et descendent à leur niveau de rendement. Nous pensons que dans des sols bien cultivés, qu'avec des graines soigneusement produites, le changement de semences serait parfaitement inutile. Il ne serait ni plus lucratif ni plus économique d'introduire dans les landes de la Sologne les blés de la Flandre que les vaches Durham de l'Angleterre. Le bétail et la plante se mettront toujours en équilibre avec la fécondité de la terre. La sélection nous fournit des moyens suffisants d'améliorer nos plantes et nos animaux, et il faut laisser aux riches contrées les races perfectionnées des deux règnes. J'ajouterai qu'en introduisant de nouvelles variétés et les cultivant sur une certaine étendue, on s'expose à des désastres complets, ainsi qu'il est arrivé à tant de cultivateurs, dans ces dernières années, toutes les emblavures de blé bleu ayant été plus ou moins détruites par les gelées (1820-1864).

Une autre considération encore, c'est qu'on n'est pas toujours assuré de la variété, de la race à laquelle appartiennent les semences achetées, et que telle variété, excellente ici, ne sera que médiocre ou même mauvaise là. Toutes les espèces, toutes les races n'ont pas le même degré de fixité : ici, les blés barbus perdent leurs barbes ; là, les blés nus s'en garnissent. Et puis, on risque, par l'importation, d'introduire diverses maladies comme la carie, le charbon, et des parasites, comme la cuscute, l'orobanche, etc. ; autant de circonstances qui militent en faveur de la production des semences.

Plus la graine, plus la plante se trouvent dans un milieu favorable et plus elles prennent de développement ; plus leurs racines s'étendent, occupant une superficie relativement grande du sol, plus leur feuillage occupe d'espace. Il va donc de soi-même que plus le sol est riche, moins il faudrait répandre de semence, que plus il est pauvre, au contraire, et moins il faudrait la ménager. Quand, par rapport à la fertilité du sol, la semence est trop abondante, on n'obtient que des plantes courtes, maigres, des tiges fines, des graines chétives ; quand elle est trop rare, la plante se développe avec une exubérance de feuillage qui nuit à la production des graines, mais en outre, les vides du sol sont occupés par les mauvaises herbes. Ici, comme sur bien d'autres points, c'est dans un juste milieu qu'il faut se tenir, tout en usant de ces observations pour atteindre des buts donnés. C'est ainsi que pour la production des semences, on sème clair le chanvre et le lin, et on récolte une graine bien nourrie et abondante, une filasse rude et grossière ; quand c'est la filasse d'une certaine finesse qu'on recherche, on sème épais.

Le tableau suivant, encore emprunté à M. Heuzé (*Année agricole*) indique à la fois la quantité moyenne de semence à employer par hectare et la distance moyenne à laquelle doivent être espacées les plantes sur les lignes et les lignes entre elles :

Plantes cultivées.	Semence par hectare.	Espacement en lignes.	Espacement sur la ligne.
Betterave fourragère en place	5 à 6 kilog.	0m,50 à 0m,60	0m,25 à 0m,30
en pépinière	25 à 30	»	»
Betterave industrielle.	6 à 7	0,40 à 0,50	0,30 à 0,40
Carotte semée à la main.	4 à 5	0,40 à 0,50	0,12 à 0,16
au semoir. . .	2 à 3	0,40 à 0,50	0,10 à 0,14
Panais en lignes	3 à 5	0,40 à 0,60	0,20 à 0,25
à la volée.	5 à 8	»	»
Navet semé en lignes.	2 à 3	0,60 à 0,75	0,20 à 0,30
semé à la volée. . . .	4 à 6	»	»

Plantes cultivées.	Semence par hectare.	Espacement en lignes.	Espacement sur la ligne.
Rutabaga en pépinière	6 à 8 kilog.	0^m,50 à 0^m,65	0^m,30 à 0^m,40
» en lignes.	5 à 6		
Choux en pépinière	4 à 5		
» en lignes	18 à 25		
Luzerne à la volée.	120 à 150		
Sainfoin à la volée.	50 à 60		
Ray-grass anglais.	40 à 50		
» d'Italie	15 à 20		
Trèfle rouge.	20 à 25		
Trèfle incarnat mondé.	40 à 50		
» en gousses.	200 à 300 litres		
Vesce d'hiver ou de printemps. .	120 à 200		
Maïs à la volée pour fourrage .	70 à 100	0,50 à 0,60	0,40 à 0,50
Maïs en lignes	8 à 10	0,60 à 0,80	0,60 à 0,70
Sorgho sucré, en lignes	80 à 100		
Sarrasin commun, à la volée . .	100 à 120		
» pour fourrage	220 à 250		
Froment à la volée	120 à 150	0,20 à 0,22	0,04 à 0,06
» en lignes	110 à 120		
Maïs à la volée pour grain. . .	80 à 100	0,60 à 0,70	0,10 à 0,20
» en lignes	200 à 250		
Seigle d'hiver à la volée . . .	230 à 300		
Orge de printemps » . . .	220 à 250		
Avoine d'hiver » . . .	250 à 300		
Féverolles à la volée	200 à 220	0,50 à 0,60	0,04 à 0,06
» en lignes.			

Plantes cultivées.	Semence par hectare.	Espacement en lignes.	Espacement sur la ligne.
Haricot en lignes	150 à 200	0 ,40 à 0 ,50	0 ,20 à 0 ,30
Colza à la volée.	4 à 6		
Colza en lignes	3 à 4	0 ,40 à 0 ,50	0 ,25 à 0 ,30
Pavot en place	3 à 4		
— en lignes.	2 à 4	0 ,35 à 0 ,50	0 ,16 à 0 ,20
Safran (bulbes)	20 à 25 hect.	0 ,25 à 0 ,30	0 ,05 à 0 ,06
Garance en place sur planches .	120 à 130 kil.	0 ,25 à 0 ,35	0 ,04 à 0 ,06
— sur billons. . . .	100 à 120	0 ,50 à 0 ,65	0 ,04 à 0 ,06
— en pépinière . . .	250 à 300		
Lin à la volée.	200 à 300		
Chanvre à la volée.	200 à 250		
Tabac par mètre carré.	3 à 4 gram.	0 ,30 à 1 ,00	0 ,30 à 1 ,00

Ainsi, il est bien entendu que la quantité de semence employée variera selon la grosseur relative des graines, selon la richesse du sol et sa convenance pour la plante. Nous répéterons que ce ne sont pas les graines les plus volumineuses qui produisent les meilleures récoltes, mais qu'on doit choisir celles de moyen volume, bien remplies, non ridées, récentes et exemptes de maladies et de parasites ; que plus le sol est pauvre et plus il faut augmenter la proportion de semence, plus il est riche, et plus il faut l'épargner ; en d'autres termes, qu'il faut éloigner davantage les lignes et les plantes dans chaque ligne sur les terres très-fertiles, et rapprocher les unes et les autres sur les terres moins fécondes.

Les céréales, le froment surtout, le seigle, le maïs, l'avoine, sont sujets à deux maladies, l'une qu'on appelle la carie (urédocaries nielle) et qui provient d'un champignon parasite dont le développement se fait à l'intérieur du grain ainsi rempli d'une matière fétide et noire ; l'autre qu'on nomme le charbon (uredo carbo, uredo segetum, ustilago, nielle) due à un champignon parasite d'un autre genre, qui se développe à l'intérieur du grain aussi et convertit plus ou moins complétement la farine en une poussière noire et très-légère. Afin de détruire les germes de ces parasites, on fait subir aux semences une préparation appelée le sulfatage. Elle consiste à faire dissoudre huit kilogrammes de sulfate de soude, par hectolitre d'eau, dans un cuvier ; on étend le grain sur l'aire d'un grenier, en tas assez minces et on l'arrose, tandis qu'il est remué à la pelle, de six à huit litres du liquide par hectolitre. Lorsque le brassage est suffisant et la dose de solution employée, on saupoudre le grain de deux kilogrammes environ par hectolitre de chaux vive en poudre, et on remue à nouveau. Il ne faut procéder que par quantités d'un hectolitre au plus, à la fois, afin que le mélange soit bien complet. Ce grain, étendu sur un plancher, en couches de 0^m,15 à 0^m,20, peut se conserver ainsi préparé pendant une dizaine de jours. On ne fait pas assez souvent usage de cette pratique si simple et si peu coûteuse pour les semences d'avoine, de maïs, que le charbon et la carie atteignent trop souvent [1].

---

[1] Voir *Études sur les plantes céréales*, par A. Gobin. — Biblioth. des professions industr. et agric. Eug. Lacroix.

Chaque plante a son époque particulière de semis, qui, dans l'ordre naturel, coïncide avec celle de la maturité complète ; le fruit mûr se détache de la branche et tombe sur terre où il germe et se reproduit. En agriculture, il ne saurait en être tout à fait de même, et cela pour plusieurs motifs : d'abord, l'homme a transporté un grand nombre de plantes sous des climats qui ne sont pas les leurs, et où les intempéries pourraient détruire les germes placés dans le sol à l'époque de leur maturité naturelle ; ensuite, la culture n'a pas toujours pour but la végétation normale des plantes qu'elle multiplie ; c'est tantôt du fourrage qu'elle leur demande, c'est-à-dire des tiges et des feuilles ; tantôt ce sont des fleurs et des graines ; on parvient plus sûrement au premier but en semant de bonne heure, et plus sûrement au second en semant tard. En outre, nous avons obtenu par la culture des variétés profondément modifiées quant au climat et à leur mode de végétation ; nos céréales sont d'hiver ou de printemps, on distingue le colza d'automne du colza d'été, etc., suivant qu'on les sème en septembre, octobre ou novembre, ou en mars, avril ou mai. En général, pour les semis d'automne, il faut s'y prendre assez tôt pour que la plante ait le temps de germer, de s'enraciner assez profondément dans le sol avant les froids, avant les dégels qui produisent le déchaussement ; assez tard pour que le développement des feuilles et des tiges n'épuise pas la plante en l'exposant à être détruite par la gelée et ne compromette pas le produit en grains. Pour les semis de printemps, il faut emblaver assez à temps pour que la graine trouve un sol frais, germe promptement, développe ses racines et ses feuilles avant la sécheresse, mais assez tard pour qu'elle n'ait pas à redouter les derniers froids, les gelées printannières. Il est vrai que ce ne sont là que des principes généraux que l'état du sol, trop humide ou trop sec et dur, ne permet pas toujours de suivre , et nous en prendrons acte pour recommander encore avec plus de force le défoncement, l'assainissement et la bonne préparation du terrain.

La pratique des semailles peut s'effectuer d'une multitude de manières qui toutes peuvent se rapporter primitivement à ces deux-ci : à la volée ou en lignes.

Pour faire le semis à la volée, on doit s'attacher à la réunion de deux conditions essentielles : 1° répartir également la semence dans toutes les parties du champ ; 2° semer sur une étendue donnée une quantité déterminée de grains. Nous allons analyser brièvement, sur ces deux points, un excellent mémoire sur les semailles, publié par M. Pichat, ancien professeur à Grignon et ancien directeur de l'École de la Saussaie :

1°. Le semeur sème ou d'une seule main, ou alternativement des deux mains de la droite en allant, par exemple, et de la gauche en revenant, ou de toutes deux alternativement pendant la progression dans le même sens. Le second procédé donne le semis le plus régulier, le dernier n'est guère usité que dans le midi. Le mouvement du bras qui lance la semence doit toujours, et dans toutes les méthodes, coïncider avec l'appui sur le sol de la jambe du même côté. On fait glisser la semence entre les doigts, l'index étant étendu, afin de diviser et disperser plus régulièrement la semence. Les graines fines (trèfle, luzerne, colza, etc.), se projettent par pincées seulement avec deux,

trois ou même quatre doigts, suivant la quantité
à répandre sur une surface donnée. La semence
doit décrire une parabole sur le côté du semeur
qui ne commence à ouvrir la main, c'est-à-dire
à lâcher la graine, que lorsque celle-ci se trouve
en face de lui. Les jets doivent être bien égaux,
et le pas bien régulier ; le rayage de chaque aller
et retour doit être indiqué par des jalons qu'il
place et déplace à chaque rayage, en tenant compte,
autant que possible, de la direction des planches ou
billons et de celle du vent. On suit, en général, la
direction des sillons tracés par les instruments ; le
semeur marche, autant que possible, perpendiculairement à la direction du vent, de manière à répandre la semence suivant cette direction même. Pour
perdre moins de temps, et lorsque rien ne s'y oppose,
on marche suivant la plus grande dimension du champ.
La force des jets de semence doit être calculée d'a-
près la force du vent qui dissémine la graine plus
ou moins loin du semeur.

Après avoir semé de la main droite en allant,
le semeur revient en semant de la main gauche, de
manière à croiser ses jets sur chacun de ses trains.
Il puise la semence dans un grand tablier de toile
attaché à son cou et dont il replie l'extrémité
inférieure autour du bras tenu au repos, formant
de la partie médiane une sorte de cavité où il
puise de la main en action. Pour semer des deux
mains à la fois, on emploie un linge de toile,
serviette roulée et passée autour du cou, formant
une sorte de sac à deux ouvertures où pénètrent
facilement les mains, et qui contient le grain nécessaire pour l'ensemencement d'un train complet.
Des sacs de semence sont disposés à l'avance sur
la surface du champ, afin que le semeur y puisse

renouveler ses provisions en remplissant son semoir ; il est facile de déterminer à l'avance l'emplacement de ces dépôts, connaissant l'étendue du champ et la quantité de semence à y employer.

2° Pour semer sur une quantité de terrain déterminée une quantité donnée de semence, il faut tenir compte de trois éléments : la largeur du train, la poignée de grain et le volume de la graine. La largeur du train, pour les grosses graines, comme le froment, qui doivent se répandre à la dose de 250 litres par hectare, devra être en moyenne de $9^m,60$; pour les graines fines dont on ne répand que 18 à 20 kilog., soit 25 à 30 litres, la largeur du train sera de $3^m,50$ à 4^m seulement. La poignée de grain égale en moyenne de 10 à 12 centilitres pour les grosses graines ; pour les petites semences, la poignée sera en moyenne de 0,1 décilitre ou environ 5,5 grammes.

Un bon semeur, habitué à croiser son jet des deux mains, selon que le champ est plan ou en pente, que le sol est sec ou humide, motteux ou hersé, que le temps est calme ou le vent violent, etc., peut emblaver de deux à cinq hectares dans une journée moyenne de dix heures de travail, accomplissant ainsi un trajet total de 12 à 25 kilomètres.

On sème en lignes les végétaux qui doivent recevoir des façons culturales, et cette disposition a pour but, à la fois, de donner à la plante l'air, la lumière et le sol dont elle a besoin pour son complet développement, et aussi de permettre dans les façons l'emploi d'instruments attelés, plus économiques que les bras de l'homme.

Pour les semailles en lignes, on sème à la main ou au semoir.

Le semis à la main suppose le rayonnage du terrain au cordeau, à la binette, au rayonneur, ou sa disposition en billons, et peut s'exécuter de diverses façons. Tantôt, comme pour les grosses graines, comme le blé, les haricots, les féverolles, le maïs, le semeur tient à la main gauche un petit sac qui contient la semence, et de la main droite, sur les lignes indiquées et aux intervalles voulus il dépose la semence d'une manière continue ; tantôt pour les graines fines, comme pour la carotte [1], le tabac, etc., il emploie une bouteille de verre d'où les graines s'échappent par un tuyau de plume de diamètre variable qui traverse le bouchon. C'est là un travail très-fatigant, et qui exige une grande surveillance sans donner jamais une grande régularité ; la semence est le plus souvent distribuée avec trop de prodigalité ou trop de parcimonie, et dans l'un et l'autre cas, la récolte en peut être sensiblement diminuée.

Le semis en lignes au semoir est généralement bien plus régulier ; il économise le rayonnage et épargne du tiers au cinquième de la semence ; mais les instruments qui portent ce nom sont le plus souvent compliqués, délicats, demandent de fréquentes réparations et exposent à des pertes de temps; d'un autre côté, leur prix, assez élevé, ne permet leur emploi que dans la grande culture. Si, dans ces circonstances économiques, l'opportunité de leur emploi est mise hors de doute pour les plantes dites sarclées, il n'en est pas tout à fait de même pour les céréales. Un agronome qu'on n'accu-

---

[1] Voir *Guide pratique de la culture des plantes fourragères*, t. II. Culture des carottes.

sera certes pas de routine, M. de Gasparin, après avoir exposé les arguments pour et contre le semis en lignes, conclut ainsi : « Mais il règne un si grand vague sur les conditions de terrain, de climat et d'engrais, au moyen desquels on a opéré, qu'on ne pourra regarder la question comme vidée que quand on aura fait côte à côte, et sur les mêmes sols, des expériences comparatives, et surtout, qu'on aura mis en ligne de compte les faits et les produits de la culture par chacun de ces procédés. Tant qu'on n'aura pas fait ces expériences et qu'elle n'auront pas été répétées dans les différents climats, nous devrons nous méfier des raisonnements apportés de part et d'autre. » Il paraît cependant aujourd'hui hors de conteste que le semis en lignes des céréales convient exclusivement aux terres très-riches sur lesquelles elles seraient exposées à la verse ; qu'il ne peut avoir lieu que sur les sols exempts d'humidité, de pierres, d'herbes et de mottes, c'est-à-dire sur ceux qui ont pu recevoir la préparation la plus parfaite.

Le semis en poquets consiste à creuser, sur des lignes tracées à l'avance, une petite cavité dans la terre, soit au moyen d'une petite palette en fer, soit de la serfouette ou de la houe, et à y déposer un certain nombre de graines ; le plus ordinairement, le semeur recouvre immédiatement la graine avec le pied ou avec l'instrument dont il se sert. On sème ainsi, le plus ordinairement, les haricots et le maïs.

Quelquefois, on emploie pour cette opération un homme qui manie la houe dont il se sert pour soulever un certain cube de terre, le laissant retomber à sa place après qu'une femme ou un enfant a jeté dans la petite cavité le nombre de graines voulu.

Les semis sous raies peuvent s'exécuter à la main ou à la charrue. Dans le premier cas, on emploie une houe (marre) à large fer, avec laquelle on ouvre une raie qu'on garnit de semences ; l'ouvrier, parvenu à l'extrémité du champ, ouvre une seconde raie à côté de la première sur laquelle il rejette la terre qu'il enlève de la seconde ; les graines se trouvent ainsi à peu près disposées en lignes. Mais ce travail lent et coûteux ne convient qu'à la petite culture. Dans le second cas, on emploie la charrue, et c'est dans le sillon qu'elle vient de creuser, qu'une femme dépose la semence, afin qu'elle soit recouverte par la tranche de la raie suivante ; tantôt, on sème à toutes raies, tantôt toutes les deux ou trois raies seulement, selon l'écartement qu'on veut donner aux lignes. C'est ainsi que se sèment souvent les féverolles.

Toutes les graines ne veulent pas être enterrées à la même profondeur ; tous les germes ne sont pas doués de la même vigueur et ne sauraient percer, pour parvenir à la lumière, une bande de terre d'une égale épaisseur. En règle générale, les semences doivent être enfouies d'autant plus profondément que leur volume est plus considérable, que le sol est plus léger et plus sec, que le climat est plus froid. L'important, selon M. de Gasparin, serait de placer la graine dans une position telle, que dans la saison où se fait la semaille (d'automne), la température ne descendît jamais au-dessous de celle qu'exige la plante pour germer ; M. Loiseleur-Deslongchamps a trouvé que, pour le froment, cette température minimum est de $+ 4°,7$ c. à $+ 5°$ c. M. Laure, de Toulon, a expérimenté que, dans le midi, la profondeur la plus favorable pour le froment était celle de $0^m,08$; M. Barreau, sous le climat de Paris, a trouvé comme la plus convenable, la profondeur de $0^m,029$ à $0^m,058$; enfin, dans le nord, M. Moreau a obtenu le maximum de produit en enterrant le froment de $0^m,025$ à $0^m,080$, mais surtout de $0^m,05$. Les graines de froment placées à plus de $0^m,08$ de profondeur pourrissent presque toujours ; à $0^m,025$ et à plus de $0^m,12$, elles ne donnent aucun signe de germination.

On enterre les semences par divers procédés : nous venons de voir que, tantôt, elles sont répandues à la surface du sol convenablement préparé, et il faut dès lors les y enfouir par une opération subséquente ; tantôt elles sont immédiatement recouvertes après le semis. Il en résulte deux systèmes, deux pratiques qu'on appelle semaille sur raies et semaille sous raies.

La semaille sur raies se recouvre le plus souvent à la herse ; pour les grosses graines, on a laissé le terrain sur son dernier labour ; mais pour les graines fines, on a dû pulvériser plus ou moins sa superficie, parce que la semence tombant dans les cavités du labour, y serait trop profondément enterrée et y pourrirait sans germer. Après que les graines ont été semées, on donne un hersage croisé, et souvent trois ou même quatre traits, afin de bien pulvériser le terrain. Pour les graines fines, on emploie une herse en bois renversée sur le dos, ou simplement une claie formée de branches légères où d'épines entrelacées. Dans les terres légères, on enterre souvent le trèfle et la luzerne, toutes les petites graines en un mot, par un roulage. Enfin, on s'abstient quelquefois, dans les climats et les saisons pluvieuses, d'enterrer aucunement les graines fines, que la terre remuée, battue par les pluies, recouvre suffisamment. Un assez grand nombre de cultivateurs sèment leurs trèfles et luzernes sur la neige qui, en fondant, les maintient dans la couche superficielle du terrain. Quand on sème dans le même champ des graines de différent volume comme du maïs et du millet, de l'orge et du trèfle, il faut commencer par enterrer la plus grosse à la herse ordinaire, et recouvrir ensuite la plus petite à la herse d'épines ou au rouleau.

La semaille sous raies se recouvre à la charrue. La semence ayant été répandue à la volée sur le terrain qui a reçu les façons préparatoires et qui a été hersé en dernier lieu, on y amène la charrue ; retournant sans dessus dessous la bande de terre, elle place en dessous la surface supérieure et les graines qui la parsemaient ; en sorte que les semences se trouvent à peu près disposées en lignes plus ou moins espacées, selon la largeur de bande prise par la charrue. On enterre aussi exclusivement les grosses graines comme le froment, le seigle, l'orge et l'avoine d'hiver, les vesces, les féverolles d'automne, etc.

Les semailles sur raies conviennent aux terres humides, à celles dans lesquelles la graine serait exposée à pourrir. Elles sont employées de préférence à l'automne ; les semailles sous raies, au contraire, aux sols secs, dans lesquels la semence manquerait de fraîcheur pour sa germination. Elles sont employées de préférence au printemps et en été. Il y a, en outre, une considération importante qui vient appuyer celle-ci, c'est que pour que la végétation suive sa marche normale, il ne faut pas que le collet soit trop enfoncé dans le sol, sinon il disparaît et il s'en forme un autre plus haut, ainsi que nous le verrons en étudiant la culture du froment d'hiver. Or, dans les terres humides, le grain étant profondément en-

foui, s'il venait néanmoins à germer, ne tarderait pas
à se trouver en contact par ses racines avec l'eau
stagnante qui déterminerait souvent sa mort ; dans
les terrains secs, le grain étant placé à la superficie,
ses racines seraient superficielles, exposées à toute
l'ardeur des rayons solaires, et peu à portée de puiser la fraîcheur dans les couches plus profondes.
Nous dirons encore que le roulage a pour effet de tasser les terres légères, de fermer leurs pores, c'est-
à-dire de limiter l'évaporation du sol en restreignant
l'accès de l'air et de la chaleur.

Enfin, dans quelques cas, on enterre les semences
au scarificateur ; les semoirs sont le plus ordinairement munis de petits socs de charrue ou de houes qui
recouvrent la semence aussitôt qu'elle est répandue,
et cela à une profondeur qu'on peut régler à volonté.

§ 4. De la plantation.

La plantation consiste à placer dans le sol, un
germe latent, au milieu de circonstances favorables
à son développement. On plante les pommes de terre
le topinambour, la batate, l'igname, le safran, etc.

« Le tubercule de la pomme de terre n'est pas une
racine, mais une portion de tige souterraine qui a
pris un volume considérable, comparé à celui des
parties voisines, et lorsqu'on plante des pommes de
terre, on opère un véritable bouturage de rameaux
souterrains. » (L. Lérolle, *Traité de Botanique appliquée à la culture des plantes*, p. 75.)

En effet, on remarque à la surface du tubercule un
certain nombre d'yeux, de bourgeons latents, qui ca-
ractérisent les tiges et non les racines. On peut diviser ces tubercules en plusieurs parties pour les planter, à la condition de laisser la plaie se cicatriser pen-

16

dant quelques jours avant de placer les fractions dans
le sol, et à la condition aussi que celui-ci ne soit point
trop humide et que les morceaux de tubercules
n'y soient pas trop profondément enfouis. Dans les
terres très-riches, dans les jardins, on peut diviser
chaque tubercule en autant de fractions qu'il présente d'yeux, et même planter chaque œil isolé, c'est-
à-dire extrait de la pulpe charnue de la pomme de
terre ; ce moyen a été employé souvent dans les années de disette ; mais, nous le répétons, il n'est ad-
missible que pour les terres très-fécondes. Cela
se comprend de reste, quand on sait que cette pulpe
doit exclusivement servir à la nourriture du germe
jusqu'à ce qu'il ait émis des racines et des tiges capables de fournir à sa nutrition.

Il n'en est pas de même dans le topinambour, la
batate et l'igname. Les tubercules de ces plantes
proviennent du développement de la racine proprement dite. Le tubercule du topinambour provient de
la base dilatée des feuilles souterraines, et au lieu de
fécule, il renferme une substance distincte appelée
inuline. Le bourgeon latent est situé au point par
lequel le tubercule tenait au collet de la plante qui
lui a donné naissance. Les tubercules de patate et
d'igname sont simplement des renflements de rizôme
en tubercules féculents. La plantation de ces germes
est donc véritablement un bouturage de racines.

L'ognon de safran est une bulbe, c'est-à-dire une
véritable tige souterraine verticale assez courte, qui
porte à sa partie supérieure un bourgeon, et qui, en
outre, se reproduit latéralement par des cayeux.
Dans la bulbe du safran, le plateau est très-développé
et les écailles sont membraneuses.

Enfin, outre ses racines, l'igname de la Chine peut
se reproduire encore par les bulbilles ou grenons qui

naissent à l'aisselle de ses feuilles. Ce sont de petits bourgeons solides munis à leur sommet d'un bourgeon terminal et qui, détachés de la plante-mère quand ils ont atteint leur maturité complète, peuvent se développer en donnant naissance à une plante normale et identique de tous points à celle qui les a produits.

On plante les tubercules de la pomme de terre à presque toutes les époques de l'année, selon qu'on veut obtenir un produit hâtif ou tardif ; cette plantation se fait à la main ou à la charrue, en déposant le tubercule entier ou divisé en fractions, à une profondeur de $0^m,02$ à $0^m,10$ dans le sol. Le topinambour se plante le plus souvent au printemps, et quelquefois à la fin de l'automne, parce qu'il ne redoute pas le froid ; sa plantation se fait comme celle de la pomme de terre.

Quant à celle de la patate et de l'igname, elle n'a lieu qu'au printemps, après les dernières gelées, et sous le climat du centre de la France ; on fait déboucher les racines dans du fumier ou dans une serre, parce qu'elles sont très-délicates à la gelée, et que mises trop tard en terre, elles ne recevraient pas l'aliquote de chaleur indispensable à leur complète maturation [1].

On plante les bulbes du safran au printemps, en juin et juillet ; ce sont les cayeux provenant de la récolte précédente, qu'on met en terre en employant 20 à 25 hectolitres de ces cayeux par hectare. Cette plantation se fait à bras ou à la charrue ; on ouvre un sillon, on y place les ognons à $0^m,05$ ou $0^m,06$ les uns des au·

---

[1] Voir *Guide pratique de la culture des plantes fourragères*, T. II, 2ᵉ section.

tres, on les recouvre par la tranche d'un nouveau
sillon ouvert à une distance de $0^m,20$ à $0^m,25$ du premier; de façon à ce que les lignes se trouvent espacées de $0^m,40$ à $0^m,50$; on ne les recouvre que de $0^m,10$
de terre au plus. A ces distances, la plantation exige
49,505 ognons par hectare, résultant de 20 hectolitres d'ognons, pesant 48 kilog. l'un, et d'une valeur moyenne de 10 fr.

§ 5. De la transplantation et du repiquage.

Il est certaines plantes trop délicates pour accomplir leur germination et leur première végétation
dans un terrain ordinaire, c'est-à-dire qui ne soit pas
suffisamment ameubli, riche et abrité ; il est des
circonstances où la rotation ne laissant le sol vide
que pendant un espace de temps limité, on ne saurait
l'utiliser qu'en y transplantant des végétaux élevés
ailleurs ; il est des terrains enfin qui, très-propres à
conduire certaines plantes depuis leur seconde période
d'existence jusqu'à leur maturité, seraient cependant peu favorables aux premières phases de leur
végétation. Dans ces différents cas, on sème en pépinière pour transplanter ensuite.

La pépinière est, d'ordinaire, un terrain léger,
meuble, riche, propre, bien abrité, situé près de la
ferme ; on le divise en plates-bandes comme un jardin maraîcher, et on y sème les plantes qu'on y
veut élever, en les entourant de soins qu'on ne leur
pourrait donner en plein champ et sur de vastes
étendues, des arrosages, des sarclages à la main, des
éclaircissages. Le meilleur sol, pour y établir une pépinière de plantes appartenant à la famille des crucifères, est une terre de lande ou de bruyères aride à
laquelle on donne un stimulant énergique, comme du

guano ou du noir animal ; sur ces terrains neufs, on a surtout l'avantage d'avoir peu à redouter les mauvaises herbes, et peu besoin de sarclages, conséquemment. Telle est la pratique adoptée en Bretagne pour le colza, les choux, le rutabaga, etc., et souvent même pour la betterave.

Le terrain étant convenablement préparé et fumé, on le sème à la volée, on recouvre la graine au râteau ; si le sol est léger, on tasse avec le dos du râteau ou avec les pieds ; on recouvre de fumier court et pailleux. Quand la levée est complète, on sarcle ; si le temps est sec, on arrose ; si les insectes, altises, pucerons, etc., apparaissent, on saupoudre de chaux. Si le semis est trop épais, ou éclaircit en donnant le second sarclage. Quand la plante a atteint le développement voulu, celui ordinairement de la grosseur d'un tuyau de plume d'oie pour la racine, on arrose copieusement, la veille au soir, et le lendemain matin, on commence l'arrachage avec précaution, de manière à ne pas casser la racine, à ne pas arracher les feuilles, à ne pas, enfin, trop offenser le chevelu. Le mieux est de s'aider d'une petite fourche à main, d'une fourchette en fer à deux dents, dont on se sert de la main gauche, pour soulever la terre, tandis qu'on en extrait les plantes de la main droite. Le produit de l'arrachage est, au fur et à mesure, réuni en petites bottes liées à l'osier et qu'on porte à l'ombre. Quand la provision est suffisante, les bottes sont portées au champ, abritées par de la paille, et encore déposés à l'ombre jusqu'à ce qu'on les emploie successivement.

Souvent, on fait subir au plant deux opérations préalables, l'habillage et le trempage. L'habillage consiste, lorsque le plant est fort et long, à raccourcir le pivot de façon à éviter qu'il soit replié sur lui-même pendant la transplantation ; dans tous les cas, comme presque toujours, pendant l'arrachage, l'extrémité du pivot et des principales radicelles a été cassée, on les rafraîchit en les coupant avec l'ongle ou mieux encore avec une serpette, afin de se mettre en garde contre leur désorganisation, la cicatrisation d'une plaie nette étant plus facile et plus rapide que celle d'une plaie par torsion ou par écrasement.

Quelquefois, afin de fournir aux jeunes racines l'humidité qui pourrait leur faire défaut dans le sol, et mettre à leur portée immédiate des principes facilement assimilables, on les trempe, avant le repiquage, dans une bouillie un peu épaisse faite d'eau, d'un peu de purin, de fiente de bêtes à cornes et de noir animal ; c'est ainsi qu'on opère en Bretagne pour les rutabagas, les choux et les betteraves.

Mais en même temps qu'on raffraîchit les racines, il est encore essentiel, pour certaines plantes, de limiter l'évaporation en retranchant une partie des feuilles dans leur longueur, c'est-à-dire en coupant la rosette un peu au-dessus du bouquet central ; on rétablit ainsi l'équilibre entre l'absorption et l'évaporation. Cette précaution est d'autant plus utile que le sol et l'atmosphère sont plus secs ; elle ne fait d'ailleurs que prévenir un fait naturel, car dans les plantes qu'on conserve entières à la transplantation, la sécheresse a pour effet de flétrir toutes les feuilles, hors la rosette centrale qui persiste seule. On opère ainsi pour les plantes de la famille des crucifères, et quelquefois aussi pour les betteraves

Une fois placées dans le nouveau sol qu'elles doivent occuper, les racines vivent pendant quelque temps de la sève contenue dans leurs tissus et cicatrisent les plaies qui les ont limitées ; quand la fraîcheur du sol est suffisante , elles ne tardent pas à reprendre leurs fonctions absorbantes et à émettre de nouveaux chevelus d'autant plus nombreux que le sol est moins riche ; ces radicelles récentes sont bien reconnaissables à leur couleur blanche et au fin duvet qui les recouvre. Il est remarquable qu'elles se disposent régulièrement sur le pivot par séries rectilignes, verticales ou légèrement obliques. « Le nombre de ces séries qui est toujours peu élevé (2, 3, 4, 5, rarement davantage) se montre, dit M. A. de Jussieu, à peu près constant dans une même plante, souvent même dans tout un groupe naturel de plantes plus ou moins vaste (famille, genre, espèce). Ainsi, tous les végétaux de la famille des crucifères présentent leurs radicelles disposées suivant deux lignes longitudinales, situées chacune d'un côté de la racine ; tous ceux de la famille des ombellifères, suivant quatre lignes ; plusieurs de la famille des légumineuses (vesces, gesses, trèfle, etc.) suivant trois lignes. C'est dans les racines très-jeunes, lorsque les radicelles commencent à sortir de l'axe primaire développé par la germination, qu'on constate facilement et nettement cette disposition qui, ordinairement devient plus obscure et confuse par les développements ultérieurs et inégaux. A cette première époque, il n'y a encore de formés à l'intérieur de l'axe que peu de faisceaux fibro-vasculaires, et l'on a reconnu que ces premiers faisceaux sont en même nombre que les séries des radicelles , ce qui s'explique aisément. C'est au contact de ces faisceaux que se forment les vaisseaux des radicelles, soit que les petits corps celluleux destinés à les produire par leur évolution soient situés vis-à-vis d'eux (comme cela

peut se voir, par exemple, dans la fève de marais) ;
soit qu'ils soient situés vis-à-vis des rayons médull-
laires comme cela paraît avoir lieu plus communément, et tirent leurs vaisseaux des deux faisceaux
entre lesquels le rayon s'étend. Dans tous les cas,
ces faisceaux, comme les rayons qui les séparent,
dessinent des lignes longitudinales, et les radicelles
formées vis-à-vis des uns ou des autres doivent accuser ces lignes à l'extérieur. » (*Cours élément.
d'hist. natur. Botanique*, p. 87-88.)

   « Quelle est, se demande M. L. Lerolle, quelle est
la cause qui détermine sur un point plutôt que sur un
autre le développement des mamelons radicellaires ?
Il n'a pas été possble, jusqu'à présent de le déterminer d'une manière rationnelle. Cependant, il paraît être dû à la force d'expansion du tissu cellulaire qui, trouvant sur certains points indéterminés
une compression moindre de la terre environnante,
émet à ces points un petit amas de cellules douées
des propriétés particulières aux axes souterrains.
Il est positif, en effet, qu'une terre très-meuble,
comme la terre de bruyère ou le sable, laissant
entre les grains désagrégés qui la constituent de
nombreux interstices, est essentiellement favorable à
la formation des mamelons des radicelles. » (*Traité
prat. et élément. de Botanique appliquée*, p. 160).
Cette considération vient appuyer ce que nous avons
eu, à plusieurs reprises, l'occasion de dire de l'ameublissement du sol avant le semis et la transplantation. Nous nous bornerons à ajouter que plus facilement la plante trouve à sa portée, la fraîcheur et
les principes solubles et assimilables, moins elle
émet de chevelu, et que plus au contraire, l'eau et
les éléments de nutrition sont rares dans le sol, et
plus elle multiplie son chevelu. On arrive à une

abondante production de radicelles par des arrachements et déplantation successifs, et les pépiniéristes tirent de cette observation pratique un utile parti.

Les plants les plus forts, étiolés, allongés, ne sont pas les meilleurs pour la transplantation des végétaux herbacés ; mieux vaut qu'ils soient un peu trapus, près de terre, avec une racine grosse, au plus, comme le tuyau d'une plume d'oie. Les plus faibles peuvent être laissés en place dans la pépinière ou mieux encore, repiqués à part, mis en nourrice pour remplacer successivement ceux qui auraient manqué dans la plantation.

Quant à l'opération pratique de la plantation, elle sera décrite plus amplement quand nous traiterons de la culture des plantes fourragères (choux, rutabagas, betteraves, etc.) et des plantes industrielles (tabac, colza, etc). Nous nous bornerons à dire ici que la transplantation peut se faire à la charrue ou au plantoir, et toujours en lignes ; que les choux, les rutabagas, le colza se plantent le plus ordinairement à la charrue, et le tabac au plantoir flamand à deux branches. On sème les premiers en pépinière afin de les pouvoir cultiver entre un fourrage fauché en vert et une céréale ; le second parce qu'il est rare que le sol qu'on lui destine puisse être aussi favorable à sa première végétation que celui de la pépinière, et que, d'ailleurs le nombre de pieds par hectare doit être mathématiquement connu. Quant aux betteraves, semées le plus fréquemment en place, il est des sols pourtant où elles ne réussissent que par le repiquage ; une méthode particulière, au reste, celle de M. Kœcklin, consiste à les semer de bonne heure, à la fin de l'hiver, sous châssis, afin d'obtenir pour la transplantation hâtive des plantes très-développées et dont l'accroissement sera rapide et volumineux. On assure presque toujours la transplantation par un roulage, à moins que la plante ne soit trop délicate pour le supporter, comme les choux, et surtout par un arrosement, dans certains cas, peu coûteux.

La garance se multiplie, soit de ses racines, soit de ses graines. « Quand on veut planter la garance, dit M. de Gasparin, qui a fait de la culture de cette plante une étude complète et approfondie, on prépare la terre comme pour le semis. On ouvre, dans un cas comme dans l'autre, des sillons avec la houe, puis on étale les racines au fond de ces sillons. On emploie 1200 à 1600 kilogr. de racines fraîches pour planter un hectare. On recouvre la racine comme on aurait recouvert la graine, mais en l'enterrant de $0^m,06$ à $0^m,08$ de profondeur. La transplantation est une méthode forcée pour les terres trop poreuses, dans lesquelles la graine germe mal pour le climat où le semis serait trop retardé. » Pour le semis en place, on emploie de 60 à 80 kilog. de graines, et en pépinière de 110 à 125 kilog. par hectare.

§ 6. De la germination.

On appelle germination le premier développement de l'embryon contenu dans la graine ; c'est le premier acte de la vie végétale. Il est à remarquer que dans sa constitution physique comme dans sa constitution chimique, la graine présente, ainsi que l'a fait observer M. Boussingault, la plus merveilleuse analogie avec l'œuf des animaux, savoir :

Constitution physique.

Graine.	Œuf.
Embryon.	Cicatricule-embryon.
Cotylédons	{ Vitellus ou jaune.
	{ Matière glaireuse (blanc.)

Constitution chimique.

Graine.	OEuf.
Matières grasses. . . .	Albumine.
Amidon, glucose . . .	Sucre de lait, glucose.
Soufre, phosphore . .	Soufre, phosphore.
Phosphate de chaux .	Phosphate de chaux.

Dès que le germe de cette graine se trouve placé dans des conditions favorables, la vie jusque-là latente s'éveille, et la plante commence à se développer. Mais ces circonstances sont, relativement, aussi nombreuses que délicates, et résident : 1° dans la composition de l'atmosphère ambiante ; 2° le degré hygrométrique du milieu fixe et de l'air ; 3° la température de l'atmosphère et du sol ; 4° le degré de lumière qui vient frapper la graine et la couleur de ses rayons.

La germination s'accomplit régulièrement dans une atmosphère normale, c'est-à-dire renfermant de l'azote, de l'oxygène, de l'acide carbonique et des vapeurs d'eau en proportions régulières. La présence de l'oxygène est complétement indispensable et la proportion (21 p. 0/0) en laquelle il est renfermé dans l'air normal est la plus favorable. Si la proportion d'oxygène est trop élevée, la végétation s'accélère et la plumule s'affaiblit. On peut tirer, pourtant, parti de cette observation en faisant macérer pendant quelque temps les graines dans de l'eau chargée d'oxygène ; par ce moyen, M. de Humboldt a pu faire germer des graines de cresson alénois après 36 heures. Dans un air privé d'acide carbonique, la germination n'a pas lieu ; la plante qui a déjà développé quelques feuilles ne résiste elle-même que pendant quelques jours. Il est probable que des graines conservées dans l'acide carbonique pure y conserveraient, sans jamais les manifester tant qu'elles y seraient plongées, leurs

facultés germinatives. Théod. de Saussure pensait
que l'oxygène de l'air se combinant avec le carbone
surabondant de la graine, pourrait produire assez
d'acide carbonique pour que la germination pût
s'effectuer.

La présence d'une certaine quantité d'humidité
(vapeur d'eau) n'est pas moins importante que
celle de l'oxygène et de l'acide carbonique : l'eau
est un des agents indispensables à la transformation
de la diastase en sucre. Si l'humidité est surabondante, le germe ne tarde pas à pourrir ; il faut
excepter certaines plantes aquatiques, pourtant,
dont la germination s'accomplit souvent au fond
même de l'eau, comme plusieurs renoncules
(flammula, sceleratus), le nénuphar (nymphœa),
le sarrasin d'eau (polygonum amphybium), la mâcre
châtaigne d'eau (trapa natans), etc., mais encore
faut-il que cette eau soit suffisamment oxygénée,
car la germination n'a pas lieu dans l'eau distillée,
dans celle privée d'oxygène par l'ébullition, ni dans
celle très-azotée ou simplement saturée d'acide
carbonique, encore moins dans le vide (Théod. de
Saussure, Sennebier, Raspail). L'eau sert à ramollir
les diverses parties qui constituent la graine ; elle
se décompose en outre par son contact avec elle,
et lui fournit une certaine quantité d'oxygène.

La température de l'air ambiant agit directement
sur la graine d'abord, sur le germe ensuite. Si
certaines graines tombées naturellement sur le sol
n'y germent que l'année suivante, quelquefois qu'à
la deuxième année (fruit de l'épine blanche) ou
même plus tard, c'est que ou elles n'ont pas atteint
encore leur complète maturité, ou elles ne se sont
pas trouvées plus tôt dans les circonstances particulières de température favorables à leur dévelop-

pement. On a bien calculé la somme de degrés de chaleur nécessaires aux diverses plantes cultivées pour qu'elles puissent parvenir à leur complète maturation ; on n'a jamais étudié, que nous sachions, la somme de chaleur nécessaire au développement de leurs germes. Or, cette température n'est pas la même pour toutes, cela est bien connu. Nous savons par les expériences de M. Loiseleur-Deslong-champs que le froment ne germe pas au-dessous de + 4° 7 c ; mais c'est à peu près le seul ren-seignement que nous possédions sur les extrêmes de température dans lesquels puisse s'accomplir la germination. Nous savons encore, cependant, par l'observation, que lorsque la chaleur est trop élevée et la sécheresse de l'air trop grande, le germe se dessèche, se flétrit et meurt ; que lors-qu'elle est trop basse, la germination n'a pas lieu, et que si, en même temps, l'air ou le sol sont trop humides, la graine privée de vitalité ne tarde pas à pourrir. Edwards a prouvé que, quoiqu'un froid excessif ne détruise que rarement le germe des graines, cependant les céréales communément cultivées ne peuvent se développer dans le sol à une température supérieure à 46° ; par conséquent, dans les régions tropicales où, pendant la saison sèche, la température du sol s'élève souvent, d'a-près M. de Humboldt, à 60°, ces cultures seraient presque toujours compromises. On sait, en outre, que sous notre climat, les graines des plantes tropi-cales exigent pour germer une température de 22 à 32° c.

Ces différences spéciales presque à chaque plante expliquent pour une partie la distribution géographi-que des végétaux sur notre globe. La faculté germi-native peut persister dans certaines semences, même après qu'elles ont été soumises à un froid très-intense : ainsi, MM. Edwards et Colin ont constaté ce fait sur des graines de froment, d'orge, de seigle, de fèves, qui avaient été exposées à un froid assez intense pour congeler le mercure. Les semences de la fève, du haricot et du pavot, desséchées à 35°c., perdent leur feuille germinative, tandis que l'orge, le maïs, la lentille, le chanvre et la laitue les conservent, et que le froment, le seigle, la vesce et les choux la maintiennent encore à 70°c. (*Liebig. Lois naturelles de l'agriculture*, t. II, p. 9).

Si la lumière n'a sur la germination aucune influence favorable, si même elle la retarde parce que dans certains cas elle coïncide avec une élévation de température (de Candolle, de Saussure), il n'en est pas de même dès que le germe s'est développé. En l'absence de la lumière, les germes s'étiolent, s'allongent et périssent plus ou moins promptement ; ce n'est que sous son influence que se produit la chlorophylle. Aussi, le préjugé des habitants de la campagne sur l'époque de semis de certaines graines durant la décroissance lunaire, paraît-il être fondé jusqu'à un certain point. Mais si nous décomposons les rayons lumineux, nous verrons que toutes les raies du spectre solaire n'ont point la même influence sur la germination. Sennebier avait trouvé que quant à leur influence favorable, dans ce cas, les rayons pouvaient être ainsi rangés dans leur ordre d'intensité : 1° le violet, 2° l'indigo, 3° le bleu, 4° le vert, 5° le jaune, 6° l'orange, et 7° le rouge. M. Zantedeschi a trouvé cet ordre variable et souvent inverse, pour les différentes graines qu'il a mises en expériences. Enfin, la germination de la plupart des graines paraît être favorisée par l'électricité.

Voyons maintenant quels sont les phénomènes

physiques, physiologiques et chimiques qui se produisent pendant la germination, sous la triple influence de l'humidité, de la chaleur et de l'air. Les cotylédons absorbent de l'humidité, la graine se gonfle, ses membranes éclatent et le germe apparait au dehors. « L'embryon est accompagné d'un périsperme ou il en est dépourvu. S'il y a un périsperme, celui-ci se ramollit par l'action combinée de la chaleur et de l'humidité ; sa nature chimique change aux dépens des éléments que lui fournit l'oxygène de l'air et de l'eau. L'embryon en contact avec lui, par la totalité ou par le plus grande partie de son contour, absorbe ces matières devenues aptes à le pénétrer par leur état de solution, et à le nourrir par les modifications qu'elles viennent de subir. Ainsi nourri, il grandit dans la même proportion que le périsperme décroît, et finit par remplir l'intérieur de la graine où il n'occupait qu'un espace plus ou moins limité. Alors, le périsperme a disparu et l'embryon ne peut plus s'étendre qu'en rompant les téguments qui, ramollis, opposent une résistance de moins en moins grande. S'il n'y a pas de périsperme et que l'embryon remplisse déjà, au moment de la dissémination, toute la cavité de la graine, il est clair que la germination devra être considérablement abrégée, puisque ces parties auront dès lors acquis un bien plus grand développement que dans les cas précédents. En général, ce sont les cotylédons qui forment alors la plus grande partie de la masse embryonnaire, et l'on doit remarquer que, dans ce cas, leur nature est analogue à celle du périsperme ; c'est une masse celluleuse dont les cellules sont remplies de fécule (haricots, pois, etc.) ou charnues et contiennent de l'huile (noix, colza, etc.). Cette masse joue par rapport au reste de l'embryon le rôle de périsperme, subit des changements analogues à ceux que nous avons vus s'opérer dans celui-ci, et fournit ainsi la nourriture à la radicule et à la gemmule. » (Cours du Conservatoire. *Revue des cours scientifiques* N° du 9 décembre 1865, p. 30).

Ensuite de ces premiers phénomènes, la radicule qui tire des cotylédons et de l'albumen la substance de son développement, croît la première avec beaucoup de rapidité : c'est le premier organe dont la plante aura besoin. Mais dès qu'elle a émis une quantité et une longueur suffisantes de radicelles pour pouvoir puiser la nourriture dans le sol, la petite plante s'accroît par la partie supérieure. La gemmule s'allonge dans un sens opposé à la radicule, soulève la terre, arrive à la lumière, portant accolés à la tigelle ses deux cotylédons qui verdissent et remplissent, pendant les premiers temps, le rôle de feuilles, c'est-à-dire respirent comme elles. Dans les plantes monocotylédones, le cotylédon reste dans le sol, à l'endroit qui deviendra le collet de la plante, au point de partage de la tige et des racines. Les plantes dont la tigelle soulève et entraîne avec elle les cotylédons s'appellent épigées ; les tigelles dont le développement ne commence qu'au-dessus des cotylédons qui restent cachés sous terre prennent le nom d'hypogées. Dans un cas comme dans l'autre, les cotylédons se flétrissent, se résorbent, meurent et disparaissent dès que le développement des feuilles primordiales permet à la plante de se passer de leur secours.

Notons encore que dans le développement radiculaire des plantes dicotylédones, la radicule s'allonge directement dans l'axe de l'embryon, tandis que dans le développement des plantes dicotylédones, la radicule perce le tégument de la graine

en s'enveloppant d'une gaîne que l'on appelle co-
léorhyse ; ordinairement, il naît plusieurs radicelles
des parties latérale et inférieure de la tigelle et
toutes ces radicelles sont également coléorhysées.
La germination des monocotylédones est dite pour
cela endorhyze, et celle des monocotylédones exor-
hyze ; parmi les premières, rangeons le haricot, et
parmi les secondes, le froment, comme types.

Nous avons appris déjà que les diverses graines
renfermaient, suivant leur espèce, un nombre considérable de substances ; il ne nous serait donc pas
possible d'expliquer ici toutes les réactions chimiques qui peuvent se produire autour de l'embryon
et dans son intérieur pendant la durée des phénomènes physiologiques que nous venons de décrire.
Nous nous bornerons à prendre une des semences
les plus importantes et les plus connues, celle du
froment.

Les graines de céréales renferment, nous le savons, du gluten, une assez grande quantité d'amidon et très-peu de principes solubles dans l'eau.
Pendant la germination, l'oxygène de l'air ambiant,
se combinant avec le carbone de la graine, produit
de l'acide carbonique (de Saussure), et cela, en proportion d'autant plus forte que l'oxygène prédomine
davantage dans l'air. Il y a toujours aussi apparition
d'un acide organique (acétique ou plutôt lactique),
suivant MM. Becqueret et Boussingault. La production
de cet acide (acétique libre) est surtout rapide et
abondante, d'après MM. Becquerel et Edwards, dans
les semences des crucifères pendant la germination,
choux, navets, etc.

En même temps, prend naissance un principe
nommé diastase. Les cellules qui composent la membrane embryonnaire contiennent la céréaline, sub-

stance qui a une grande analogie avec l'albumine,
l'amandine et la légumine, qui est très-soluble, et
qui jouit surtout de la propriété de transformer
l'amidon en glucose et en dextrine. La diastase
n'est qu'une transformation de la céréaline pendant la germination (Mège Mouriès.) Cette diastase,
sous l'action de l'acide organique, jouant sans doute
le rôle de ferment, met en liberté la liqueur gommeuse contenue dans les globules d'amidon et la
transforme en dextrine ou sucre de raisin. Par cette
transformation, par le nouvel ordre dans lequel se
groupent les mollécules, le gluten lui-même, transformé en albumine végétale, est devenu, comme
l'amidon, soluble dans l'eau (Liébig). Durant tout ce
temps, l'embryon a absorbé et fixé l'acide carbonique du périsperme et de l'air et perdu de l'oxygène, ainsi que le démontrent les expériences de
Théod. de Saussure :

PLANTES OU GRAINES MISES EN EXPÉRIENCE.

Avant la germination.

	Nature des éléments.	Poids.	Poids total.
Froment.	Azote	148,84	188,70
	Oxygène.	39,86	
Haricots.	Azote	151,41	191,65
	Oxygène.	40,24	
Féveroles.	Azote	210,26	266,55
	Oxygène.	56,29	

Après la germination

	Nature des éléments.	Poids.	Poids total.
Froment.	Azote.	148,32	188,23
	Oxygène	37,44	
	Acide carbonique.	2,47	

Nature des éléments.	Poids.	Poids total.
Haricots. Azote	150,44	
Oxygène	31,26	191,23
Acide carbonique	9,53	
Féveroles. Azote	209,41	
Oxygène	44,38	265,06
Acide carbonique	11,27	

Il résulte donc de ces modifications chimiques que le carbone diminue en donnant naissance à de l'acide carbonique qui est exhalé ; que la proportion d'azote augmente ; qu'enfin la fécule et l'amidon de la graine se transforment, en partie, en gomme et en sucre. Pendant la première phase de la végétation, la plante perd toujours de son poids, tandis qu'ensuite elle l'accroît en puisant dans l'atmosphère de l'acide carbonique, de l'hydrogène et de l'oxygène, et dans le sol de l'azote. Les plantes qu'on fait germer et végéter dans l'obscurité c'est-à-dire qu'on place ainsi dans l'impossibilité presque complète de végéter, puisqu'elles ne peuvent prendre la teinte verte, perdent beaucoup plus encore de leur poids et se développent presque exclusivement aux dépens des éléments contenus dans la graine. En effet, on fit germer 2 grammes 237 de pois dans une chambre obscure : en deux mois de végétation, la plante atteignit une longueur de un mètre. Après dessiccation, elle pesait 1 gr. 094 seulement, c'est-à-dire qu'elle avait perdu 1 gr. 143. On a observé que la plante, pendant la germination, comme l'animal pendant l'incubation, pouvait produire de l'acide urique et de l'urée (*Boussingault*).

Enfin, il se développe pendant la germination une certaine somme de chaleur due à la combustion en présence de l'oxygène, aux combinaisons chimiques et surtout à la condensation de l'acide carbonique gazeux et de l'eau liquide sous forme de cellulose et d'amidon. (*Molleschott*).

« Rien n'est plus capricieux que la germination de certaines graines, remarque avec raison M. Naudin. Dans un même semis, on en voit qui lèvent à des jours, des semaines, des mois, des années même d'intervalle les unes des autres, quoique toutes proviennent de la même récolte, et quelquefois de la même plante, et cela sans qu'on puisse en donner une explication satisfaisante. Tout ce qu'on peut en dire, c'est que la nature a voulu par là donner un gage de plus de sécurité à la conservation des espèces, en répartissant la levée de leurs graines sur de longs espaces de temps, afin de multiplier pour elles la chance d'échapper aux nombreux accidents qui peuvent survenir. Toutes les espèces, d'ailleurs, ne se ressemblent pas sous ce rapport ; il en est qui lèvent assez uniformément de semis, après un séjour en terre qui varie suivant les espèces. Certaines graines, si les conditions sont favorables, lèvent en quarante-huit heures et quelquefois beaucoup moins ; d'autres le font en quatre jours, en huit jours, en un mois ou plus ; quelques-unes ne lèvent qu'à la seconde année, quelquefois seulement à la troisième ; ce sont principalement celles qui sont entourées de téguments épais, coriaces ou ligneux, comme les graines de rosier, les noyaux des arbres fruitiers, etc. Pour ces différentes graines, on a adopté un mode particulier de semis, la stratification. » (*Encycl. prat. de l'agric.* T. VIII p. 284.). Si toutes les graines récoltées sur le même champ, semées le même jour, ne germent pas toutes ensemble, ce fait dépend le plus souvent de la couche de terre plus ou moins meuble, plus ou moins sèche ou humide dans laquelle elles sont tombées et surtout de l'épaisseur de terre qui les recouvre. Néanmoins, on sait qu'en général, les semences âgées ne germent qu'après un temps plus long que les graines nouvelles.

§ 7. De la production des tiges et feuilles.

L'agriculture cherche, dans deux buts différents à produire des tiges et les feuilles accessoires qui leur sont indispensables : tantôt pour convertir les unes en filasse, comme le chanvre ou le lin ; tantôt pour convertir les autres en fourrages pour l'alimentation du bétail, comme la luzerne, le ray-grass, le sarrasin, etc.

Les tiges, en général, sont composées de cellulose et de fibres ligneuses, c'est-à-dire de charbon, dont les cellules sont incrustées ou remplies de sels minéraux confusément cristallisés ou maintenus en dissolution dans la séve. Nous avons vu déjà que les plantes fixaient, pour former leur squelette, de l'acide carbonique, que la cellulose est composée de 12 équivalents de carbone sur 20 d'oxygène et d'hydrogène et que le carbonate de potasse favorisait sa production. Nous savons aussi que la composition des feuilles diffère peu de celle des tiges, quand on les analyse pendant la même période de végétation ; mais que les tiges comme les feuilles contiennent relativement plus d'éléments organiques (carbonés) dans leur jeunesse, et plus de principes inorganiques (minéraux) quand elles sont plus âgées ; qu'elles contiennent d'autant plus de matières azotées qu'elles sont plus jeunes ; qu'à mesure que la graine se forme et approche de sa maturité, l'acide phosphorique et la chaux (phosphate de chaux) et les principes azotés remontent vers le sommet de la plante pour se rendre enfin dans la semence.

13.

Le chimiste Kane qui s'est pendant longtemps occupé de l'étude chimique et comparative du chanvre et du lin, nous donne les analyses suivantes,
pour les tiges séchées à 100° c. d'abord, puis pour
les cendres :

Analyse élémentaire.

	Chanvre.	Lin.
Carbone.	39,84	38,72
Hydrogène	5,06	7,33
Oxygène	48,72	48,39
Azote.	1,74	0,56
Cendres.	4,64	5,00
	100,00	100,00

Cendres.

	Chanvre.	Lin.
Potasse.	7,38	9,78
Soude.	0,72	9,82
Chaux.	42,65	12,33
Magnésie.	4,68	7,79
Alumine.	0,37	6,08
Silice.	6,55	21,35
Acide phosphorique.	3,22	10,84
Acide sulfurique.	1,10	2,65
Chlore	1,43	2,41
Acide carbonique	31,90	16,95
	100,00	100,00

Dans le chanvre, nous voyons prédominer l'acide
carbonique et la chaux (carbonate de chaux) ; dans
le lin, la chaux est en partie remplacée par la magnésie ; l'acide carbonique est presque moitié moindre, mais l'acide phosphorique a triplé de même
que les sels de soude et de potasse (carbonate et
phosphate de soude et de potasse) ; la silice a plus
que triplé et l'alumine quintuplé. Il s'ensuit donc
que le chanvre préférera des terres calcaires ou tout
au moins chaulées ; sa croissance rapide indique suffisamment que le sol doit lui fournir en abondance
des engrais bien décomposés, de l'humus immédia-

tement assimilable, ce qui est le cas surtout des
terres calcaires abondamment fumées. Crüd estimait
qu'il fallait 1500 kilog. de fumier de ferme ou 60
kilog. d'azote pour produire 100 kilog. de filasse de
chanvre ; M. de Gasparin porte ce chiffre à celui
peu différent de 1587 kilog. de fumier ou 63,58 kil.
d'azote. Cette plante est donc très-épuisante d'a-
bord , et ensuite elle ne rend rien au sol ; mais
elle paraît peu l'effriter, car, dans le Berry, on la
cultive presque sans interruption, depuis un temps
immémorial, avec une fumure assez maigre de fumier de moutons tous les deux ans, dans des enclos
rapprochés de la ferme et qu'on nomme chenevières ;
ces terres sont toujours calcaires, il faut le dire.
Dans les îles d'alluvion de la Loire, le chanvre
revient sur le même sol tous les deux ou trois ans,
sans engrais et avec les seuls détritus dont le fleuve
recouvre la terre. Les racines du chanvre sont
fibreuses, traçantes et pénètrent à $0^m,20$ ou $0^m,25$ au
plus.

Quant au lin, sa constitution chimique nous démontre qu'il doit préférer un sol où il puisse facilement trouver des phosphates et des silicates alcalins
pouvant lui fournir de la silice soluble ; il est probable que dans beaucoup de terres, l'emploi du
plâtre et du sel marin favoriscrait sensiblement sa
végétation. Sa racine est pivotante, ce qui implique
le défoncement du sol et son ameublissement sur une
épaisse surface, des engrais abondants et bien décomposés. Il est moins épuisant que le chanvre, puisqu'il ne consomme qu'un peu plus du huitième de
l'engrais, tandis que le chanvre en consomme environ les trois quarts, mais il est plus effrittant, surtout
dans les terres profondes. Il en est de même de
toutes les plantes qui vont chercher par leur pivot,

dans le sous-sol, une notable partie de leurs éléments de nutrition, et cela se conçoit aisément, quand on sait avec quelle lenteur les engrais du sol, dissous par l'eau, s'infiltrent dans les couches inférieures.

Les plantes fourragères nous fournissent par leurs tiges et leurs feuilles les matériaux verts ou secs de l'alimentation du bétail. Toutes doivent rencontrer dans le sol les éléments nécessaires à une rapide production de tiges et de feuilles, c'est-à-dire de l'humus assimilable, des éléments carbonés ; mais toutes n'ont pas les mêmes exigences, quant aux principes minéraux. C'est ce que justifient après la pratique, les analyses suivantes :

Éléments	Luzerne (Boussingault)	Sainfoin (Wœlker)	Trèfle (Wœlker)	Ray-grass d'Italie (Anderson)	Ray-grass anglais (Anderson)	Vesces (Wœlker)	Choux (feuilles) (Sibson)	Minette (Anderson)
Principes azotés	3,01	3,51	2,81	2,45	3,37	3,07	2,75	5,70
" non azotés	14,37	17,44	14,02	14,91	12,99	13,40	9,10	14,99
" minéraux	2,49	1,73	1,49	2,21	2,15	1,37	1,87	2,50
Eau	80,13	77,32	81,68	75,61	71,43	82,46	86,28	76,80

La comparaison sera plus frappante encore en plaçant l'un à côté de l'autre la luzerne et le trèfle avant et pendant la floraison :

Parties organiques.	Luzerne (Boussingault).	Trèfle avant la fleur (Boussingault).	Trèfle en fleur (Boussingault).
Eau.	80,40	82,40	77,00
Amidon, sucre , etc..	9,60	1,60	1,40
Albumine, caséine. . .	2,80	4,20	6,30
Matières grasses. . . .	0,80	0,80	0,90
Ligneux et cellulose. .	5,10	8,30	11,20
Sels minéraux.	1,30	2,70	3,20

Quant aux cendres, aux parties minérales, aux éléments inorganiques, ils se décomposent comme il suit :

Principes inorganiques.	Ray-grass anglais (Johnston).	Vesces (Sprengel).	Trèfle (Sibson).	Luzerne (Boussingault).	Sainfoin (Buch).
Potasse.	17,00	35,50	24,928	} 14,03	} 26,26
Soude.	7,50	1,00	3,039		
Magnésie.	1,90	6,40	12,176		
Chaux.	13,20	38,30	34,908	50,57	} 66,70
Acide phosphorique	0,50	3,50	5,352	"	"
Acide sulfurique.	6,80	2,40	3,718	"	"
Silice.	52,80	8,70	1,313	3,61	4,10
Oxyde de fer et alumine	0,30	0,60	1,470	0,63	2,87
Chlorure de soude.	traces	1,60	1,096	"	"

Il y a plus même, et les expériences de M. Isidore Pierre nous démontrent que la composition minérale comme la composition organique, varie aux différentes périodes de la végétation, dans les divers organes de la plante ; ces analyses portent sur un kilogramme de matières séchées du sainfoin :

Parties de la plante.	Acide phosphorique.	Silice.	Chaux.	Magnésie.	Potasse.	Soude.
Fleurs	11,200	0,047	23,651	2,491	7,522	2,937
Feuilles	9,600	0,080	44,801	2,829	3,315	2,970
Tiers supérieur des tiges	6,500	0,449	17,203	4,264	3,437	3,312
Deux tiers inférieurs des tiges	5,000	0,945	10,726	4,974	3,707	4,227
Plante dans son entier.	7,332	0,815	22,675	3,286	4,823	2,525

Ainsi, à mesure que la maturation s'approche, que la formation des graines s'avance, la quantité d'eau diminue dans la séve et dans les tissus, la proportion d'albumine et de caséine s'accroît ainsi que celle du ligneux et de la cellulose, des principes minéraux et des matières grasses ; celle de l'amidon, du sucre et de l'azote diminue. D'un autre côté, la proportion d'acide phosphorique et de chaux (phosphate de chaux), s'élève, tandis que celle de la silice, de la magnésie et de la potasse décroît. Il en résulte que les plantes que l'on destine à la production des fourrages (sans graines) doivent rencontrer dans la terre les éléments azotés indispensables à la production de l'albumine et de la caséine, les éléments nécessaires à la production du ligneux et de la cellulose, de l'amidon et du sucre, et en outre, de l'acide phosphorique et de la chaux, et surtout des sels de soude et de potasse.

La plupart des plantes fourragères, et en particulier celles vivaces et bisannuelles, la luzerne, le sainfoin, le trèfle, dont les racines s'enfoncent profondément, puisent dans le sol une notable portion de leurs éléments de nutrition, ce qui a surtout fait répéter par tous qu'elles étaient peu épuisantes et absorbant dans l'air une importante partie de leurs aliments, rendaient au sol plus qu'elles ne lui avaient pris. Nous ne saurions trop nous élever, ici encore, contre ce préjugé scientifique, car si elles épuisent peu le sol, elles épuisent ou effritent promptement le sous-sol, ainsi que nous avons déjà eu maintes fois occasion de le dire [1]. Nous ne pensons pas

---

[1] Voir *Guide pratique de la culture des plantes fourragères*, T. II. Introduction.

que les légumineuses absorbent plus d'azote de l'air que les graminées placées dans des circonstances identiques ; seulement, les premières vont chercher l'azote du sol jusque dans ses couches profondes, tandis que les premières ne parcourent avec leurs racines que la couche superficielle. La conséquence, c'est qu'on peut réparer assez promptement pour les unes l'épuisement du sol et qu'il faut beaucoup de temps pour réparer l'effrittement des autres ; que toutes deux doivent alterner entre elles et recevoir d'abondantes fumures bien décomposées.

Les analyses précédentes peuvent encore nous démontrer d'une manière irréfutable que la luzerne et surtout le sainfoin exigent la présence dans le sol, en quantités notables, de la chaux, de la soude et de la potasse ; que la potasse doit avoir sur la vesce une action particulièrement favorable ; que la luzerne se plaît mieux que le sainfoin et le trèfle dans les terres légères ; que le ray-grass, comme la plupart des graminées, exige beaucoup de silice soluble ; que toutes consomment une proportion élevée de potasse et d'acide phosphorique, et que les engrais alcalins leur sont du plus grand secours.

§ 8. De la production des fleurs et des graines [1].

On appelle fleur la partie de la plante qui est colorée de teintes plus ou moins brillantes, qui est parfois odorante, qui se développe en général à la suite des feuilles, et qui, après une existence assez

---

[1] Voir *Traité élémentaire de Botanique,* par L. Lerolle, p. 313 et suiv.

courte, est remplacée un peu plus tard par le fruit ou la graine dont elle renfermait déjà l'embryon.

On distingue les fleurs hermaphrodites, celles qui renferment à la fois les organes mâles étamines et les organes femelles (pistils, ovaire) ; telles sont celles de la luzerne, du colza, de la carotte, etc. On nomme fleurs mâles celles qui ne contiennent que des étamines et point de pistils ni d'ovaire ; fleurs femelles celles qui manquent d'étamines ; fleurs neutres ou stériles celles qui, bien qu'entourées dans des enveloppes florales, ne contiennent aucun organe sexuel propre à remplir l'acte de la reproduction.

Parmi les plantes, les unes portent à la fois des fleurs hermaphrodites et des fleurs unisexuées, tant mâles que femelles ; on les appelle polygames ; telles sont le frêne, le maïs. D'autres ne portent que des fleurs unisexuées, on les appelle diclines et on les divise en monoïques quand le même individu porte à la fois des fleurs mâles et des fleurs femelles, comme le maïs, le houblon, etc. ; dioïques, quand le même individu ne porte que des fleurs d'un seul sexe, comme le chanvre.

L'organe mâle ou étamine est porté sur un filet et terminé à sa partie supérieure par une anthère, renflement qui renferme le pollen ou poussière fécondante ; les organes femelles se composent du pistil ou des pistils, qui occupe toujours le centre de la fleur et consiste, tantôt en un organe unique, tantôt en un verticelle d'organes semblables et le plus souvent soudés ensemble, et de l'ovaire, sac folliacé qui renferme dans son intérieur un ou plusieurs petits corps qu'on nomme ovules et qui, situés dans une cavité ou loge, deviendront les graines.

Le pollen est une substance le plus souvent pulvérulente, renfermée dans les cellules de l'anthère, et qui, par son action sur le stigmate (extrémité supérieure du pistil), a la propriété de féconder les ovules. Quand le pollen est arrivé à son point de maturité, il rompt les cellules qui le renferment et s'échappe plus ou moins violemment ; à ce moment commence la fécondation. « Une fois les grains polliniques en contact avec le stigmate, celui-ci les retient appliqués à sa surface grâce à l'enduit visqueux qu'elle sécrète. Grâce à cette même humidité qu'ils absorbent par endosmose, les grains polliniques se gonflent. Ceux qui étaient ellipsoïdes ou allongés deviennent presque sphériques, et au bout d'un temps qui peut varier de quelques heures à plusieurs jours, la membrane interne s'échappe sous la forme d'un appendice tubuleux ou vermiforme, qui constitue le boyau pollinique. Ce boyau s'insinue entre les cellules du stigmate, puis chemine à travers le tissu cellulaire, appelé pour cela tissu conducteur, qui revêt le canal interne du style, descend ainsi plus ou moins lentement jusque dans l'intérieur de l'ovaire, arrive à l'ovule, et pénètre à travers son micropile jusqu'au sac embryonnaire. » (*Dictionnaire français illustré ou Encycl. univers.* au mot *Pollen*). L'ovaire devient dès lors un nouveau centre d'action et absorbe toute l'activité vitale de la plante, pour transformer l'ovule en graine et l'ovaire en fruit.

Les fleurs des plantes appartenant à la famille des graminées, l'une des plus importantes pour nous, puisqu'elle renferme les céréales, demandent quelques détails particuliers. Ces fleurs sont le plus souvent hermaphrodites, unisexuelles et dans ce dernier cas, presque toujours monoïques. Elles se réunissent en une inflorescence composée dans laquelle on distingue toujours des axes de divers degrés (principal

ou primaire, secondaire, etc.). Elles forment en effet tantôt un épi (froment, seigle, orge, etc.), tantôt
un épillet ou locuste (avoine, agrostis, vulpin, etc.),
d'autres fois un panicule (poa, brize, brôme). L'épi
lui-même n'est, à proprement dire, qu'une réunion
d'épillets presque sessiles. A sa base, on trouve deux
bractées stériles, appelées glumes, qui l'entourent
comme d'une sorte d'involucre. Chaque fleur, considérée isolément, contient aussi deux folioles nommées
glumelles, paillettes ou bractées fertiles en botanique,
et balles dans le langage agricole. Plus à l'intérieur,
représentant le périanthe de la fleur, on rencontre
de très-petites folioles ou écailles, quelquefois sou-
dées entre elles et auxquelles on a donné le nom de
paléoles. Les étamines sont généralement au nombre de trois, dont deux supérieures et une inférieure ;
elles sont toujours hypogènes, c'est-à-dire insérées
au-dessous du pistil, et composées d'un filet capil-
laire, avec une anthère linéaire, biloculaire et versa-
tile. L'ovaire est uniloculaire (à une seule loge) et
uniovulé (à un seule ovule) ; les styles sont au nombre de deux ou de trois, rarement soudés en un
seul ; les stigmates sont plumeux ou poilus ; le fruit
est une cariopse, avec l'embryon situé à la base de
l'albumen lenticulaire et avec un large cotylédon.

La floraison du froment ne dure que deux ou trois
jours au plus, et l'épi tout entier entre en fleurs à la
fois, du haut jusqu'en bas. M. Loiseleur-Deslonchamps
a peut-être observé le premier que la fécondation du
froment se fait à huis-clos, c'est-à-dire avant que les
glumelles s'entr'ouvent pour laisser apparaître au
dehors les étamines ; il avait en effet remarqué que
les anthères, au moment où elles se montrent, sont
vides de pollen. Ce fait a été vérifié et est admis
aujourd'hui par tous les botanistes dont plusieurs

nient même la possibilité de l'hybridation naturelle entre variétés semées l'une à côté de l'autre sur le même sol. La pratique de l'hybridation artificielle, proposée en 1863 par M. Daniel Hooïbrenck, ne reposait donc sur aucune base rationnelle et ne pouvait être confirmée par la pratique. Ceci n'implique point d'ailleurs l'impossibilité de l'hybridation artificielle qui cependant constitue, pour les graminées, une opération délicate, puisqu'il faut saisir juste le moment où le pollen des étamines est mûr, et pratiquer l'ablation des étamines de l'autre fleur.

L'inflorescence du maïs diffère de celle des autres graminées en ce que les fleurs mâles forment un panicule situé à la plus haute extrémité de la plante, tandis que les fleurs femelles occupent environ le milieu de la tige ; là, l'hybridation est des plus faciles à pratiquer, et beaucoup de variétés nouvelles ont été obtenues par ce moyen ; elle se produit du reste naturellement dans nos cultures quand on y réunit des plantes appartenant à des races différentes ; M. Carrière, chef des pepinières au muséum d'histoire naturelle, a expérimenté que, malgré castration (parthénogénésie) du maïs, c'est-à-dire l'ablation des fleurs mâles avant qu'elles aient pu produire du pollen, certaines variétés de cette plante, le maïs chicot surtout, ont pu produire quelques grains sur l'axe de l'épi.

Au nombre des circonstances qui peuvent favoriser ou rendre plus difficile la fécondation, il faut donc placer la disposition, la forme et la situation des organes reproducteurs dans la même fleur, distincts sur la même plante, ou séparés sur deux individus différents. Mais il ne faut pas ignorer que le pollen est excessivement léger et que le vent le peut transporter très-loin. L'hybridation à distance est très-

fréquente sur les plantes de la famille des crucifères,
et pour elles plus encore que pour les autres plantes
porte-graines, il faut avoir le plus grand soin d'iso-
ler et d'éloigner autant que possible les diverses variétés d'une même espèce dont on veut obtenir des
semences dans toute leur pureté. Au nombre des
circonstances défavorables à la fécondation, il faut
placer la sécheresse qui s'oppose à ce que les pistils
puissent retenir les graines polliniques ; le vent qui
peut transporter le pollen au loin avant qu'il ait pu
tomber sur les stigmates ; la pluie qui délaie le pollen
et l'entraine sur le sol, ou lave les stigmates qui en
ont reçu quelques grains. On a observé que dans
certaines plantes de la famille des aroïdées surtout,
la température de la fleur, au moment de la fécondation, s'élevait très-notablement ; le 5 septembre
1838, l'air ambiant étant à $+ 21°$ c., Van Beck et
Bergsma ont vu la température d'une fleur de colo-
casia odorata s'élever jusqu'à 43° c.

Parmi toutes nos céréales, le froment, l'orge et
l'avoine paraissent être les seules plantes dont la
prévoyante nature ait protégé la fécondation contre
les intempéries ; mais elles restent exposées encore
aux maladies et aux ravages des insectes. Les autres
céréales ont en plus à courir les hasards du climat,
le froid qui empêche l'éruption du pollen quand le
pistil est en mesure de le recevoir, le vent qui l'entraine, la pluie qui le délaie, la chaleur qui le fait
parfois développer avant le temps. Disons aussi que
certains physiologistes regardent l'électricité comme
contraire à la fécondation de certaines plantes et en
particulier du sarrasin. Les cultivateurs savent que
les orages qui surviennent pendant la floraison de
cette plante sont souvent suivis d'un avortement plus
ou moins général des plantes ; mais il faut peut-être

attribuer ce fâcheux résultat à la pluie qui entraine
le pollen, plutôt qu'à l'électricité, cet agent encore
si peu connu.

La composition chimique des graines varie notablement d'après la nature du sol qui les a produites,
le climat, la variété à laquelle elles appartiennent,
le genre, l'espèce et la famille botanique dans lesquels elles rentrent. Nous en trouverons de frap-
pants exemples dans les analyses suivantes :

Éléments constituants.	Froment. (Boussingault)	Avoine. (Boussingault.)	Pois. (Einoff.)
Carbone	46,10	50,32	46,06
Hydrogène	5,80	6,32	6,09
Oxygène	43,40	37,14	40,53
Azote	2,29	2,24	4,18
Sels minéraux	2,41	3,98	3,14
	100,00	100,00	100,00

L'avoine contient donc plus de carbone, d'hydrogène et de principes minéraux que le froment et les
pois, mais moins d'azote; dans le froment, c'est
l'oxygène qui domine, et dans les pois l'azote. Mais
la proportion des éléments organiques et inorganiques, varie sensiblement dans les graines de la même
plante.

Éléments organiques.	Grains d'avoine du Ayrshire. (Norton).	Grains d'avoine Northumberland (Norton).	Grains d'avoine Bechelbronn (Boussingault).	Grains de seigle d'hiver (Boussingault).	Grains de maïs (Payen).
Gluten et albumine.	15,01	19,91	13,70	10,50	12,30
Amidon.	64,80	65,60	46,10	64,00	71,20
Matières grasses et huiles essentielles.	6,97	7,38	6,70	3,50	9,90
Sucre, glucose.	2,58	0,80	6,00	3,00	*
Gomme.	2,41	2,28	3,80	11,00	} 0,40
Ligneux.				»	5,00
Sels minéraux et perte.	} 14,23	4,03	24,70	8,00	1,20

On voit que les proportions de gluten et d'amidon peuvent varier. en proportions sensibles ; que le maïs contient une quantité notable de principes gras joints à l'abondance de l'amidon, et que le seigle est surtout riche en gomme. Venons maintenant aux sels minéraux :

Principes inorganiques.	Froment rouge de Giessen (Will et Frésénius).	Froment blanc de Giessen (Will et Frésénius).	Froment de Beauvais (M. Gossin).	Froment Anglais (Sibson).	Froment Anglais (Johnston).	Grains de Sarrasin (Isid. Pierre).
Potasse.	21,90	24,20	29,12	29,97	23,70	8,70
Soude.	13,70	10,30	»	3,90	9,40	20,10
Chaux.	1,90	3,00	4,98	3,40	2,80	6,70
Magnésie.	9,60	13,60	15,83	12,30	12,00	10,40
Oxyde de fer et alumine.	1,40	0,50	1,91	0,79	0,70	1,10
Acide phosphorique.	49,30	45,50	42,28	46,00	50,00	50,10
Acide sulfurique.	0,20	»	1,74	0,33	0,30	2,20
Silice.	»	0,20	3,87	3,35	1,20	0,70
Chlore.	»	»	0,19	0,09	»	»

On voit clairement, par ces tableaux, quelles différences peut amener dans la constitution des graines
l'influence du climat, du sol et des variétés culturales. On remarquera quel rôle important la magnésie
et l'acide phosphorique jouent dans la composition
chimique des céréales où elle domine sur la chaux,
tandis que dans le sarrasin, la soude l'emporte sur
la potasse. Nous pouvons tirer de là un indice précieux sur les engrais à donner à ces différentes plantes, et on en pourrait conclure l'action favorable du
plâtre sur le sarrasin, action qu'on n'a pas expéri-
mentée d'une façon sérieuse peut-être, ni dans toutes
les natures de terre. Il ne faut pas oublier, qu'ainsi
que nous l'avons précédemment démontré, les éléments constituants de la graine proviennent de la
tige et des feuilles d'où ils émigrent à mesure que
s'avance la maturation, et que le fruit est le résultat,
le but de toute végétation normale, la reproduction
de l'individu et de l'espèce.

Il faut donc fournir aux plantes qu'on cultive pour
leurs graines, les principes azotés assimilables
pour la constitution des tiges et des feuilles qui
devront absorber l'air; de la silice soluble qui donnera à la plante la rigidité suffisante et l'empêchera
de verser; enfin des principes minéraux distincts
dans presque chacune des espèces, afin de fournir
à la formation de la graine. Mais, il faut savoir établir la juste proportion entre ces divers éléments.
Une fumure très-abondante et immédiatement assimilable favorise la production des tiges et des feuilles, mais les fleurs et les graines avortent; l'abondance des principes minéraux solubles en l'absence
d'engrais azotés en proportion suffisante donne des
tiges courtes, des fleurs fertiles, un grain petit,
rond et assez abondant. Et de même qu'on cherche

à obtenir à la fois la plus grande quantité de grains
et de paille, de même il faut fournir au sol les éléments nécessaires de l'un et de l'autre.

La distinction établie par l'école allemande entre
la puissance et la richesse du sol semble se justifier
parfaitement ici. Toutes les fois qu'on augmente la
richesse du sol sans augmenter dans la même proportion sa puissance, on obtient des tiges, des feuilles et des fleurs, mais très-peu de graines ; à
l'inverse, quand on travaille beaucoup une terre argileuse, quand on chaule une terre siliceuse, sans
la fumer, en un mot quand on augmente la puissance sans accroître la richesse dans une semblable
proportion, on obtient des semences assez abondantes, mais des tiges courtes et des feuilles exiguës.
C'est ce qu'on peut observer dans l'emploi du guano
comparé à celui de la chaux ; le guano élève immédiatement la richesse, et la chaux la puissance ; le
premier fait verser les blés et convient aux fourrages ; la seconde donne de la rigidité à la paille et
donne beaucoup d'excellentes graines [1].

Les céréales, en général, le froment surtout, aiment la vieille force du sol, c'est-à-dire le terreau
depuis longtemps enfoui, très-divisé, incorporé
en un mot aux molécules terreuses. Le seigle, l'a-
voine, le sarrasin, sont moins exigeants sur ce point,
pourtant, que l'orge, le maïs et le froment surtout.
Le seigle se plaît dans les terres qui lui peuvent
abondamment fournir de la silice soluble ; l'orge

---

[1] « Les engrais trop faciles à décomposer, dont on n'a pas
fixé l'ammoniaque en la transformant en sulfate d'ammoniaque, tendent à augmenter la production des parties herbacées de la plante
dans une proportion plus forte que celle du grain. » (De Gasparin,
Cours complet d'agriculture. T. III. p. 640.

dans celles qui contiennent de la silice et de l'argile en quantité presque égales ; le froment dans celles qui renferment notablement de chaux et de magnésie, d'acide phosphorique, d'alcalis (soude, potasse) et de matières azotées ; le sarrasin, partout où il trouve dans un sol parfaitement divisé de l'acide phosphorique et des alcalis (chaux, magnésie, soude, potasse). Les céréales d'automne sont moins exigeantes sur la fécondité du sol que celles de printemps, parce que la période de leur végétation est plus longue et que dès le commencement, elles préparent les matériaux de leur développement complet, à l'aide en même temps de leurs feuilles et de leurs racines ; elles reprennent de bonne heure au printemps leur essor, dès que la température de l'air et celle du sol se sont un peu élevées ; l'humidité stagnante de l'hiver détruit leurs racines, l'humidité surabondante au printemps entrave et contrarie l'émission des tiges.

Dans le froment, le seigle, l'orge et l'avoine d'hiver, c'est à la fin de l'automne ou de très-bonne heure au commencement du printemps que le collet de la plante prépare les bourgeons nouveaux qu'il va émettre dès que les racines secondaires auront redonné à la plante une vigueur nouvelle. On peut examiner les plantes à la loupe pour s'en convaincre, et dès la fin de février, on pourra déterminer exactement, si la plante a été semée d'assez bonne heure à l'automne, le nombre des tiges et même le nombre des grains de chaque épi. On dit à ce moment que la plante talle, et dès lors, la culture ne peut plus guère influer sur le rendement de la plante en tiges et en épis ; tout a dépendu des principes que la plante a trouvés dans le sol, et des circonstances climatériques.

18

Il existe pourtant encore un moyen mécanique, moyen qui, employé à temps, peut déterminer l'émission de nouveaux bourgeons et accroître par cela même le nombre des tiges et des épis. Il consiste à déchirer le collet pour y déterminer un afflux de la séve, d'où résulte souvent la production d'un bourgeon supplémentaire. Tel est le résultat qu'on obtient du râtelage à la main ou du hersage des céréales au printemps ; les dents de l'instrument forment une ou plusieurs plaies au collet, en même temps qu'elles façonnent la terre dans son voisinage facilitant la pénétration de l'air et de la chaleur. Le même effet peut être obtenu, dans les sols légers par le rouleau qui comprime à la fois le collet et le sol. Mais ces pratiques doivent être exécutées à temps, sous peine de perdre la plus grande partie de leur opportunité. Nous aurons occasion d'ailleurs de revenir sur ce sujet en traitant de la culture des plantes céréales.

Le pincement, l'effeuillage, l'écimage, c'est-à-dire le retranchement de l'extrémité supérieure des rameaux, des feuilles ou des tiges, en refoulant la séve vers les fleurs, assure leur fécondation d'abord, et plus tard le développement de la graine ou du fruit. On les met en pratique : l'écimage ou le pincement pour les fèves et les citrouilles, l'effeuillage ou effiolage pour le froment : dans ce dernier cas, on fait refluer la séve vers le collet qui émet alors un plus grand nombre de bourgeons, c'est-à-dire de tiges.

§ 9. De la production des racines.

Dans la culture de ce qu'on nomme les plantes-racines, nous avons toujours pour but d'obtenir un renflement du pivot, point d'agglomération où se rendent diverses substances comme l'amidon, le sucre, etc. C'est par des soins persévérants et prolongés que nous avons pu obtenir de certaines plantes sauvages, ce nouveau mode de développement, anormal pour elles ; mais c'est à nous aussi de le favoriser par tous les moyens en notre pouvoir.

De même que les animaux ne commencent à secréter, à emmagasiner la graisse que lorsque leur développement normal est accompli, que lorsque l'accroissement, l'entretien et la réparation des organes laissent au sang un excédant de matériaux nutritifs dont l'économie fait des réserves pour l'avenir ; de même aussi, il faut fournir à nos plantes un excès de nutrition si nous voulons qu'elles puissent faire dans leurs racines des dépôts, non de graisse, mais de substances qui pourront se convertir en graisse, la gomme, l'amidon, le sucre, combinaisons de carbone, d'hydrogène et d'oxygène, dont le tableau suivant nous indique les proportions :

Éléments.	Pommes de terre (Boussingault).	Topinambours (Boussingault).	Betteraves (Boussingault).
Carbone.	43,72	43,02	42,75
Hydrogène. . . .	6,00	5,91	5,77
Oxygène.	44,88	43,56	43,58
Azote.	1,50	1,57	1,66
Acide carbonique..	0,52	0,65	1,00

On voit que ces racines dont l'une est riche en fécule surtout, l'autre en inuline, la troisième en sucre, ne présentent pas de différences bien sensibles dans leur composition élémentaire. Il en sera à peu près de même si nous analysons leurs cendres.

Principes inorganiques.	Pommes de terre (Johnston)	(Boussingault)	Topinambour (Boussingault)	Betteraves (Boussingault)	Navets. (Boussingault)	Turneps. (Johnston)	rutabagas (Sibson)
Potasse.	35,70	} 54,50 {	"	39,00	33,70	44,90	36,98
Soude.	1,80		44,50	6,00	4,10	5,10	6,76
Chaux.	2,00	1,80	2,30	7,00	10,90	13,60	41,14
Magnésie.	5,20	5,40	1,80	4,40	4,30	5,30	3,61
Peroxyde de fer et alumine	0,50	0,50	5,20	2,50	1,20	4,30	1,09
Acide phosphorique. .	12,50	11,30	10,80	6,00	6,40	7,60	9,74
Acide sulfurique. . .	13,60	7,10	2,30	1,60	10,90	13,60	12,43
Silice.	4,20	5,60	13,00	8,00	6,40	7,90	3,43
Chlore.	4,20	2,70	1,60	5,20	2,90	3,60	8,44

Ainsi, l'importance de la soude et de la potasse augmente comparativement aux céréales, tandis que celle de la chaux et de la magnésie diminue ; les plantes-racines consomment moins d'acide phosphorique que les céréales, mais plus d'acide sulfurique, le turneps surtout. Presque toutes, par la proportion élevée de silice qu'elles renferment, nous montrent leur préférence pour les terrains siliceux. Il leur faut donc choisir un sol léger, frais et meuble, garni d'engrais riches en carbone plus qu'en azote, en soude plus qu'en chaux. Les feuilles de ces plantes sont en général plus riches que les tiges en azote, et en hydrogène, mais plus pauvres en carbone ; la quantité d'eau de végé- tation est à peu près la même.

Nous avons étudié le mode distinct de végétation de la plupart de ces plantes dans le traité spécial consacré à la culture des plantes-racines[1]. Nous nous bornerons à dire ici que la culture de la garance a bien pour objet la production des racines dont on extrait une matière colorante d'un grand prix, mais que ces racines ne fournissent point de renflements analogues à ceux des plantes dites plantes-racines et que nous avons eues seules en vue dans ce qui précède. Leur composition est donc notablement différente, comme le démontrent les trois analyses que voici :

Principes inorganiques.	Garance d'Alsace (M. Kœcklin).	Garance d'Alsace (M. Kœcklin).	Garance de Zélande (M. May).
Potasse.	20,30	18,07	2,73
Soude.	11,04	7,91	20,57
Chaux.	24,00	19,84	13,01
Magnésie.	2,60	2,50	2,53
Peroxyde de fer. . .	0,82	2,28	2,13
Acide phosphorique. .	3,62	3,13	13,44
Acide sulfurique. . .	2,56	1,45	2,28
Chlore.	3,27	8,98	10,04 [2]
Silice.	1,16	3,63	13,10
Acide carbonique. .	25,83	21,35	11,60
Carbone.	4,12	11,48	5,93

Ainsi, dans certains cas, la soude pourrait se substituer à la potasse qui ferait défaut, ainsi que nous avons eu déjà occasion de le faire remarquer, de même que la magnésie à la chaux ; de même aussi, dans les terrains salés de la Zélande, la silice s'est en partie substituée à la chaux qui, en Alsace, constitue en majeure partie le squelette de la plante ; il

[1] *Guide prat. de la cult. des plantes fourragères.* T. II, 2ᶜ section, plantes-racines, par A. Gobin.
[2] Chlorure de sodium.

semblerait donc que le choix des bases solubles fût assez indifférent à certaines plantes. Dans tous les cas, il est hors de doute que le carbonate de chaux est à peu près indispensable au sol dans lequel on cultive les plantes à racines tinctoriales ; c'est lui qui donne de la fixité aux couleurs, et quand il fait défaut pendant la végétation, il faut l'employer plus tard dans la préparation industrielle des produits ; il paraît aussi influencer favorablement la production des sucs colorants. Ceux-ci sont jaunes, dans la garance et ne deviennent rouges que par l'oxydation ; certains sols donnent de la garance grise, d'autres de la garance rosée, sans qu'on ait pu, jusqu'ici, déterminer quel est le principe dont la présence ou le défaut déterminent ces résultats. M. de Gasparin croyait pouvoir l'attribuer, dans certains cas, à une interruption de la végétation, parce que les garances les plus rouges des paluds d'Avignon proviennent des terres les plus sèches. Il est possible encore que les sols les plus poreux favorisent davantage l'oxygénation ou bien que la couleur rouge soit due en partie aussi à l'abondance des sels de fer.

Nous n'avons pas besoin de rappeler que pour la production des racines, plus encore peut être que pour toute autre, la préparation du sol doit être aussi complète que possible ; qu'il doit être ameubli profondément et uniformément dans toute son épaisseur ; exempt d'humidité en hiver, conservant de la fraîcheur en été, aéré par une extrême division ; enfin, abondamment fumé en engrais dont la composition varie suivant chaque plante, et surtout en fumiers frais enfouis avant l'hiver.

§ 10. De la succession des cultures.

Nous venons d'offrir de nombreuses preuves que chaque espèce de plantes enlève au sol des éléments variables en nature et en quantité suivant sa puissance élective et ses besoins ; d'un autre côté, les physiologistes ont admis, bien que cette opinion perde chaque jour des partisans, que chaque plante excrète, par ses racines, les principes inutiles ou nuisibles à sa végétation. Le premier fait expliquerait à la fois l'épuisement et l'effritement du sol, le second, l'effritement seul ; quoiqu'ils puissent avoir de fondé l'un et l'autre, il n'en est pas moins admis par tout le monde, par les savants et par les praticiens, que la même plante ne peut revenir indéfiniment sur la même terre, et qu'il faut varier les cultures comme les engrais.

Cette loi se vérifie dans les forêts où l'influence de l'homme est nulle, et où l'on voit, après une certaine période, le chêne se substituer au bouleau, le hêtre au châtaignier, les arbres à feuilles caduques aux arbres à feuilles persistantes ; dans les pâturages alpestres où l'on voit les différentes familles naturelles des plantes se succéder alternativement, les graminées aux ombellifères, les légumineuses aux graminées, etc. Il serait aisé d'en fournir de nombreuses preuves dans le nord-est de l'Europe et en Amérique. Mais l'explication n'est venue qu'après coup, et c'est à la pratique qu'on doit la loi de succession des cultures ou alternat, premier principe des assolements.

Les Romains avaient bien entrevu ce principe, puisque Virgile nous dit : *Variis requiescunt fœtibus arva*, mais ils paraissent peu l'avoir appliqué puisque l'assolement conseillé par Virgile est l'assolement

biennal. C'est dans les Flandres qu'on put observer
pour la première fois l'alternat passé à l'état de pratique générale, et c'est là que l'a pris Dawson, d'Erpe-
ton (Berwikshire) qui l'importa en Angleterre et lui
donna le nom de culture conversible ; c'était à la fin
du siècle dernier. De Morel-Vindé, Pictet, Yvart, Dombasle, en France; Arthur Joung en Angleterre ; Thaër
et Crüd en Allemagne, en furent les propagateurs, et
aujourd'hui il est implanté sur tous les points de
l'Europe, mais non pas universellement pratiqué. Il
consiste à faire succéder les plantes à racines pivo-
fantes à celles à racines traçantes ; les plantes étouf-
tantes ou nettoyantes à celles salissantes ; celles
améliorantes à celles épuisantes ; les légumineuses
aux graminées, les ombellifères aux crucifères ; les
plantes-racines aux céréales ; les plantes fourragères
aux plantes industrielles, etc., enfin à varier l'épuisement du sol comme on doit varier les engrais,
et comme dans l'alimentation du bétail on doit varier
les fourrages.

L'alternat a des limites pourtant, et après un certain temps, on suppose ou que le sol a réparé
ses pertes par l'atmosphère et les engrais, ou que
les excrétions des plantes ont disparu résorbées,
oxydées ou évaporées. Après un laps de temps variable selon surtout que la plante a occupé le sol
plus ou moins longtemps, on peut l'y faire revenir.
On avait, à tort, fixé ce retour après un intervalle
égal à la durée du séjour ; ce délai est évidemment
trop bref pour la plupart des plantes, notamment
pour le froment, la luzerne et le sainfoin. Pour les
plantes à racines superficielles, la fécondité acquise
du sol ou celle qu'on lui rend par les engrais peuvent réparer promptement l'épuisement qu'elles
causent ; il n'en est pas de même pour les plantes à

racines pivotantes, pour celles surtout qui vivent dans le sous-sol, où il est si difficile, si coûteux et si long de faire pénétrer les principes réparateurs. Il n'y a donc en quelque sorte pas de limite au retour des premières ; mais plus on éloignera celui des secondes (intervalle égal à deux ou mieux trois fois leur durée) et plus on aura de chances d'obtenir des récoltes abondantes et durables.

Tous les assolements, quelle que soit leur durée, peuvent être alternes et par conséquent reconnaître pour loi la succession des récoltes ; ainsi, on peut faire :

1° Jachère.	1° Racines fumées.	1° Racines fumées.	1° Racines fumées.	1° Plantes sarclées ou racines.
2° Blé.	2° Froment.	2° Froment.	2° Orge.	2° Froment.
3° Jachère.	3° Trèfle.	3° Trèfle.	3° Trèfle.	3° Trèfle.
4° Vesces.	4° Avoine.	4° Avoine.	4° Froment.	4° Avoine.
5° Jachère.	5° Colza fumé.	5° Vesces.	5° Colza fumé.	5° Vesces, fourrages.
6° Avoine etc.	6° Trèfle.		6° Froment.	6° Froment.
7° Jachère.	7° Tabac.			7° Trèfle incarnat puis sorgho.
8° Betteraves.	8° Froment.			8° Orge.
9° Avoine.				

Mais il faut bien se garder de confondre la rotation avec l'assolement ; la rotation est la combinaison de l'ordre dans lequel doivent se succéder les cultures au point de vue de la convenance du sol ; l'assolement est la combinaison de l'ensemble des cultures au point de vue des besoins de l'exploitation en fourrages, litières, engrais et produits de vente. Ainsi, chaque plante peut réclamer une place spéciale dans la rotation selon la nature du sol ; mais chaque assolement doit comprendre une certaine su-

perficie variable en racines, en fourrages naturels
ou artificiels, en pailles pour litières, en grains
pour la vente, afin de fournir à l'entretien du bétail de trait et de rente, à la production des fumiers
et à la reconstitution des avances en espèces. C'est
l'agriculture, en un mot, qui règle la rotation, et
c'est l'économie rurale qui régit l'assolement. Nous
allons avoir occasion d'y revenir dans le chapitre 8.

. La succession des cultures , appuyée par la pratique d'abord, puis par la physiologie végétale et
par la chimie, est un principe généralement admis
aujourd'hui, et auquel on ne doit déroger que dans
des circonstances tout à fait anormales et en présence
d'impossibilités bien averées.

§ 11. Facultés héréditaires des plantes. — Amélioration.

Les plantes, comme les animaux, sont douées de
facultés héréditaires qui leur permettent de reproduire des êtres semblables à elles et qui assurent la
conservation de l'espèce, premier but de la nature.
Mais ce n'est là, dans aucun des deux règnes, pourtant, une loi immuable, invariable, nous en avons
chaque jour sous les yeux des preuves manifestes.
Deux circonstances principales modifient plus ou
moins profondément la ressemblance des produits
avec leurs parents : celle du sol et du climat d'abord
secondée souvent par les soins de l'homme ; puis
le mélange des variétés, des races, et même des
espèces.

Toutes nos plantes cultivées ne sont pas sorties
des mains de la nature telles que nous les voyons
aujourd'hui ; elles appartenaient toutes, sans doute,
à un type sauvage souvent disparu aujourd'hui, et
ont été améliorées par les soins de l'homme qui les

a entourées de circonstances artificielles propres à
produire sur elles le résultat qu'il recherchait, savoir
un climat favorable, un sol riche, la sélection des
graines les plus rapprochées de la perfection désirée.
Tantôt on a artificiellement mélangé les variétés et les
races, tantôt, on a tiré parti des hybridations qui s'é-
taient naturellement produites ; d'autres fois encore,
on a propagé des modifications anormales, tératolo-
giques, accidentelles. Dans le règne végétal comme
dans le règne animal, l'amélioration s'éloigne souvent des lois de la nature et doit alors être considérée
comme une dégénérescence. Aussi, la recherche des
types primitifs, qui serait si intéressante, non-seulement au point de vue de l'histoire morale de l'hu-
manité, mais encore au point de vue physiologique,
est-elle devenue excessivement difficile et ne peut-elle
être le plus ordinairement appuyée que sur des
hypothèses.

MM. Vilmorin, père et fils (1840-1858) ont pratiquement étudié cette question fort importante dont
ils ont fait sortir plusieurs faits pratiques très-inté-
ressants. M. Vilmorin père, prit en 1832, la carotte
sauvage de nos champs, et en 1839, à la quatrième
génération, il avait obtenu déjà des racines blanches,
jaunes et rouges complétement analogues à nos variétés cultivées. Il lui avait suffi d'agir, par la sélection
des reproducteurs, et dans une terre convenable.
M. Louis Vilmorin, opérant par sélection sur les
betteraves est parvenu à obtenir, dès la deuxième
génération des racines qui contenaient de 16 à 21 p.
0/0 de sucre ; il avait entrepris les mêmes études
sur le colza, la garance, une variété d'ajonc sans épines, etc. Enfin, il en a conclu une théorie physiologique fort curieuse et qu'il développe ainsi :

« Si nous considérons une graine au moment où,

mise en terre, elle va donner naissance à un nouvel individu, nous pouvons la regarder comme sollicitée quant aux caractères que devra présenter la plante qui doit en naître par deux forces distinctes et opposées. Ces deux forces qui agissent en sens contraire, et de l'équilibre desquelles résultent la fixité de l'espèce, peuvent être considérées ainsi qu'il suit :

« La première ou force centripète, est le résultat de la loi de ressemblance des enfants aux pères, ou atavisme ; son action a pour résultat de maintenir dans les limites de variation assignées à l'espèce les écarts produits par la force opposée. Celle-ci, ou force centrifuge, résultant de la loi des différences individuelles, ou d'idiosyncrasie, fait que chacun des individus composant une espèce, bien qu'on puisse la considérer comme formée de la descendance d'un individu (ou d'un couple) unique, présente des différences qui constituent sa physionomie propre et produisent cette variété infinie dans l'unité qui caractérise les œuvres du créateur.

« Nous venons d'abord, pour plus de simplicité, de considérer l'atavisme comme constituant une force unique ; mais si l'on y réfléchit, on verra qu'il présente plutôt un faisceau de forces agissant à peu près dans le même sens, et qui se compose de l'appel ou de l'attraction individuelle de tous les ancêtres. Or, pour faciliter l'intelligence de l'action de cette force, il nous faudra considérer d'abord et d'une manière abstraite, la force de ressemblance à la masse des ancêtres, qui pourra être considérée comme l'attraction du type de l'espèce, et à laquelle nous réservons le nom d'atavisme ; puis, séparément et d'une manière plus spéciale, l'attraction ou la force de ressemblance au père direct ou hérédité, qui, moins puissante, mais plus prochaine, tendra à perpétuer dans l'enfant les caractères propres du parent immédiat.

« Tant que le père ne s'est pas éloigné d'une manière sensible du type de l'espèce, ces deux forces agissent parallèlement et se confondent, et les variations qui peuvent survenir, dans ce cas, par l'effet de la loi d'idiosyncrasie peuvent se présenter indifféremment dans toutes les directions sans en affecter plus particulièrement aucune. Il n'en est plus de même quand le père direct s'est éloigné notablement du type, la force de ressemblance au père direct se combinant alors avec celle de variations individuelles, il en résulte un excès de déviation dans le sens de la résultante de ces deux forces, ou si l'on aime mieux, les variations nouvelles rayonnent alors, non plus autour du type comme centre, mais autour d'un point placé sur la ligne qui sépare le type de la première déviation obtenue. » (*Notices sur l'amélioration des plantes par le semis et considérations sur l'hérédité dans les végétaux*. 1859. p. 33-35.)

Cette théorie est l'application exacte au règne végétal de celle qui a été construite pour le règne animal. M. L. Vilmorin poursuit la similitude jusqu'au bout, et conseille, pour obtenir des variétés nouvelles, de commencer par détruire la constance du type, ce qu'il appelle l'affoler, exactement comme M. Malingie l'avait fait au commencement de sa création de la race ovine dite de la Charmoire. Le plus délicat et le plus difficile de la tâche consiste ensuite à fixer la variété nouvelle ; il est des caractères accidentels qui se reproduisent immédiatement et avec certitude; il en est d'autres qu'on ne peut arriver à fixer par la semence. M. Vilmorin cite d'un côté la variété de fraisiers de Gaillon ou des Alpes sans filets, obtenue pour la première fois sous la forme d'un individu unique dans un semis de fraisiers des Alpes ordinaires, c'est-à-dire sans filets, et qui, depuis cette époque, s'est reproduite invariablement de graine ; d'un au-tre, le Zinnia élégant à fleur blanche panachée, ob-tenu un grand nombre de fois, et dont on a bien sou-vent recueilli séparément les graines, sans avoir pu jamais arriver à fixer cette variation. Ces deux faits suffisent pour démontrer dans quelles limites considé-rables s'étend la constance, faculté héréditaire des végétaux.

La voie ouverte par M. Vilmorin prouve qu'il y a beaucoup à faire pour augmenter les qualités de nos plantes agricoles. Nous pensons, en effet, qu'on pourrait, par sélection, augmenter dans les tiges, les feuilles ou les semences certains principes que les arts recherchent ou que l'alimentation publique utilise, comme le gluten des céréales, la fécule des racines, l'huile des oléagineuses, la couleur des plan-tes tinctoriales. Nous avons vu apparaître déjà un froment dit généalogique et que M. Hallett aurait ob-tenu par sélection, du blé Nursery, de 1857 à 1861 ; le blé Chiddam de mars obtenu, vers la même époque dans la Brie, par M. Hilaire Garnot, de Ville-la-Roche, par sélection, dans le blé Chiddam d'automne à épi blanc ; enfin, d'autres variétés nouvelles obtenues par hybridation. Parmi les plantes-racines, nous connais-sons aussi la betterave blanche impériale créée en Allemagne par M. Knauer, au moyen de la sélection, mais non encore suffisamment fixée. Les cultivateurs anglais sont beaucoup plus attentifs que nous à re-cueillir les variations obtenues sur les divers sols et à les reproduire ; aussi possèdent-ils en grand nombre des variétés de la plupart des plantes agri-coles, les unes pour les terres siliceuses, les autres pour les sols argileux, calcaires, tourbeux, etc.

§ 12. — Soins d'entretien des cultures.

Les soins d'entretien des cultures ont pour objet de maintenir le sol dans un état favorable à la vie des plantes et de les défendre contre leurs ennemis, à quelque règne qu'ils appartiennent. Nous distinguerons les sarclages, les binages, les hersages, les buttages et les roulages.

Le sarclage a pour but de détruire les mauvaises herbes qui épuiseraient le sol au détriment des plantes cultivées. Il se donne à bras, avec une houe à fer plus ou moins large, ou avec une râtissoire que l'ouvrier pousse devant lui, dans l'intervalle des lignes mêmes, et à la main dans les lignes ou dans les plantes semées à la volée. Dans l'Ouest, la Vendée, la Bretagne, on sarcle les blés au printemps, avec un râteau qui donne en même temps un hersage. On peut donner partiellement les sarclages aux plantes en lignes, avec une houe à cheval, complétement à celles semées en quinconce. Ces façons doivent être données en temps opportun, parce que la destruction des plantes nuisibles est plus facile quand elles sont jeunes que lorsqu'elles sont bien enracinées ; elles doivent être, autant que possible, exécutées par la sécheresse qui éteint la vie des racines, tandis que l'humidité ne tarde pas à la rétablir.

Les binages ont pour but de rompre la croûte superficielle du sol et, par conséquent, de le rendre plus perméable à l'air, à la pluie, aux rosées. Ils s'exécutent à la main (avec la binette, la serfouette, la houe, etc.) ou aux instruments, c'est-à-dire avec la houe à cheval à dents de herse ou avec les bineuses mécaniques. Du reste, le binage et le sarclage sont presque toujours simultanés, même lorsqu'on arrache l'herbe brin à brin avec la main. Le hersage des pommes de terre, celui des céréales, tout en détruisant l'herbe, rompent la croûte du sol et font de la miette ; de même celui des prairies naturelles et artificielles. Après eux, il faut avoir soin de ramasser à la fourche ou au râteau les racines traçantes ou stolonifères, pour les enlever, les faire sécher et les brûler, sans quoi on n'aurait fait que les multiplier en les divisant.

Les buttages consistent à amasser la terre au pied des plantes, tantôt pour augmenter l'épaisseur dans laquelle peuvent puiser leurs racines, tantôt pour appuyer les tiges, les garantir contre le vent et donner prise aux racines adventives qui se développent au-dessus du collet (maïs) ; d'autres fois, afin de recouvrir les tubercules (pommes de terre) qui, sans cela, durcissent en verdissant au contact de l'air ; enfin pour augmenter dans certaines racines (betteraves) la proportion de sucre de la partie voisine du collet. Ils doivent se donner assez à temps pour que la plante puisse encore pousser des bourgeons de tiges souterraines, pour que les tubercules n'en soient pas dérangés ou atteints ; le plus souvent, on l'opère en deux ou trois fois, remontant davantage la terre à chaque buttage. Le maïs, le tabac, ayant des racines peu profondes comparativement à leurs tiges, résistent mieux au vent après le buttage ; la tige de la garance n'est remplie que d'une séve verte qui prend la couleur jaune quand la tige est soustraite à l'influence de la lumière et mise en contact, par le buttage, avec la terre humide ; cette opération augmente donc la masse de matière colorante que l'on en peut retirer. Enfin, on butte aussi quelques végétaux pour soustraire leur collet et leurs racines aux froids trop intenses de l'hiver ; de ce nombre sont la garance, la vigne, l'olivier, etc., et nombre de plantes maraîchères.

Les roulages servent tantôt à ameublir le terrain
en pulvérisant les mottes par le poids de l'instrument, tantôt à tasser le sol, à comprimer les molécules qui donnant moins accès à l'air et à la chaleur,
conservent plus de fraîcheur et de cohésion. C'est
pourquoi on en fait un fréquent usage sur les terres
légères, après chaque semaille de printemps surtout,
et pourquoi on renouvelle de temps en temps cette
façon jusqu'à ce que les tiges soient devenues trop hautes pour la supporter. On emploie quelquefois aussi le
rouleau pour retarder la végétation des céréales dont
le développement prématuré fait redouter la verse ;
en pliant les tiges à angle droit sur le sol, l'instrument forme en ce point une cicatrice qui interrompt
mécaniquement et physiologiquement pour un temps
variable la circulation de la séve et la refoule dans
le collet ; les tiges, par la suite, deviennent plus ri-
gides, plus grosses, et l'épi mieux nourri.

Certaines cultures, comme le chanvre, la luzerne,
le trèfle, etc., ont pour ennemis dans le règne végétal,
des parasites dont il faut soigneusement surveiller
l'apparition. Tels sont l'orobanche du chanvre et de
la luzerne, les rhyzoctones, la cuscute qui vivent de
préférence sur les légumineuses. Il les faut détruire
dès qu'ils se montrent si l'on ne veut qu'ils s'empa-
rent du sol, et détruisent non-seulement la récolte,
mais les récoltes futures de même espèce. Nous en
traiterons plus spécialement en étudiant la culture
des plantes auxquelles ces parasites s'attaquent.

Quant aux ennemis des plantes dans le règne animal, ils sont nombreux et attaquent, les uns toutes
les cultures indistinctement, comme la taupe, la
courtillère, etc. ; les autres spécialement certaines
cultures, comme l'atise les crucifères, les pucerons
la fève ou la féverolle, la cécydonnie le froment, les

pyrades et les eumolpes la vigne, etc. Nous les indi-
querons en parlant de chaque plante et nous renverrons au *Traité d'Entomologie* qui fait partie de cette
collection, en répétant que pour les insectes nuisibles
comme pour les mauvaises herbes, nous sommes
tous solidaires les uns des autres, et que le moyen
le plus efficace de destruction consiste à rechercher
et détruire les germes plutôt qu'à poursuivre l'in-
secte arrivé à l'état parfait.

L'étaupinage, l'épierrage, l'arrosement avec de
l'eau pure ou des engrais liquides, trouvent leur application dans certains cas déterminés que nous in-
diquerons en traitant des prairies, des cultures ou
des sols. Nous avons parlé plus haut déjà, de l'effiolage, de l'écimage et du pincement, ce sont des soins
qu'il ne faut pas négliger si l'on veut obtenir le maximum de production. Il sera traité de ces opérations dans la culture des plantes qu'elles intéressent.

§ 13. Récolte des racines.

L'époque à laquelle les racines alimentaires ou
tinctoriales de nos cultures ont atteint leur complète
maturité varie selon l'époque de leur semaille ou
plantation, le degré de sécheresse ou d'humidité du
sol et sa couleur plus rapprochée du noir ou du blanc,
selon surtout la variété hâtive ou tardive à laquelle
appartiennent les plantes. Chacune d'elles a en quelque sorte une époque particulière de semaille,
comme chacune offre des signes distincts de maturité. En semant trop tôt, on s'expose à voir un grand
nombre de tiges monter, fleurir et grainer sans former de renflements radiculaires ; en récoltant trop
tard, on a à redouter les ravages des insectes, de

la pluie ou des gelées. Quelques-unes seulement, comme le topinambour, le rutabaga, peuvent passer l'hiver en terre, mais dès que la végétation reprend son essor au printemps, les racines se creusent, deviennent ligneuses, le collet lance ses tiges et la plante devient dure et perd la plus grande partie de ses qualités nutritives.

D'après divers observateurs, les racines arrivées à leur maturité auraient reçu, depuis leur plantation ou depuis la reprise de la végétation :

Pommes de terre en Alsace (1836, M. Boussingault)......	3,039	unités de chaleur.
Pommes de terre en Alsace (moyenne M. Boussingault)......	2,944	»
Pommes de terre à Alais (M. de Gasparin).........	3,228	»
Pommes de terre à la Saulsaie (1853, M. Pouriau).....	2,168	»
Betteraves à Orange (1845, M. de Gasparin).........	5,017	»
Navets (moyenne, M. de Gasparin).	1,600	»
Batate à Orange (M. de Gasparin).	3,645	»
Garance à Orange (M. de Gasparin).	3,586	»

M. de Gasparin qui a porté son esprit investigateur sur tous les points importants de la culture, se demande si, pour les pommes de terre notamment, la maturité des graines est bien le signe que les tubercules ont atteint leur maximum de développement, leur complète maturité. « C'est une question qui n'a pas été résolue, dit-il. Beaucoup de cultivateurs arrachent après la floraison, sans attendre le développement du fruit ; c'est à quoi on est forcé, par exemple, pour les espèces tardives qui ne fructifient jamais dans le climat du nord de la France. Il semblerait, en effet, que la végétation intérieure

devrait s'arrêter en même temps que la végétation
extérieure. Il n'en est pas ainsi, et dès que les tiges
aériennes viennent à manquer aux tubercules, s'ils
sont suffisamment pourvus de chaleur et d'humidité,
comme cela arrive si on les laisse en terre, leurs
germes se développent et ils rentrent en végétation
aux dépens de la fécule qu'ils contiennent. La flétris-
sure des tiges est donc une époque limite pour la
récolte ; mais à quel moment les tubercules cessent-
ils de profiter ? leur accroissement s'arrête-t-il avant
la floraison, au moment de la floraison, au moment
de la fructification? Voilà des points à vérifier.
La pratique des cultivateurs est très-diverse à
cet égard et semblerait indiquer que le tubercule gagne peu depuis la floraison ; car, à partir
de cette époque, ils procèdent à la récolte selon
leurs convenances, beaucoup plus que d'après
toute autre considération, par exemple selon la nécessité de préparer le terrain pour une récolte subséquente, l'approche de la saison des gelées pour les
secondes récoltes, etc. La véritable maturité pour
le tubercule pris isolément, c'est le moment où il
renferme la plus grande quantité possible de fécule
relativement à son volume. Ce moment est indiqué
par l'épaississement de l'épiderme et par la diminution de la proportion des parties aqueuses qui se
réduisent à environ 70 d'eau par 100 au moment où
doit se faire la récolte. Mais comme la formation
des tubercules est successive, qu'il s'en produit de
nouveaux à toutes les époques de la végétation, que
par conséquent il s'en trouve de tous les âges à chaque plante, il n'y a pas de maturité générale pour la
plante, il n'y en a que pour tel ou tel tubercule
donné, et le moment de l'extraction de ces tubercules doit être celui où le plus grand nombre d'entre

eux approche de sa maturité complète. Alors on trouve que, dans leur ensemble, sur 100 parties, ils en contiennent 75 à 77 d'eau. » (*Cours complet d'agr.* T. IV, p. 20-22.).

Il est de fait que les tubercules, que les racines, de même que les grains qui n'ont pas atteint leur maturité complète, sont d'une conservation plus difficile ; mais pour la pomme de terre, ainsi que pour la betterave et la carotte, il faut récolter dès qu'on prévoit la possibilité d'un abaissement de température que les racines ne supporteraient pas sans danger. Les tiges ou fanes de la pomme de terre et celles du topinambour se dessèchent complétement vers la mi-septembre, tandis que les feuilles des carottes et betteraves, moins celles les plus extérieures au collet qui jaunissent successivement, se conservent vertes jusqu'aux gelées ; il en est de même de celles des navets, tandis que celles des rutabagas et des panais persistent presque toutes. Il ne faudrait donc point se baser sur les signes tirés de la feuillaison pour déterminer l'époque de maturité.

En général, l'abaissement ordinaire de température qui marque les nuits du mois d'octobre suffit pour arrêter la végétation, et d'ailleurs, il y a deux autres motifs importants qui limitent le temps pendant lequel les racines peuvent occuper le sol ; ce sont les gelées probables d'abord, puis l'emblavure qui doit leur succéder, et qui d'ordinaire est une céréale d'hiver. Pour échapper à l'une de ces nécessités dans des terres où l'ensemencement devait se faire de bonne heure, un cultivateur du Nord divisait ses champs en bandes alternatives de betteraves et de froment ; au moment de l'emblavure du blé, on arrachait les betteraves pour les jeter sur le chaume et on ensemençait de suite la place qu'elles

occupaient précédemment ; on prenait son temps
ensuite pour décolleter et mettre en silos. Cette pratique pourrait s'appliquer à quelques circonstances
particulières, mais on ne saurait la recommander
d'une manière générale.

On extrait les racines du sol soit à la main, soit
avec des outils à mains, soit avec des instruments
trainés par le bétail. On peut arracher à la main les
carottes, betteraves, navets, rutabagas, etc., plantés
en terres légères et peu profondes, surtout quand
ils appartiennent à une variété dont le collet s'élève
notablement au-dessus du sol ; encore faut-il qu'un
homme muni d'une fourche passe derrière les arra-
cheurs pour recueillir les racines dont les feuilles
ont été séparées. Le plus souvent, on emploie pour
les carottes et les betteraves une fourche à trois dents
plates, pour les navets une petite houe à main ou
serfouette, et pour les pommes de terre une pioche;
la bêche a l'inconvénient de remuer un lourd cube
de terre et de couper beaucoup de racines ou de
tubercules.

Dans la grande culture, dans les contrées où la
main-d'œuvre est rare et par cela même d'un prix
élevé, on arrache les pommes de terre, les betteraves
et les carottes à la charrue ou au buttoir, ainsi que
nous le dirons en parlant de la culture de ces plantes.

Quel que soit le mode de conservation qu'on
adopte pour les racines, il est indispensable de les
débarrasser de leurs fragments de tiges ou de feuilles, en un mot, de tout principe fermentescible ;
c'est ce qu'on obtient par le décolletage. Mais cette
opération délicate demande beaucoup de soins et de
surveillance, beaucoup plus même qu'on ne lui en
accorde généralement, bien que ce soit d'elle que
dépende en partie la bonne ou mauvaise conserva-

tion de la récolte. Si, d'un côté, en effet, il est indispensable de retrancher tous les pétioles des feuilles qui fermenteraient et pourriraient dans les silos ou celliers, déterminant parfois la fermentation et la putréfaction des racines, d'un autre, par contre, il faut conserver à la racine son collet parfaitement intègre, puisque c'est là que réside pour elle le siége de la vie, que c'est là seulement qu'elle peut puiser la force de réaction contre les causes destructives qui l'environneront.

Nous croyons donc que pour les racines destinées à l'alimentation du bétail, à une longue conservation, par conséquent, il faut renoncer au décolletage à la bêche, au louchet, au couperet, pour employer celui à la main et au couteau, dans lequel l'ouvrier ne retranche que ce qu'il veut, parce qu'il agit de plus près et peut diriger l'instrument. Tout au moins, devrait-on mettre à part pour les faire consommer les premières, les pommes de terre qui ont été atteintes par le fer de la bêche, de la fourche ou de la charrue, les carottes et les betteraves qui ont été rompues ou écolletées.

Les racines empruntent d'autant plus d'eau au sol que celui-ci en contient davantage; aussi, celles qui proviennent de terres humides renferment-elles une proportion d'eau de végétation sensiblement plus élevée que celles produites par des terres sèches et légères. Les betteraves et les carottes récoltées dans des tourbes renferment une proportion d'eau insolite qui les rend moins nutritives et nuit souvent à leur conservation. C'est là une question importante au point de vue industriel, parce que pour obtenir une quantité donnée de sucre ou d'alcool, de fécule ou d'amidon, il faut manipuler un poids plus élevé de racines. Dans l'alimentation, il faut tenir compte également de ce fait, et nous avons remarqué que les carottes très-aqueuses rendaient les chevaux très-mous et incapables d'un service un peu rude, tandis que les racines venues en terres siliceuses tempéraient ces défauts par une huile grasse essentielle excitante et plus abondante sans doute, du moins relativement. C'est un motif de plus de laisser complétement ressuyer les racines sur le sol, quand le temps le permet, avant de les rentrer en celliers ou en silos.

En Angleterre, où le climat est très-favorable aux turneps, on ne fait le plus souvent, aucuns frais de récoltes pour ces racines exclusivement destinées au bétail. Le troupeau est conduit chaque jour sur une partie limitée du champ, et les moutons rongent la plante en terre, ne laissant que l'épiderme ; le berger, avec sa houlette, arrache celles qui, bien rares, ont cru trop bas dans le sol. Il en est souvent de même pour les bêtes à cornes, ou tout au plus arrache-t-on les turneps pour les laisser sur le terrain où on conduit les animaux; une très-faible quantité est rentrée à la ferme pour la consommation des animaux à l'engrais ou les mauvais jours de l'hiver.

Le point important dans la conservation des racines alimentaires, c'est d'abord de les abriter des froids intenses, de la gelée qui, cristallisant l'eau qu'elle renferme, rompt les cellules et désorganise les tissus ; ensuite de les tenir à une température à peu près constante, de les soustraire à une chaleur humide qui susciterait la fermentation des matières étrangères et privées de vie, qui provoquerait la reprise de la végétation, exposant ainsi les racines des tubercules à la putréfaction ou à une végétation préjudiciable à leurs qualités. C'est pourquoi il faut recouvrir les silos d'une couche de terre assez épaisse pour soustraire autant que possible les plantes aux variations de chaleur et de froid, les orienter dans leur longueur, du nord au sud, et enfin, les placer dans un endroit sec. C'est pourquoi encore la terre argileuse vaut mieux que le sable, pour les recevoir, et pourquoi aussi on doit établir dans les silos comme dans les celliers, au moyen de tuyaux de drainage ou de fagots, des courants d'air qu'on peut intercepter ou rétablir à son gré et suivant les modifications que subit la température.

L'ordre dans lequel on doit consommer les racines dépend un peu du milieu dans lequel on les conserve, mais surtout de la résistance qu'elles présentent aux chances de destruction et notamment à la gelée. On commence, en général, par les navets, puis les pommes de terre ; les carottes et les betteraves viennent en dernier lieu. On sait que les topinambours et les rutabagas peuvent rester en terre pendant l'hiver ; on les arrache donc seulement au fur et à mesure des besoins tant que la saison n'est pas rigoureuse ; mais si on prévoyait des froids rigoureux et prolongés ou des neiges abondantes, il faudrait en faire provision à l'avance soit dans les celliers, soit dans des silos, avant que l'arrachage ne fût rendu plus difficile ou même impossible.

Quant à la garance, l'arrachage s'opère à bras, au moyen de la bêche ou de la houe, ou à la charrue par un labour de défoncement. La profondeur à laquelle s'enfoncent les racines varie de $0^m,40$ à $0^m,75$; c'est cette profondeur qui, avec la rareté ou l'abondance de la main-d'œuvre, détermine la pratique à suivre. Les racines extraites du sol y restent étendues pour sécher jusqu'à ce qu'elles cassent net sans plier; on les rentre ensuite sous des hangars

en maçonnerie ou en planches ouverts de deux côtés opposés au moins, de manière à ce que la dessication puisse s'achever.

§ 14. Récolte des tiges.

Les plantes textiles, chanvre et lin, s'arrachent à
la main dès que leur maturité est assez avancée ;
quelquefois pourtant, comme en Italie, on coupe les
tiges à la sape ou à la faucille, mode plus expéditif
peut-être, mais qui, en somme, finit par devenir aussi
coûteux parce qu'il faut faire ensuite un triage à la
main. Nous croyons devoir résumer ici cette opération en quelques mots.

Nous avons vu que le chanvre est une plante
dioïque, c'est-à-dire que chaque pied ne porte
que des fleurs mâles ou femelles. Cependant la majo-
rité des habitants de nos campagnes fait une grossière confusion sous ce rapport, en appelant chanvre
mâle celui qui porte les graines ; nous rétablirons
ici son véritable sexe à la plante qui donne les semences.

On arrache donc, en France, le chanvre mâle après
la floraison, quand sa tête s'incline et que les tiges
et feuilles jaunissent : le chanvre femelle, quand
la graine est arrivée à sa maturité. En même temps,
on assortit les tiges en des bottes d'égale longueur
qu'on lie avec un brin d'osier et qu'on porte au routoir.

Les fibres de cette plante sont, comme celles
du lin, agglomérées par une substance gommo-rési-
neuse qu'il faut dissoudre afin de les pouvoir séparer ; c'est là le but du rouissage qui n'est qu'une sorte
de fermentation plus ou moins active. C'est une

opération délicate qui demande baucoup d'habitude, de coup d'œil et de surveillance.

Dans le Bolonnais (Italie), on scie les tiges à la faucille, on les dispose en javelles sur le sol, pour les faire sécher pendant deux ou trois jours, on les assortit, on les lie en bottes, puis on les porte au routoir. Seulement, on a soin de retrancher la sommité des tiges, de même qu'on a séparé à la faucille l'extrémité supérieure, l'une et l'autre ne donnant qu'une filasse grossière. Crüd se demande, et nous serions très-volontiers de son avis, s'il ne vaudrait pas mieux élever à part les pieds de chanvre qu'on destine à la reproduction. En les semant sur un sol distinct, ou encore parmi des pommes de terres, du maïs, etc., on obtiendrait des plantes d'une végétation vigoureuse au lieu de ces tiges longues, grêles et étouffées qui ne sauraient donner des semences ayant toutes les qualités requises pour l'amélioration de l'espèce.

Le rouissage étant terminé, on retire de l'eau les bottes ou faisceaux que l'on dresse les uns contre les autres pendant une demi-journée pour les faire égoutter et qu'on délie ensuite pour étendre les tiges en javelles sur un pré ou sur une aire pendant trois ou quatre jours pour achever la dessication. Quand celle-ci est suffisamment complète, on rentre en greniers ; pendant l'hiver, les femmes passent ces tiges à la braie pour séparer les fibres les unes des autres et de l'épiderme. Dans la grande culture, on emploie un instrument plus expéditif appelé écangue.

Le lin n'est pas, comme le chanvre, une plante dioïque ; chaque pied contient des fleurs hermaphrodites ; la plante s'élève baucoup moins haut que le chanvre, et s'arrache à la main en une seule fois, ou se coupe à la faucille. Comme pour le chanvre, on récolte la graine d'abord, puis on met au routoir ; pour l'une comme pour l'autre, il est d'observation pratique que les plantes qui ont porté graine donnent une filasse plus sèche, plus cassante, moins nerveuse que les tiges qui ont été arrachées presque immédiatement après la floraison. Il nous suffira pour le comprendre de nous reporter à ce que nous avons dit au § 7e de ce chapitre ; avant la production du fruit, les tiges sont moins incrustées de matières minérales, plus riches en éléments carbonés, en cellulose, en gomme, en mucilage, plus pauvres en azote et moins épuisantes pour le sol par conséquent. D'un autre côté, les conditions de la culture ordinaire sont peu favorables à la production d'une bonne semence, et tel est l'un des principaux motifs qui, sans doute, font dégénérer à la troisième année la graine de lin de Riga qu'il nous faut ainsi renouveler tous les deux ans. Quand en viendrons-nous donc à comprendre que les plantes, comme les animaux, sont susceptibles d'amélioration et de dégénérescence, et que l'amélioration consiste surtout dans un choix intelligent des reproducteurs aidé d'une bonne alimentation ?

La fermentation des tiges de chanvre et de lin dans les eaux mortes et surtout stagnantes, étant un motif d'insalubrité pour les hommes et le bétail, on a cherché à débarrasser les tiges de la gomme-résine par d'autres procédés ; tantôt on rouit à l'air seul en étendant par couches minces qu'on retourne fréquemment, sur la surface d'un pré où on laisse alternativement agir l'air, la lumière, la chaleur, la rosée et la pluie ; tantôt on emploie des réactions chimiques qui hâtent l'opération sans la soumettre quant à sa durée à une appréciation toujours délicate et souvent erronnée, qui enfin, laissent à la fibre toute sa résistance et toute sa mollesse nerveuse. Nous nous en occuperons en étudiant la culture de ces plantes.

§ 15. Récolte des fourrages.

Nous devons ici encore nous restreindre à des considérations générales, ayant assez longuement traité ce sujet lorsque nous nous sommes occupés des prairies naturelles [1] et des fourrages artificiels [2]. Nous distinguerons donc trois opérations distinctes dans la récolte des fourrages : le fauchage, la fenaison, l'emmagasinage.

Le fauchage s'opère à bras d'hommes ou à la faucheuse mécanique ; mais ce dernier instrument ne peut donner un travail économique que sur les terrains disposés à plat ou en grandes planches, sur les terres non graveleuses ni caillouteuses, dans les champs ayant une certaine superficie. Partout ailleurs, la faulx peut et doit lui être préférée. La séparation des tiges doit se faire aussi bas que possible, mais toujours au-dessus du collet pourtant, pour les plantes vivaces ; coupant trop haut, on perd très-inutilement une notable quantité d'excellent fourage ; coupant trop bas, on détruit un grand nombre de plantes que remplacent les mauvaises herbes au détriment du produit futur, en qualité comme en quantité. Souvent, c'est le bétail lui-même qui récolte le fourrage tenant encore au sol, et on fait fréquemment alterner le fauchage avec le pâturage.

---

[1] Voir *Guide pratique de la culture des plantes fourragères*, T. 1er, p. 146 à 187.
[2] Voir *Guide prat. de la cult. des plantes fourragères*, T. II p. 54, 85, 143.

Quant à l'époque de la récolte, elle varie selon chaque espèce de plante, chaque nature de sol, chaque climat, suivant qu'on espère faire un nombre variable de coupes, qu'on veut ou non récolter des semences qu'on fait consommer en vert ou en sec, par des chevaux, des bêtes à cornes ou des moutons. Telle plante doit être fauchée aussitôt que commence la floraison, parce qu'elle durcit ensuite rapidement ; telle autre ne le sera qu'après la formation des semences qui constituent en grande partie sa valeur nutritive. Ici, l'on avance la première coupe pour assurer la seconde ; là, on les coupe un peu prématurément toutes deux pour être plus certain d'en obtenir une troisième ou un regain ; tantôt, on sacrifie une coupe en vert pour obtenir de la graine, tantôt, on enterre le dernier regain comme engrais vert. En France, on n'obtient guère que deux coupes et un regain de luzerne en sec, et en Italie quatre ou cinq coupes ; le sainfoin ordinaire n'en donne qu'une et un regain, le sainfoin chaud en donne deux et un regain; nous avons des prairies naturelles à une, deux, trois, et même quatre coupes en vert, et des herbages d'embouche où l'herbe sans cesse renaissante fournit sans interruption pendant six à huit mois au pâturage du bétail, question de sol, de climat et d'irrigation.

Une fois séparées du sol, les tiges disposées en andains épars à sa surface y subissent une première dessication ; on les retourne ou on les éparpille à la fourche ou à la faneuse, de manière à obtenir une évaporation aussi complète et aussi rapide que possible de l'eau de végétation, mais en prenant quelques précautions pour les plantes dont les feuilles pétiolées se détachent facilement de la tige ou se brisent sous l'influence de la chaleur ; les feuilles, nous l'avons vu, sont plus riches en azote que les tiges et entrent pour une bonne part dans la valeur nutritive des fourrages ; aussi, tandis qu'on peut, à toutes les phases du fanage employer, pour les graminées, la faneuse mécanique, son emploi pour les légumineuses doit-il être restreint à l'éparpillement du premier jour qui suit la faulx. Il ne faut point oublier non plus que la pluie tombant sur les andains blanchit les tiges de certaines plantes (prairies naturelles) et noircit les autres ; de là, la recommandation expresse de soustraire chaque nuit à la rosée ou à la pluie le plus grand nombre de tiges que possible en ramassant chaque soir les andains en veillottes, cabots ou cachons, petits tas dont le volume s'augmente à mesure que le degré de dessication du foin s'accroît.

Quand une partie de la superficie du champ est provisoirement abritée en cachons ou meulons, on recueille sur le sol tout ce qu'il est possible en tiges et débris de tiges et feuilles échappées à un premier travail fait à la hâte. Pour cela, on emploie le râteau à main ou le râteau mécanique, beaucoup plus économique, parce qu'il laisse un certain nombre de bras disponibles pour la fenaison des autres champs.

On a souvent tenté d'économiser une partie des frais de fenaison en mettant de suite, après le fauchage, en cachons ; dans ce cas, voici ce qui ce produit : une fermentation lente d'abord, puis assez active s'établit dans cet amas de tiges tassées et humides ; une partie de l'eau de végétation s'évapore ; certaines modifications chimiques s'accomplissent aussi sans doute ; mais la fermentation ne doit pas dépasser un certain degré indiqué par l'élévation de

la température, et au delà duquel commencerait la
putréfaction. Ce moment arrivé, on renverse le ca-
chon, on éparpille le foin, on le laisse sécher et se
refroidir, et quelque temps après, on le reforme.
Mais à partir de ce moment, la fermentation, de tu-
multueuse qu'elle avait été d'abord, devient lente,
régulière, presque insensible, exactement comme
dans le foin qui a subi le fanage. Après un temps
variable de huit à vingt-cinq jours, on peut rentrer
sans crainte en greniers ou mettre en meules ; il n'y a
plus qu'une fermentation à peine sensible qui élimine
encore un peu d'eau de végétation. Pour les fourrages
provenant des prairies basses et marécageuses, il
est d'une bonne pratique de saupoudrer le foin, par
couches, d'un peu de sel de cuisine ou de sel
gemme, qui s'oppose à la moisissure, à la production des cryptogames, et rend la conservation plus
certaine en même temps qu'il ajoute un condiment
à ces fourrages généralement peu sapides.

La rentrée et l'emmagasinage des foins peuvent
se faire en masse confuse ou en vrac, ou bien après
bottelage. Chacune de ces pratiques a ses partisans et
ses adversaires. A la rentrée en vrac, on oppose le
long temps exigé pour le chargement et le déchargement des voitures, l'incertitude du produit exact
de chaque champ et de chaque année. Au bottelage on reproche d'employer la main-d'œuvre à
l'instant où l'on en a le plus besoin, la difficulté de
tasser le fourrage dans les greniers qui, à capacité
égale, en peuvent moins contenir que quand il y
est tassé pêle-mêle, enfin une conservation moins
bonne.

En général, nous devons dire qu'on rentre en vrac
le foin des prairies naturelles et qu'on bottèle celui

des prairies artificielles, à moins qu'on ne le mette
en meules, et nous ajoutons que le bottelage, — qu'il
soit fait avant ou après la rentrée,— est une mesure
d'ordre dont on ne doit jamais se départir, si l'on
veut avoir un contrôle pour la consommation du
bétail et éviter le gaspillage.

On a souvent blâmé, et cela avec raison, les cultivateurs français, du luxe avec lequel ils prodi-
guent les bâtiments de leurs fermes pour s'y créer
des magasins à fourrage, tandis qu'en Angleterre,
en Belgique, en Hollande, en Bretagne même, on
évite ces dépenses considérables en confectionnant
des meules au dehors. Il est certain que les foins de
toute nature se conservent mieux en meules bien
faites qu'en greniers ; que lorsque ces greniers ne
sont pas plafonnés au-dessus des étables, les émanations animales altèrent le fourrage qui, d'ailleurs,
développe dans l'atmosphère une chaleur humide et
des gaz malsains pour les bestiaux. Mais l'essentiel
à la fois et le difficile, c'est de se procurer des ouvriers qui sachent faire ces meules, dans les pays
où cette pratique n'est point en usage ; la difficulté
se résout donc par une question d'argent, question
bien minime, puisqu'il suffirait de faire venir, pour
la fenaison, un ouvrier belge ou breton et de lui
donner à instruire trois ou quatre jeunes gens intelligents qui travailleraient avec lui et seraient, l'année suivante, en état de le suppléer et de répandre
cet enseignement dans toute la contrée. Bien des
Sociétés d'agriculture et des Comices rendraient de
plus grands services au pays en répandant ces pratiques de détail qu'en distribuant des primes de
bonne culture ou même de labourage. En effet, un
propriétaire qui immobilise 25,000 fr. de trop en

bâtiments, prive sa culture d'une pareille somme qui lui rendraient souvent des intérêts quintuples ; s'il afferme, il est obligé d'élever le fermage d'une somme représentant l'intérêt, le dépérissement et l'entretien des bâtiments et charge le domaine de frais dont il eût fort bien pu se passer et qui eussent été mieux employés en marnage, drainage, défoncements ou engrais.

Pour ceux qui, sentant tous les inconvénients des magasins placés sur les bâtiments, n'ont pas confiance dans les meules, nous recommanderons les greniers hollandais, assez peu coûteux et qui réunissent les avantages des bâtiments à ceux des meules. Ce sont des hangars sur potaux, ouverts des quatre côtés et recouverts d'un toit, sous lesquels on construit les meules de fourrages, sans dangers des intempéries. On évite ainsi la perte qu'occasionne toujours l'eau à la partie supérieure et sur les côtés d'une meule, mais on favorise un peu le gaspillage parce que le foin est à la disposition de tous.

Sous le hangar, peut être creusé un cellier en maçonnerie destiné à la consommation des racines. Enfin, on a toujours la ressource de faire couvrir les meules en paille, et dès lors, elles sont à peu près à l'abri du mauvais temps. On pourrait encore se contenter d'un seul grenier dans lequel on rentrerait, au fur et à mesure des besoins, le foin bottelé de meules de moyennes dimensions.

C'est pour éviter la main-d'œuvre, les frais d'emmagasinage, la dépense des bâtiments, que beaucoup de cultivateurs, des contrées tout entières, font consommer leurs fourrages en vert par le bétail. Cela suppose pourtant un climat doux, sous lequel les animaux peuvent pâturer pendant la plus grande partie de l'année, des centres importants d'approvisionnement et de vente à sa proximité, parce que le nombre des bestiaux varie nécessairement avec l'abondance de l'herbe ou des fourrages. Quoique cette pratique ne puisse être partout appliquée, on peut arguer en sa faveur que la même étendue fauchée ou pâturée produit plus de poids de viande vivante ou de lait que la même superficie récoltée en foin ; que fauchée en vert et donnée à l'étable, l'herbe provenant d'un même fond produit plus que par le pâturage; que, d'un côté, la stabulation permanente donne plus et de meilleurs engrais, mais que d'un autre, le pâturage économise la dépense et le loyer des bâtiments.

Nous aurons à revenir ailleurs sur cette question des plus importantes que régissent des considérations multiples ; nous ne pouvons que la soulever ici.

§ 16. Récolte des feuilles.

Certaines plantes, comme les choux, fournissent par leurs feuilles, un fourrage précieux au bétail, d'autres donnent ainsi des matières premières à l'industrie. Le chou pommé ou branchu fournit à l'alimentation des vaches et des moutons ; le tabac donne ses feuilles aux manufactures de l'État ; le pastel, dont la culture industrielle se restreint chaque jour, produit par ses feuilles une couleur bleue fort estimée autrefois dans la teinture des étoffes et pour le genre de peinture auquel il a donné son nom.

Les choux pommés ne se récoltent qu'en une seule fois, alors que leur tête a atteint tout son vo-

lume ; on les passe au coupe-racines ou au hache-
paille comme les carottes ou les betteraves. Il n'en
est pas de même des choux branchus auxquels on
enlève successivement, pendant le cours de la belle
saison pour les uns, de l'hiver pour les autres, un
certain nombre de feuilles qui sont telles qu'elles
distribuées aux vaches. Dans cette opération de
l'effeuillage, il faut faire attention à ne pas cau-
ser bénévolement à la plante des plaies dont la cicatrisation retarderait la vigueur ; il ne faut pas
arracher, mais bien casser, tordre, ou encore mieux
couper les feuilles ; on évite d'ailleurs ainsi l'ébran-
lement des racines. Quelques cultivateurs, M. Ma-
lingié père, entre autres, faisaient récolter, par
mesure d'économie par les moutons eux-mêmes, les
feuilles de leurs choux branchus. C'était un calcul
erronné, croyons-nous, parce qu'il était difficile
de mesurer l'enlèvement des feuilles sur chaque
pied, que beaucoup de bourgeons terminaux se
trouvaient broutés et beaucoup de plantes renver-
sées ou mêmes cassées. L'arrêt de la plante en
hauteur par l'enlèvement du bourgeon culminant
détermine la naissance de tiges secondaires, il est
vrai, mais cause à la végétation un retard fort appréciable, en même temps qu'il nuit à la qualité du
fourrage, les feuilles naissantes étant plus aqueuses
et moins nutritives que les feuilles formées.

La culture du tabac n'est autorisée, en France,
que dans un certain nombre de départements, et sa
culture y est soumise à des restrictions, à des mesures administratives aussi minutieuses que multiplées,
en conséquence du monopole que s'est réservé l'État
pour la fabrication et la vente de ce produit. Les
feuilles de cette plante renferment un principe
vénéneux qui fait une partie de leurs qualités pour

les Français ; la nicotine est plus abondante dans
nos tabacs indigènes que dans ceux venus sous des
climats plus chauds, comme les sortes de Virginie,
Maryland, Cuba, Turquie, etc. Le tabac est une des
plantes qui, relativement à leur poids, renferment
le plus de matières fixes, savoir : 7 p. 0/0 dans les
racines, 10 p. 0/0 dans les tiges, 22 p. 0/0 dans les
nervures des feuilles, et 23 p. 0/0 dans le tissu fo-
liacé.

Voici, d'après MM. Poselt et Reimann, la constitution chimique de ces cendres pour les feuilles seules :

Feuilles du tabac ordinaire (Posselt et Reimann).		Cendres des feuilles de tabac de Hongrie (Will et Frésénius).	
Nicotine.	0,07	Potasse.	12,89
Matière extractive.	2,87	Soude.	»
Gomme	1,74	Chaux.	26,54
Résine verte.	0,27	Magnésie.	8,47
Albumine.	0,26	Chlorure de sodium.	3,76
Gluten.	1,06	Chlorure de potassium.	3,14
Acide malique.	0,51	Phosphate de pero-	
Malate d'ammonia-		xyde de fer.	4,60
que.	0,12	Phosphate de chaux.	»
Sulfate de potasse.	0,05	Sulfate de chaux.	5,07
Chlorure de potas-		Silice.	6,85
sium.	0,06	Acide carbonique.	16,19
Nitrate et malate de		Carbone et sable.	12,54
potasse.	0,24	Total.	100,02
Phosphate de chaux.	0,17		
Malate de chaux.	0,72		
Silice.	0,09		
Ligneux.	4,97		
Eau	88,84		
Total.	102,04		

Chaque planteur doit déclarer à l'avance quelle
superficie il désire planter, l'administration décide
combien de feuilles il doit laisser par pied, et
contrôle sévèrement l'exécution de ces mesures.
Le cultivateur a donc intérêt à obtenir les feuilles

les plus larges et les plus lourdes, tandis que l'Etat, de son côté, classe les feuilles et les évalue selon leur largeur, leur intégrité, leur qualité et leur parfum. Dans le midi, on ne plante que 1000 pieds par hectare, dans le nord 40 à 50,000 ; on ne peut conserver que neuf feuilles par tiges. On écime donc la plante afin de refouler la séve dans les feuilles, et par le même motif, on retranche au fur et à mesure les bourgeons axillaires qui naissent à l'aisselle des feuilles et produiraient des rameaux. « Quand les feuilles du tabac jaunissent et qu'elles s'inclinent vers la terre, le moment est venu d'en commencer la récolte. Dans les cultures soignées, on enlève les feuilles supérieures à mesure qu'elles se flétrissent ; mais en général la récolte se fait en une seule fois, soit en coupant la tige près du sol, soit en cueillant les feuilles une à une sur la tige » (de Gasparin). On porte sous un hangar fermé du côté du soleil, les tiges ou les feuilles qu'on en a séparées, afin de leur faire subir une demi dessication qu'on complète en portant les feuilles enfilées à des ficelles dans une étuve à température sèche et modérée et les étendant ensuite sur le plancher d'un grenier, et qu'on achève enfin en les réunissant en tas de 0^m,65 de haut sur 0^m,90 de large qu'on ouvre dès qu'ils s'échauffent. Dès lors, mis en manoques plus considérables, enveloppé de toiles, pressé de poids, le tabac achève lentement la fermentation qui doit développer son arome et mettre toutes ses qualités en évidence.

La culture du pastel est complétement libre, mais les progrès de la chimie ont fort restreint l'usage de la teinture qu'on retirait de ses feuilles si bien qu'il est aujourd'hui à peine plus cultivé comme plante industrielle que comme plante four-

ragère. Comme fourrage, il fournit aux moutons
et aux bêtes à cornes une alimentation très-précoce
au printemps, composée des tiges et des feuilles,
Comme plante industrielle, la récolte des feuilles se
fait en juin ou juillet : des ouvriers munis d'une
serpette parcourent le champ, coupant toutes les
feuilles qui ont perdu leur couleur vert bleuâtre
pour prendre une teinte jaune ; on les étend sur un
gazon, une prairie fauchée bien ras, où elles subissent une demi-dessication. Cette récolte se fait
en cinq fois dans l'Albigeois, en trois fois dans le
Palatinat du Rhin, en deux fois seulement en
Normandie, à intervalles de dix à vingt cinq jours.
Les feuilles à demi-desséchées sont portées sous la
meule d'un moulin à huile ou à plâtre et réduites
en une pâte ferme qu'on divise en pelotes ou coques.
Ces coques doivent être portées sous un hangar
carrelé et à plancher incliné, réunies en tas d'un
certain volume après qu'elles ont été pétries aux
pieds ; ces tas sont recouverts de nattes ou de
paillassons, et on les surveille afin de boucher
immédiatement à la pelle les fentes ou crevasses
qui se produiraient pendant la fermentation. Quand
celle-ci est arrivée au degré suffisant, on moule la
pâte en pelotes de la grosseur du poing qu'on
dépose sur des claies et qu'on porte sous un hangar bien ventilé. Lorsqu'elles sont bien desséchées,
ces coques peuvent être livrées à l'industrie.

§ 17. Récolte des fleurs.

On cultive pour leurs fleurs le safran, le carthame,
la cardère et le houblon ; ajoutons-y le cotonnier
pour les climats méridionaux. Dans le safran, c'est
le stigmate qu'on recueille ; dans le carthame, les

pétales; dans la cardère, les têtes florales; dans le houblon, les cônes; dans le cotonnier, les soies qui accompagnent les graines.

Le stigmate du safran renferme une matière colorante jaune (*polychroïte*) dont l'usage industriel se restreint chaque jour; mais cette portion du pistil est assez fréquemment employée en médecine; on s'en sert aussi dans l'économie domestique pour colorer certains mets et dans l'industrie des pâtes alimentaires pour leur donner une belle teinte jaune. La fleur brun pourpré du safran apparaît en octobre portée sur un pédoncule très-court; les feuilles ne se montrent qu'ensuite et sont presque linéaires et d'une couleur vert grisâtre. Tous les pieds d'un même champ ne fleurissent pas en même temps, ce qui oblige à faire la cueillette en cinq ou dix fois ou plus même, suivant la température; la récolte dure donc de cinq à vingt-cinq jours. Elle se fait le matin, à la rosée; chaque ouvrier parcourt un rang et cueille les fleurs épanouies, les dépose dans un panier et les rapporte à la ferme; pendant l'après-midi, on extrait le pistil, puis on coupe les ramifications du stigmate un peu au-dessous de leur point d'insertion sur le style. On fait sécher ensuite ce safran épluché dans une étuve ou au-dessus d'un feu doux, et en le remuant, jusqu'à ce qu'il soit friable. Après quoi, on le dépose, pour le conserver, dans des boîtes en bois blanc doublées de parchemin ou de papier ou dans des vessies bien sèches qu'on conserve en lieu sain.

Le carthame, qu'on ne cultive que dans l'Europe méridionale, fournit par ses pétales deux substances colorantes, l'une jaune, l'autre rouge. Ses fleurs se montrent environ une dizaine de jours après la maturité du blé. « On récolte chaque jour les fleurs qui sont bien développées et qui ont acquis leur maximum de coloration, ce qui arrive un peu avant qu'elles commencent à se faner. On emploie deux méthodes différentes pour faire cette récolte : la première consiste à ménager le capitule floral pour en obtenir les graines et en arracher les fleurons en les pressant entre le pouce et la lame d'un couteau émoussé ; la seconde, à enlever le capitule entier avec un instrument tranchant et à faire à la maison l'opération de le dépouiller de ses fleurons ; alors on perd la récolte de graines mais on provoque la mise à fleurs d'autres boutons qui ne sont pas encore ouverts » (*de Gasparin*). On traite ensuite les pétales du carthame comme les feuilles du pastel, c'est-à-dire qu'après les avoir fait sécher à demi à l'ombre, on les met dans un baquet et on les arrose d'eau salée ; on les porte sous une meule puis sous une presse et on les arrose à nouveau d'eau salée qu'on exprime encore par la pression ; on étend alors la pâte qui en résulte sur des claies où elle se dessèche lentement à l'ombre.

La cardère, autrefois d'un emploi général dans les manufactures d'étoffes de laine et de coton, est détrônée aujourd'hui par le hérisson en fer. Aussi, sa culture est-elle aujourd'hui très-limitée et bornée à la consommation seule de quelques petites fabriques. Cette plante ne fleurit qu'à la seconde année de son semis. On doit écimer la tige afin de reporter la séve sur les autres bourgeons floraux qui prennent dès lors un volume à peu près égal et régulier. La récolte commence vers le milieu de juillet, alors que toutes les têtes sont défleuries et prennent une teinte blanchâtre ; à ce moment, les graines se détachent seules. Mais comme cette maturité n'arrive que sucessivement, il faut faire la cueillette

en trois ou quatre fois à huit ou dix jours d'intervalle.
On détache la tête de la tige, à l'aide d'une serpe,
en conservant au pédoncule 0m,15 environ de longueur. On fait sécher ces têtes réunies sur un
grenier plancheyé ; après trois ou quatre jours,
on trie celles mal conformées pour les mettre au
rebut, et on empile en tas présentant partout les
piquants à l'extérieur, afin que les rats qui sont
très-friands de la graine en soient tenus éloignés.
Il faut conserver les cardères au sec, mais à l'abri
d'un courant d'air trop intense.

Le houblon contient, entre les écailles de ses
cônes, une substance jaune, pulvérulente, employée
à la fabrication de la bière. Le houblon, comme
le chanvre, est une plante dioïque, c'est-à-dire
que les fleurs mâles et les fleurs femelles sont
portées par des individus différents. Ce sont les
cônes des fleurs femelles qui à la base de leurs
écailles contiennent cette substance jaune composée
de 36 p. 0/0 de résine, 12 de cire, 11 de matière
soluble dans l'alcool et 46 de résine insoluble. Ces
fleurs sont très-riches en potasse, en chaux et en
silice. Voici, d'ailleurs, d'après M. Nesbit, l'analyse
des cônes, des feuilles et des tiges :

Éléments constituants.	Cônes.	Feuilles.	Tiges.
Matières organiques (combustibles)	90,130	86,400	92,260
Acide sulfurique.	0,534	0,685	0,129
Acide phosphorique	0,967	0,329	0,254
Chlorure de soude	0,715	1,290	0,241
Chlorure de potasse.	0,165	»	0,360
Chaux	1,577	6,755	1,449
Magnésie.	0,524	0,325	0,153
Potasse	2,485	2,033	0,967
Soude	»	0,053	«
Phosphate de fer	0,735	0,477	0,015
Silice	2,122	1,651	0,227
Totaux	99,964	99,998	100,055

Les fleurs des variétés hâtives mûrissent à la fin d'août, après avoir reçu 1318° de chaleur totale, et les variétés tardives à la mi-septembre, après avoir absorbé 1636 unités de chaleur. On reconnaît la maturité des cônes à leur couleur verte passant au jaune, et à l'odeur forte et aromatique qu'ils répandent lorsqu'on les froisse entre les doigts. Si l'on attendait que les écailles prissent une teinte blanche à la sécheresse ou une couleur brune à la pluie, on laisserait perdre la plus grande partie de la poussière jaune et on n'aurait que des cônes de qualité très-inférieure ; il vaut mieux récolter un peu prématurément de manière à terminer la cueillette en temps opportun.

Voici sommairement comment s'opère cette récolte : On commence par couper les tiges à 0^m,30 au-dessus du sol, puis on enlève les perches de terre et on les renverse avec les tiges qu'elles supportent, sur des chevalets. Des ouvrières coupent toutes les parties des tiges qui portent des fleurs et les mettent dans de grandes corbeilles, qu'on porte à la ferme pour y trier les cônes ; ce triage se fait parfois sur le terrain même, et il est essentiel que chaque cône conserve son pédoncule, et qu'on n'y mêle aucune feuille. Quand on a tendu sur fils de fer au lieu de perches, on desserre les raidisseurs et on abaisse les tiges pour pouvoir recueillir les cônes. Il reste à faire sécher ceux-ci au soleil, ou mieux encore dans une étuve ventilée à l'air chaud. On entasse ensuite pendant quelque temps pour que les cônes reprennent un peu d'humidité, et on emballe en sacs, ou mieux encore en balles soumises à la presse hydraulique, plus les ballots sont pressés et moins il y a évaporation d'a-

rome. On conserve dans des locaux parfaitement
secs et à l'abri de toute humidité.

On récolte les gousses du cotonnier[1] quand leur
couleur verte commence à jaunir, que leurs valves
s'écartent et que les aigrettes des graines apparaissent. On choisit, autant qu'il est possible, un
temps chaud et sec, et on recueille chaque jour les
gousses mûres qu'on jette dans des corbeilles pour
les emporter à la ferme. On fait sécher sous un hangar, et enfin on épluche à la main ou aux machines.

§ 18. Récolte des grains, graines et fruits.

C'est surtout de la moisson, ou de la récolte des
céréales, que nous aurons à traiter ici d'une manière générale, une des opérations les plus importantes de la culture, celle qui exige l'activité, la
surveillance, l'appréciation les plus exactes.

Lorsque la maturation des grains approche, on
voit les feuilles d'abord, puis la tige jaunir, en commençant par la partie inférieure du chaume ; l'épi
lui-même prend cette couleur jaune dorée d'où les
Romains avaient tiré ce surnom de la bonne déesse,
Flava Cérès. Le grain, de laiteux qu'il était, est devenu résistant, mais il se laisse encore facilement
couper par l'ongle. Mais de ce que l'absorption par
les racines a cessé, de ce que la tige est déjà morte
au collet, il ne s'ensuit pas que la maturité du
fruit soit complète encore ; il faut que sur pied ou
abattu, il achève de s'assimiler toute la séve que contient encore la plante. Cette dernière période de

---

[1] Voir *Guide pratique de la culture du coton*, par M. Sicard —
(Biblioth. des professsions agricoles et industrielles Eugène Lacroix).

maturité peut s'accomplir, pour le froment, après la coupe des tiges, mais le seigle doit mûrir sur pied ; l'orge, l'avoine complètent bien leur maturité pendant le javelage ; le sarrasin qui germe si vite et si facilement ne doit être coupé que lorsqu'il est mûr, et doit être dressé ensuite en touffes sur le champ pour s'y sécher rapidement avant la rentrée en granges.

Nous étudierons, en traitant de la culture du froment, la question de la coupe prématurée, mais nous pouvons dire qu'il est la seule céréale à laquelle cette pratique puisse et doive être appliquée dans certaines circonstances.

On coupe les céréales à la sape, à la faucille, à la faulx ou à la moissonneuse mécanique. La sape coupe assez près de terre et convient bien pour les céréales qui sont versées, mais elle ne peut être maniée que par des hommes ; plus expéditive que la faucille, elle l'est moins que la faulx. La faucille, s'emploie pour les grains très-bas, pour ceux qu'on craint d'égrainer ou qui sont versés ; elle coupe plus haut que la sape et que la faulx, est plus lente, mais permet d'utiliser les femmes, les vieillards et les enfants ; c'est elle enfin qui peut donner la javelle la plus régulière. La faulx, plus expéditive que la sape et la faucille a fini par se substituer généralement à l'une et à l'autre, bien que son travail soit moins parfait et qu'elle ne puisse être manœuvrée que par des hommes robustes. Enfin, en ces derniers temps, les moissonneuses, désormais perfectionnées, ont de plus en plus tendu à remplacer la faulx elle-même dans la grande culture.

De quelque manière que les tiges aient été séparées du sol, elles ont dû y être disposées en lignes droites, les épis dirigés du même côté, de façon à

ce qu'au besoin, on puisse retourner les javelles sans
les mêler, et à ce qu'en tous cas, on puisse gerber
sans avoir à trier les tiges ; cette condition est très-
importante pour le battage à la machine surtout.

Ces javelles restent étendues sur le sol pendant
un temps variable ; le froment le moins possible, ainsi que le seigle ; l'orge et l'avoine jusqu'à
ce qu'elles aient reçu la pluie. Le javelage a pour
but de dessécher suffisamment les tiges elles-mêmes
et surtout l'herbe qui s'y trouve mêlée, sa durée
varie donc selon que la récolte est nette ou qu'elle
renferme des plantes adventives, de la luzerne, du
trèfle ou du sainfoin. C'est pourquoi dans les années humides, on se trouvera bien de couper très-
haut, afin de pouvoir rentrer le plus tôt possible la
céréale et de faucher ensuite à nouveau le chaume
rez terre pour fourrage. Après une pluie un peu
prolongée, il est bon de retourner les javelles, tant
pour faciliter leur dessication que pour empêcher
les grains de germer et pour éviter aussi l'étouffe-
ment des plans de luzerne, trèfle ou sainfoin que la
céréale peut recouvrir.

Lorsque la dessication des javelles est suffisante,
on procède au ramassage, c'est-à-dire que des ouvriers disposent sur le sol, de distance en distance,
des liens étendus, sur lesquels d'autres apportent
les javelles par brassées. D'autres viennent par derrière et ferment le lien en liant la gerbe à la che-
ville, et la retournant de façon à ce que la ligature
se trouve en dessous. Ces liens se font le plus souvent en paille de seigle, quelquefois en paille de
froment ; dans les pays boisés, on emploie de jeunes tiges de chêne d'éclaircissage ; ailleurs, de l'é-
corce de tilleul ou d'osier. M. de Lapparent a proposé d'employer des ficelles passées au sulfate de

fer et qui peuvent servir pendant plusieurs années. Une fois liées, les gerbes sont disposées en triaux, sixeaux ou dizeaux, pour attendre le chargement.

Dans les pays où la pluie est souvent à redouter, notamment en Belgique et dans le nord, aussitôt que le blé est fauché, on le met en moyettes. On commence, pour cela, à placer debout sur le sol une première brassée de tiges qu'on entoure d'autres brassées successivement inclinées vers l'épi et retenues au sommet par un lien ; on recouvre ce petit meulon par une gerbe liée l'épi en bas, afin de préserver la moyette de la pluie ; et de fait, la céréale peut achever ainsi sans dangers sa dessication et sa maturité. On ne saurait trop recommander cette pratique qui, d'ailleurs, se généralise chaque jour. Il est bien entendu qu'on lie les moyettes pour les rentrer sous forme de gerbes. La conservation des céréales non battues se fait dans des greniers, des granges ou des gerbiers, jusqu'au moment du battage qui se fait le plus souvent pendant l'hiver, en profitant des temps de pluie. Cependant, dans les contrées exposées aux ravages du charançon et de l'alucite, on bat immédiatement après la moisson, dans le champ même, avec les machines à vapeur. Le grain est porté au grenier et la paille est emmagasinée en greniers ou en meules ; on diminue ainsi, d'ailleurs, non pas les risques d'incendie, mais les chances de pertes par le feu, la paille ayant moins de valeur que les gerbes, puisqu'on en a extrait le grain.

La récolte du maïs s'opère quand les enveloppes de l'épi ou spathes sèchent par le haut ; « mais comme il n'est pas sujet à s'égrainer, dit M. de Gasparin, on peut en retarder la récolte et la faire à sa commodité. On détache l'épi en rompant son support. Transportés à la ferme, les épis sont dépouillés de leurs spathes, et on les étend sur l'aire pour les faire sécher. Dans les pays pluvieux et froids, dans ceux où l'espace manque dans les bâtiments, on retrousse les spathes et on s'en sert pour lier trois ou quatre épis ensemble ; on les suspend alors sur des poutres ou à l'abri des avant-toits pour les préserver de la pluie. Dans les pays encore plus sujets à l'humidité, comme dans la Franche-Comté, on fait sécher les épis au four. On coupe enfin les tiges ras du sol et on les lie en gerbes ; on en fait des faisceaux, de sorte qu'elles ne nuisent pas à l'action de la charrue, en attendant qu'elles soient sèches et prêtes à être transportées. Les épis suspendus se sèchent d'eux-mêmes jusqu'à l'époque où on veut les égrainer. »

Cette opération se fait à la main, au fléau ou à la machine spéciale inventée dans ce but. Les spathes peuvent servir d'aliment ou de litière pour le bétail ; on en fait des paillasses ou des matelas pour l'homme.

On récolte les graines oléagineuses quand le fruit a pris une teinte rougeâtre ; on coupe à la faucille ou au volant suivant la grosseur des tiges, mais le matin et le soir seulement afin d'éviter l'égrainage. On laisse javeler jusqu'à maturité, puis on bat sur le champ même. Voici comment on procède d'ordinaire : deux hommes portant un civière garnie d'un drap, parcourent une ligne du champ ; des femmes y placent les javelles de colza, de cameline ou d'œillette qui peuvent être ainsi transportées jusqu'à l'aire établie sur une toile et où les batteurs armés de perches ou de fléaux, séparent le grain qu'on ensaque de la paille qu'on met en meule. Dans le nord, après que le colza a subi en javelles une demi-dessiccation, on le place en meule de 2^m,50 à 3^m de diamètre et de 3^m,50 à 4^m de hauteur, où il achève de mûrir et peut se conserver fort longtemps si la meule est recouverte en paille; on bat alors après la moisson ou même pendant l'hiver.

Lorsqu'on a extrait le grain, il reste les pailles qu'on emploie comme aliment du bétail ou comme litières. Elles sont généralement riches en fibres et en cellulose, en carbonate et phosphate de chaux, en magnésie et en potasse, ainsi que le prouvent les analyses suivantes de Sprengel :

Éléments constituants.	Paille de blé.	Paille d'orge.	Paille d'avoine.	Paille de sarrasin.	Paille de colza.
Matières organiques, combustibles.	96,482	94,756	94,266	96,797	96,127
Potasse.	0,020	0,190	0,870	0,332	0,883
Soude.	0,029	0,048	traces	0,062	0,530
Chaux.	0,240	0,554	0,152	0,704	0,810
Magnésie.	0,032	0,076	0,022	1,292	0,120
Silice.	2,870	3,856	4,588	0,140	0,080
Acide phosphorique	0,170	0,060	0,012	0,288	0,382
Acide sulfurique.	0,037	0,148	0,079	0,217	0,517
Chlore.	0,030	0,072	0,005	0,095	0,440
Oxyde de fer et alumine.	0,090	0,180	0,006	0,040	0,090
Totaux	100,000	100,000	100,000	100,000	100,000
Azote pour 100.	0,70	0,30	0,55	0,48	0,50

On voit qu'il existe d'assez notables différences dans la composition chimique des différentes pailles; aussi doivent-elles être diversement classées selon qu'on les doit

21

employer à la nourriture du bétail ou en litières.
Aussi Sprengel les classe-t-il dans l'ordre suivant
de qualité :

Pour fourrage.	Pour litière.
1° Paille de maïs.	1° Paille de colza.
2° Paille de colza.	2° Paille de sarrasin.
3° Paille d'orge.	3° Paille d'orge.
4° Paille de seigle.	4° Paille de froment.
5° Paille de froment.	5° Paille de seigle.
6° Paille d'avoine.	6° Paille de maïs.
7° Paille de sarrasin.	7° Paille d'avoine.

Cette classification des pailles, au point de vue de
leurs qualités nutritives, n'est pas complétement acceptée par les praticiens qui placent la paille d'a-
voine au-dessus de la paille d'orge pour les bêtes à
cornes et les moutons; ceux-ci sont les seuls qui man-
gent assez volontiers la paille de colza, mais la paille
de sarrasin est dédaignée par tous les animaux. Nous
venons de voir, d'ailleurs, que la paille de froment
contenait la plus forte proportion d'azote, puis viennent celles d'avoine, de colza, de sarrasin, et en dernier lieu d'orge. Comme litière, la paille la plus
absorbante, la plus moelleuse, sera préférable et la
classification de Sprengel est admise par tout le
monde. En effet, les pailles sont beaucoup plus fertilisantes par les parties liquides des engrais qu'elles
ont absorbées, que par elles-mêmes, bien qu'elles
restituent au sol les éléments inorganiques qui
étaient entrés dans leur composition; mais nous
sommes d'avis avec beaucoup d'habiles praticiens
qu'il serait préférable d'employer les pailles à la
nourriture du bétail, à l'aide du coupage et de la
fermentation. Il resterait seulement à pourvoir au
coucher des animaux, problème qui ne peut être
résolu que par l'emploi des litières terreuses dont le
prix et la manipulation s'élèvent assez haut.

La récolte des courges ou citrouilles s'effectue quand les feuilles sont desséchées et que le fruit, frappé du doigt, rend un son sec et creux. On les détache de leur tige en conservant le pédoncule long de 0^m,15 à 0^m,20, on les laisse se ressuyer un ou deux jours dans le champ ou dans la cour, et on les transporte sans les froisser ni les cogner l'un contre l'autre, sur l'aire d'un grenier sec et pas trop exposé au froid.

CHAPITRE VII.

CONSIDÉRATIONS STATISTIQUES ET ÉCONOMIQUES SUR LA CULTURE DES PLANTES.

Parmi les différentes plantes cultivées, il en est qui sont améliorantes, d'autres qui sont épuisantes, et comme nation, nous avons intérêt à voir propager les unes et restreindre l'étendue consacrée aux autres. C'est la fertilité du sol qui fait la prospérité et la force des États, et dans les temps passés, le gouvernement, en présence de l'ignorance des cultivateurs crut souvent devoir déterminer par des lois ou ordonnances sévères la superficie à consacrer à telle ou telle plante, notamment pour les céréales, la vigne et les forêts. Ces mesures seraient inutiles, vexatoires, et iraient contre leur but, aujourd'hui que les cultivateurs plus éclairés comprennent leur intérêt et calculent leur production ; on peut même dire qu'elles seraient impossibles. Et le gouvernement, après s'être si longtemps chargé de régler la production et le commerce des grains, n'a pu mieux faire que de nous accorder récemment une liberté presque complète ; il ne s'immisce plus que dans la culture du tabac, en vertu du monopole qui lui est accordé à cet égard.

Néanmoins, il est plus que jamais important pour nos cultivateurs de se tenir au courant des fréquentes modifications qu'apportent dans nos débouchés la législation commerciale, les progrès de la science, l'extension des voies ferrées et du commerce général; c'est la statistique seule qui nous peut renseigner à cet égard. Il est vrai que malgré tous les soins apportés à sa confection, on ne saurait encore ajouter à ses oracles qu'une foi relative, mais on peut prendre ses chiffres comme des moyennes comparatives, étudier avec leur aide les modifications qui se sont produites et en rechercher les causes. Il y a d'ailleurs divers moyens de contrôles officiels, ce sont les rôles d'imposition, les états de douanes, les importations et exportations soumises à des droits fiscaux. C'est ainsi qu'on peut suivre les mouvements d'extension ou de restriction des céréales, des pommes de terre, de la vigne, des plantes commerciales et fourragères, la production des grains, du sucre, des alcools, du tabac, des plantes oléagineuses, etc.

Disons d'abord que la superficie totale de la France était, en 1850, de 52,768,618 hectares et que la statistique répartissait comme il suit :

Culture arable,	plantes fourragères.	9,430,712 hect.
	plantes racines.	1,189,700 »
	céréales et légumes secs	15,822,160 »
	plantes industrielles.	4,001,891 »
	jachères	5,705,047 »

(accolade) 35,849,480 hect.

Culture forestière, taillis et futaies de l'État et des particuliers.	8,800,000 »
Superficie inculte, pâture, landes, villes, chemins, canaux, etc.	8,119,138 »
Total égal.	52,768,618 hect.

C'est donc 10,777,025 hectares en fourrages et racines pour 25,529,068 hectares de céréales et de plantes industrielles, c'est-à-dire que le groupe améliorant est au groupe épuisant comme 40 est à 100, ce qui est une proportion beaucoup trop faible.

Nous devons dire pourtant, que tous les fourrages ne sont pas améliorants et que toutes les céréales et les plantes industrielles ne sont pas au même point épuisantes. Y a-t-il même des plantes vraiment améliorantes ? Y en a-t-il qui rendent au sol et au sous-sol plus qu'elles ne lui ont pris ? Nous ne le pensons vraiment pas, si l'on en ex-cepte les végétaux d'ordre inférieur qui puisent presque exclusivement leur nourriture dans l'air, les plantes grasses et celles bulbeuses. Les légumineuses qu'on dit amélio-rantes parce qu'elles absorbent dans l'air et enrichissent le sol des débris de leurs feuilles, de leurs tiges et de leurs racines, les légumineuses vivent aux dépens du sous-sol qu'elles épuisent au profit du sol. On objectera peut-être qu'il serait impossible dès lors d'arriver à l'amélioration d'une terre ; mais nous répondrons que la nature s'est chargée d'y pourvoir et que, si vous rendez exactement à cette terre tout ce qu'elle vous a fourni ou l'équivalent, elle s'améliorera chaque année de la quantité de 20 à 25 kilog. d'azote dont l'enrichissent les pluies, neiges, rosées et brouillards, de quoi fournir à la production de 4 hectolitres de froment au moins. Et il ne faut pas moins, pour nous expliquer comment un grand nombre de domaines, des contrées tout entières peuvent, sans introduction d'engrais étrangers, sans grandes cultures fourragères, sans s'épuiser sensiblement enfin, peuvent produire des céréales ou des plantes industrielles dont la partie la plus intéressante pour le sol est sans cesse exportée.

Tout produit végétal ou animal qui sort de la ferme ou de l'État l'appauvrit ; toute substance végétale ou animale qui y entre l'enrichit. Nous importons du guano, de la viande, de la laine, du grain ; nous exportons des tourteaux, du chanvre, du vin, du lin ; aussi notre territoire tend-il sans cesse à s'améliorer si bien que nous venons de traverser une crise de pléthore. Mais combien plus serions-nous riches, si nous savions tirer de notre sol tous les avantages que lui ont départis le climat et la nature, si nous savions user des plantes fourragères sans en abuser, utiliser les eaux, les égouts des villes et des abattoirs, les engrais de nos cités, les résidus de toute nature d'une population de 40 millions d'âmes !

§ 1er. Plantes fourragères.

Nos cultures fourragères peuvent être divisées en deux classes : les prairies naturelles et les prairies artificielles qui seraient mieux appelées prairies temporaires. Les prairies naturelles sont établies à demeure et devraient toujours être respectées ; tout propriétaire devrait défendre par des clauses rigoureuses du bail, à son fermier de les défricher, et l'obliger, au contraire, à les couvrir, à intervalles déterminés, d'une quantité donnée d'engrais. Les bonnes prairies font les riches domaines, mais il faut commencer par les créer et les porter à leur maximum de rendement. Voilà ce qu'on commence seulement à comprendre en France ; mais nos mœurs agricoles s'opposeront bien longtemps encore à ce qu'on ose porter du fumier sur un pré, à ce qu'on cherche avec confiance le grain par la viande, ainsi que le font les Anglais, par exemple. Nous espérons que la crise actuelle qui nous semble, avant tout, une question de prix de revient de l'hectolitre de céréales, aura au moins pour résultat de porter l'attention des cultivateurs sur les prairies naturelles beaucoup trop négligées encore.

On en crée de nouvelles tous les jours, il est vrai, mais une grande partie d'entre elles sont de temps en temps défrichées par des propriétaires besogneux ou des fermiers avides qui en extraient la richesse laborieusment entassée par le temps, afin d'en tirer quelques hectolitres de grains et quelques sacs d'écus sans se douter même de la profonde atteinte qu'ils portent ainsi à la fécondité de la terre et à la prospérité de leur domaine. Le plus grand nombre se borne à prendre les produits spontanés du sol sans lui jamais rien rendre en échange, et il est heureux que la Providence veille pour eux à la conservation de leur richesse; ceux-là devraient souhaiter un déluge annuel.

Ce ne sont donc pas tant les prairies qui nous manquent que les bonnes prairies. Combien a-t-il fallu d'années, vingt à peine, au Charollais, pour transformer ses terres arables en pâturages d'embouche, pour porter leur valeur de 600 à 1200 fr. en moyenne? Il a suffi de quelques hommes intelligents et zélés pour donner l'exemple et entraîner tout le monde, et avant qu'il soit un siècle, le Charollais primera la Normandie qui s'endort trop sur ses lauriers.

Comme les prairies artificielles semblaient, à la rigueur, demander moins de frais de création, et qu'elles pouvaient s'engrener dans la culture arable, on s'est davantage pris d'enthousiame pour elles dès qu'on les a connues. Ce n'est pas précisément qu'on les ait trop multipliées, car on est loin d'en avoir partout tiré tout l'avantage possible; mais c'est bien plutôt que par des retours trop fréquents et trop rapprochés, on a épuisé le sous-sol et effritté pour elles le sol qui ne les veut plus supporter. Ce n'est donc qu'avec la plus grande prudence, les plus sévères ménagements qu'il en faut user désormais; elles doivent être un auxiliaire des prairies naturelles; elles ne les sauraient remplacer. Pour les unes comme pour les autres, il ne faut épargner ni engrais ni soins d'entretien; seulement, la prairie naturelle s'améliore sans cesse, tandis que la prairie artificielle effrite; cette distinction suffit bien pour indiquer expressément le rôle de chacune.

Il est incontestable que l'étendue consacrée aux fourrages s'accroit chaque année, quoique dans une proportion trop faible encore. La statistique nous donne, à dix ans d'intervalle, les chiffres suivants :

	1840	1850	Accroissement.
Prairies naturelles.	4,198,198 hectares.	6,567,222 hectares.	2,369,024 hectares.
Prairies artificielles	1,576,547	2,563,490	986,943 »
Totaux.	5,774,745 hectares.	9,130,712 hectares.	3,355,967 hectares.

Les prairies naturelles produisent, à 30 quintaux métriques, en moyenne, par hectare, 197,000,000 quintaux métriques ; et les prairies artificielles, à 25 quintaux métriques en moyenne, par hectare, 64,000,000 quintaux métriques, soit ensemble 261,000,000,000 kilogr. de fourrage sec, valant environ un milliard de francs.

Sur les 6,567,222 hectares de prairies naturelles, 2 millions à peine sont arrosés, et cette étendue pourrait être au moins doublée. Sur les 2,563,490 hectares de prairies naturelles, nous estimons qu'on peut compter environ :

Luzerne.	15 p. 0/0, soit . . .	384,523 hectares.	
Sainfoin.	15 soit . . .	384,523	»
Trèfle ordinaire	33 soit . . .	854,496	»
Trèfle incarnat, minette, etc. . .	5 soit . . .	128,175	»
Vesces, gesces, etc.	10 soit . . .	256,349	»
Seigle, orge, avoine, sarrasin, etc. .	4 soit . . .	102,539	»
Moha, maïs, millet, sorgho, etc. . .	2 soit . . .	51,270	»
Autres fourrages	16 soit . . .	401,613	»
Totaux.	100 p. 0/0, soit . . .	2,563,490 hectares.	

Nous possédons donc en fourrages naturels et artificiels (non compris les racines) 25 hectares sur 100 hectares cultivés, ou un hectare sur quatre, et en y joignant les

21.

plantes-racines, 28 hectares sur 100, ou près de un hectare pour trois et demi. Nous avons beaucoup à faire encore pour atteindre le desideratum de 33 p. 0/0 au moins. En effet, c'est l'étendue en fourrages qui règle la richesse en bestiaux, et la France ne vient, en Europe, qu'au septième rang sous ce rapport, ainsi que nous avons cherché à le démontrer ailleurs[1]. Il en résulte que nous ne produisons ni assez d'engrais ni assez de viande, tandis que nous récoltons trop de grains, ainsi que le démontrent surabondamment les chiffres suivants :

États.	Têtes de gros bétail par 100 hect. cultivés.	Poids vif entretenu par hectare cultivé. kilog.	Consommation de viande par habitant	Production totale de froment. hectolitres.
Suisse.	92,30	323	21ᵏ,300	3,000,000
Belgique.	91,22	319 »	22,410	5,700,000
Angleterre.	82 »	328 »	27,546	36,000,000
Allemagne.	60,85	243 »	21,497	31,000,000
Hollande.	53,90	223 »	18,250	1,500,000
Autriche.	51,39	180 »	20,000	30,000,000
France.	46,03	161 »	20,000	80,000,000
Suède et Norwège.	39,20	117 »	20,200	6,000,000
Danemarck.	36,10	127 »	22,640	1,000,000
Prusse.	36,00	126 »	16,923	7,000,000
Espagne.	32,05	96 »	12,900	30,000,000
Portugal.	30,70	93 »	11,700	3,500,000
Italie.	30,50	91 »	9,600	32,000,000
Russie.	58,19	234 »	4,930	20,000,000

[1] *Essai sur l'état présent de l'agriculture et du bétail en Europe*, par A. Gobin.

Il faut bien que notre amour-propre reconnaisse notre infériorité ; nous ne mangeons plus guère, il est vrai, que du pain de froment, mais nous le produisons à un prix de revient trop élevé, ce qui fait que nous manquons toujours de viande et la payons très-cher ; d'un autre côté, quand une série d'années favorables rendent, comme 1863, 1864 et 1865 la production du froment abondante, nous ne pouvons écouler nos grains qu'avec perte. Mais peut-être y a-t-il, à cet excédant de production en céréales, une autre cause inquiétante sur laquelle on n'a pas assez appuyé : il ne provient pas exclusivement des progrès de la culture, mais des défrichements exagérés auxquels on s'est livré depuis une vingtaine d'années, des terres neuves auxquelles, à l'aide des stimulants, on a demandé des grains sans relâche, et sans souci de leur fécondité future. Il est d'ailleurs à craindre qu'une réaction non moins insensée nous rende prochainement tributaires de l'étranger pour une partie plus ou moins importante de notre subsistance en céréales. C'est, on le sait, un des côtés de notre caractère, à nous autres Français, de nous porter avec enthousiasme d'un extrême à l'autre. Mais ici, l'extrême le moins dangereux, ce sera le fourrage et le bétail qui nous fourniront le froment avec la même abondance, sur une superficie restreinte, mais à un prix de revient plus bas.

§ 2. Plantes céréales.

Nous venons de voir qu'après avoir traversé quinze siècles environ, pendant lesquels les famines ou tout au moins les disettes se succédaient à intervalles moyens de huit à dix ans, la France venait d'entrer tout récemment dans une période d'abondance qui a déterminé la crise actuelle. C'est qu'en effet, l'étendue consacrée aux céréales s'est accrue, dans ces derniers temps, plus rapidement que la population et que, grâce aux progrès de la culture d'un côté, grâce aux défrichements de terres neuves de l'autre, le rendement comparé à la superficie s'est non moins notablement élevé.

De 1700 à 1864, l'étendue consacrée annuellement au blé a été portée de 3,235,080 hectares à 6,810,000 hectares ; ainsi, tandis que la population s'accroissait de 124 p. 0/0, l'étendue cultivée en froment s'augmentait de 116 p. 0/0 ; en même temps, le rendement par hectare s'élevait de 6 hectolitres 08 à 14 hectol. 30, moyenne des dix dernières années, s'accroissant ainsi de 135 p. 0/0 ; en d'autres termes, de 1 hectol. par habitant, il arrivait à 2 hectol. 61, augmentation de 161 p. 0/0.

Tandis que nos emblavures en froment augmentaient, celles des menus grains et légumes secs diminuaient, il est vrai, ainsi que le démontrent les statisques de 1840 et 1852 :

Nature des grains.	1840.	1852.
Froment.	5,531,782 hectares.	6,090,049 hect.
Méteil	910,932 »	572,985 »
Seigle	2,577,254 »	2,193,230 »
Orge.	1,187,889 »	1,040,831 »
Maïs	631,732 »	601,997 »
Sarrasin.	904,203 »	709,128 »
Légumes secs .	423,417 »	456,612 »
Totaux. . . .	12,167,209 hectares.	11,664,832 hect.

De sorte que nos emblavures en céréales ont réellement diminué de 502,377 hectares qui ont été consacrés, sans doute, partie aux fourrages et partie aux plantes industrielles. Mais, en 1863, on constatait que la superficie ensemencée en blé s'élevait à 6,913,768 hectares, ce qui, en supposant que l'emblavure en menus grains soit restée la même, donnerait, au contraire, sur 1840, une augmentation de 321,342 hecta-res dans la superficie ensemencée en grains. Et comme la culture des fourrages, des racines et des plantes commerciales n'a pas cessé de s'accroître, il faut presque nécessairement admettre que cette augmentation a été demandée à des défrichements de landes et de bois, de pâturages ou de forêts.

En ce moment, notre production céréale peut être évaluée (avoine non comprise) à 180,000,000 d'hec-tolitres ayant une valeur moyenne d'environ un mil-liard 800,000 fr. Si nous estimons la consommation moyenne annuelle à 5 hectolitres de tous grains par habitant, nous trouvons un déficit moyen de onze cent mille hectolitres par an. Dans les années favora-bles, il peut y avoir un excédant de 8 à 10 millions d'hectolitres pour lesquels il nous faudrait chercher des débouchés. Nous sommes dans la plus heureuse situation pour les offrir à l'Angleterre qui, année moyenne, éprouve un déficit de 20 millions d'hecto-litres environ, mais qui les obtient, le plus souvent à plus bas prix, en Russie, en Prusse, aux États-Unis et en Égypte. C'est à nous à conquérir le marché anglais par la loyauté de nos transactions et l'abaisse-ment de nos prix de revient ; en 1865 déjà, nous avons fourni aux îles Britanniques 6 p. 0/0 de ses im-portations en grains et 79 p. 0/0 de ses importations en farines, grâce sans doute à la guerre d'Amérique.

Dans la production des céréales, il faut distinguer deux choses : les grains exportés de la ferme, des campagnes, pour la majeure partie, vers les villes ou l'étranger, et la paille qui reste presque toujours sur le domaine. Or, c'est le grain qui, nous l'avons vu, renferme la plus forte proportion de principes azotés et minéraux, principes presque complétement perdus dès lors pour l'agriculture, grâce à l'insou-

ciance avec laquelle nous recueillons les engrais de
nos cités et trop souvent même de nos fermes. Calcu-
lons donc ce qu'enlève et ce que restitue au sol une
récolte de froment de 20 hectolitres ou 1500 kilog.
par hectare. Disons d'abord que, d'après M. de
Gasparin, la production de 100 kilog. de la plante
de froment entière correspond à :

$$22^k,800 \text{ de graines,}$$
$$4\ ,000 \text{ de balle,}$$
$$57\ ,700 \text{ de paille,}$$
$$15\ ,500 \text{ de chaume,}$$

et que, par conséquent, une récolte de 20 hectol. ou
1500 kilog. de grains équivaut à une production
moyenne de :

$$1,500 \text{ kilog. de grain,}$$
$$363 \qquad » \qquad \text{de balles,}$$
$$4,951 \qquad » \qquad \text{de paille,}$$
$$1,330 \qquad » \qquad \text{de chaume,}$$

Les balles et le chaume restant les unes sur le
domaine et l'autre sur le sol, nous n'aurons à calculer que l'exportation du grain et de la paille ; c'est
ce que nous ferons en prenant pour base les analyses
de M. Boussingault :

Éléments constituants.	Grain.	Paille.	Grain et paille.
Carbone	$691^k,500$	$1,454^k,400$	$2,145^k,900$
Hydrogène	87 ,000	160 ,200	247 ,200
Oxygène.	651 ,000	1,148 ,700	1,799 ,700
Azote	34 ,350	10 ,500	44 ,850
Acide sulfurique . .	0 ,300	2 ,100	2 ,400
Acide phosphorique.	17 ,100	6 ,600	23 ,700
Chlore.	»	1 ,200	1 ,200
Chaux	1 ,050	17 ,700	18 ,750
Magnésie	5 ,850	10 ,200	16 ,050
Potasse	10 ,800	19 ,200	30 ,000
Soude.	»	0 ,600	0 ,600
Silice	0 ,450	141 ,300	141 ,750
Fer et alumine . . .	»	2 ,100	2 ,100
Perte	0 ,600	25 ,200	25 ,800
	1,500 ,000	3,000 ,000	4,500 ,000

On remarquera que l'analyse a été faite sur la paille préalablement desséchée et le chaume déduit, ce qui réduit le rapport de la paille au grain à 200 p. 0/0. Il est aisé d'apprécier, d'après ces chiffres, les pertes qu'éprouve le sol par l'exportation du grain, à laquelle viennent se joindre, autour des grandes villes, celle qu'il éprouve par la vente des pailles. Ces pertes portent surtout sur l'azote (34 kilog. 350), l'acide phosphorique (17 kilog. 100) et la potasse (10 kilog. 800). On s'explique donc beaucoup plus facilement l'épuisement des terres américaines que la fécondité constante du Tchernoysen russe, dont nous ne possédons d'ailleurs qu'une analyse fort incomplète. Si on importe du son (qui représente de 20 à 22 p. 0/0 du poids du grain), on rend au sol, par 100 kilog., 3 kilog. de phosphate et 1^k,900 d'azote.

§ 3. Plantes racines.

La culture des plantes racines est une innovation presque toute récente en agriculture. La pomme de terre n'y a pris une place réellement importante qu'au commencement du siècle, et une maladie désastreuse est venue, en 1844, interrompre son extension progressive ; depuis lors, c'est la betterave qui, comme plante alimentaire pour le bétail, et en même temps industrielle (sucre, alcool), a remplacé, dans une certaine proportion, la pomme de terre réservée pour l'homme (fécule, amidon, alcool). Voici les modifications qu'ont subies ces diverses cultures, quant à l'étendue cultivée :

Plantes racines.	1800.	1840.	1852.
Pommes de terre.	427,369 hect.	921,970^h	829,297^h
Betteraves	75 »	57,663	114,360
Carottes, navets, choux, raves, etc.	72,508 »	188,302	249,043
Totaux. . .	574,877 hect.	1,167,935^h	1,189,700^h

Les racines, indispensables à l'entretien d'un bon bétail, présentent encore cet avantage qu'elles varient les productions du sol, qu'elles peuvent supporter les très-abondantes fumures données à la tête de la rotation, qu'elles utilisent avantageusement la jachère tout en permettant un nettoyage presque aussi complet, enfin, qu'après l'extraction de sucre, de l'alcool, de la fécule ou de l'amidon, elles laissent encore pour la nourriture des animaux des résidus à peine appauvris. Bien qu'elles puissent payer à un assez haut prix la main-d'œuvre qu'elles exigent, leur culture cependant se trouve forcément limitée aux régions où la population rurale est assez dense, tandis qu'elle serait trop onéreuse ou même impossible là où les bras sédentaires sont rares, comme dans la Beauce et la Sologne. Le seul moyen de suppléer aux bras de l'homme par les instruments serait la culture en quinconce qui, par le produit peu élevé qu'elle fournit, ne paie qu'un loyer modique du sol.

Toutes ces plantes cependant, n'exigent pas la même proportion de main-d'œuvre ; la carotte et le panais sont les plus coûteux sous ce rapport, l'une par le premier sarclage, très-long et très-délicat, l'autre par le défoncement profond qui doit précéder sa semaille ; puis, vient la betterave, à cause du semis, du démariage, du repiquage et des sarclages ; les navets, croissent à peu près sans culture à bras ; le rutabaga n'en demande guère que pour sa transplantation, la pomme de terre et le topinambour que pour leur plantation et leur arrachage. On doit donc choisir, non-seulement celles de ces plantes qui conviennent le mieux au climat et au sol, mais encore celles dont les travaux de main-d'œuvre se concilient le mieux avec les époques où les autres cultures de la rotation la laissent disponible. C'est ainsi que

le repiquage des rutabagas peut s'effectuer pendant
la fenaison, le matin, jusqu'à ce que la rosée ait séché
sur les prés, il en est souvent de même pour les sarclages de la carotte ou de la betterave. La plantation
et l'arrachage des pommes de terre et des topinambours se font à un moment où les bras sont à peu près
inoccupés. Le défoncement pour le panais peut être
un excellent moyen d'occuper fructueusement, en
hiver, les bras des domestiques de la ferme. Enfin, il
n'est pas de circonstances culturales, peut-être, où la
culture de l'une de ces plantes ne puisse se concilier,
dans une certaine mesure, avec les conditions économiques qui régissent toute exploitation donnée. L'industrie, d'ailleurs, s'unissant à la culture, permet
d'appeler du dehors des ouvriers mieux rémuné-
rés, auxquels elle pourra fournir toute l'année un
travail régulier pour le plus grand bénéfice de l'ex-
ploitant. C'est ainsi que l'Allemagne a su faire de la
pomme de terre, une culture industrielle, par l'extraction de l'alcool, de la fécule ou de l'amidon ;
que, dans le nord, l'industrie sucrière a pu parer
à la crise que nous subissons encore ; que dans toutes
les fermes importantes et bien dirigées, l'extraction
de l'alcool de betteraves a permis d'améliorer à la
fois le bétail et le sol, tout en augmentant la production des céréales.

§ 4. Des plantes industrielles.

Les plantes industrielles ont le double avantage de
pouvoir payer un loyer élevé du sol et de fournir
des matières premières à notre industrie indigène ;
mais elles ont aussi le grave inconvénient d'épuiser
beaucoup le sol parce qu'elles en sont le plus souvent
exportées entièrement et sans lui rendre même au-

cun résidu. Aussi, ne doivent-elles être réservées
qu'aux contrées les plus riches, et doit-on importer
sur la ferme une quantité proportionnelle d'engrais
du dehors, ainsi qu'on le fait dans la Flandre et
l'Alsace, au moyen des engrais de ville, de la poudrette, du phosphate de chaux, etc., ou de résidus
d'usines, comme les tourteaux, les drèches, les pulpes, etc.

·Les plantes industrielles tendent à prendre, de jour
en jour, une plus grande importance dans nos cultures, et il est présumable que la crise actuelle des céréales favorisera encore leur développement en augmentant, aux dépens du blé, la superficie qui leur
sera consacrée. Voici le mouvement qu'elles ont
suivi, de 1840 à 1852 :

Plantes.	1840.	1852.
Colza, navette, œillette, etc. . . .	173,506 hect.	250,019 hect.
Chanvre.	176,149 »	125,357 »
Lin	98,242 »	80,536 »
Houblon.	827 »	8,865 »
Garance.	14,674 »	11,224 »
Tabac.	7,955 »	8.952 »
Vignes	1,972,340 »	2,190,000 »
Oliviers	121,228 »	94,117 »
Châtaigniers.	455,387 »	578,224 »
Noyers	6,200 »	6,268 »
Mûriers.	41,276 »	30,972 »
Vergers, jardins, autres cult., etc. .	360,696 »	617,537 »
	3,428,450	4,001,891

Les plantes oléagineuses (colza, œillette, navette,
oliviers, noyers, etc., forment parmi les plantes industrielles un groupe important (350,404 hectares) dont
le produit peut être évalué, en y joignant les graines
des plantes textiles (chanvre et lin) à 105,300,000 fr.,
non compris la valeur des tourteaux ou résidus,
qu'ont encore une valeur de 10 à 12 millions de
francs au moins.

Le colza, cultivé en Flandre et en Allemagne depuis très-longtemps, introduit en France par l'abbé Rozier vers 1784, n'a commencé à être adopté dans la culture que vers 1810 ; il occupe aujourd'hui plus de 180,000 hectares. L'œillette, cultivée depuis de longues années aussi, en Flandre, introduite en France vers 1620, prohibée d'abord à cause des qualités nuisibles qu'on attribuait à son huile, et autorisée seulement en 1774, se répandit alors en Alsace, en Picardie, en Artois, en Lorraine, où elle s'est à peu près cantonnée. Le madia, introduit en Europe en 1794 par le père Feuillé, jésuite, ne fut cultivé d'abord qu'en Allemagne, et a été recommandé en 1835 encore par M. Bosch, de Stuttgard. Mais sa culture a pris peu de développement. La cameline n'est, le plus souvent, qu'un succédanné du colza, dont elle remplace les semis manqués. L'olivier est un cadeau de la colonie Phocéenne (Grecque) de Marseille, et sa culture tend à se restreindre chaque année sous l'influence désastreuse pour lui de notre climat irrégulier et changeant. Quant au noyer, il est spécialement réservé aux plaines calcaires du centre de la France.

L'extension de la culture des plantes oléagineuses est-elle favorable à la prospérité de notre territoire et doit-elle être encouragée ? Cela est contestable et a été contesté. Cependant, nous ne croyons pas que le colza soit généralement considéré comme plus épuisant que le blé ; semé en lignes et par les façons qu'il exige, il peut être envisagé comme plante sarclée et nettoyante. Sa récolte plus hâtive pour la variété d'hiver, plus tardive pour la variété de printemps, que celle du blé, se combine bien avec les travaux de la moisson et des semailles de la plupart des rotations ; il fournit aux assolements alternes un moyen économique d'éloigner le retour des cé-

réales ; il supporte bien les plus abondantes fumures ;
pour les fermiers, il a encore cet avantage de pouvoir
leur fournir de l'argent avant les céréales ; et c'est
une des principales raisons, sans doute, qui ont déterminé la rapide extension de cette culture ; enfin,
il réussit bien sur les terres acides des landes à peine
défrichées. A côté de ces avantages, il a comme
toutes choses, il est vrai, ses défauts : il est sensible,
dans le nord surtout, aux gelées de printemps ; sa
récolte exige beaucoup de main-d'œuvre à un moment donné, bien qu'elle puisse se faire très-rapide-
ment ; en dernier lieu, l'abondance des huiles de
pétrole, dont on découvre chaque jour de nouvelles sources, soit dans l'ancien, soit dans le nouveau monde, va porter indubitablement un terrible
coup à sa culture.

Malheureusement, nous semblons ne pas avoir
assez compris tout le parti qu'on peut tirer de la
paille et des tourteaux que nous laissent ces plantes,
et nous laissons emporter chaque année, pour la
Belgique et surtout pour l'Angleterre, une énorme
quantité de ces marcs si précieux pour la nourriture
du bétail. C'est un reproche que, depuis longtemps
déjà, on adresse à nos cultivateurs. Ne voyons-nous
pas même employer directement les tourteaux de
colza à la fumure du sol, sans les avoir fait préalablement animaliser dans l'alimentation de notre bétail
d'engrais ? « Quand la valeur des tourteaux dans l'a-
limentation du bétail sera mieux connue et mieux
appréciée, dit M. Liebig, leur prix, en s'élevant, limi-
tera davantage encore son emploi comme engrais,
mais on retrouvera dans les excréments des animaux
qui s'en nourrissent les éléments auxquels ils doivent
leurs propriétés fertilisantes. » (*Les lois naturelles
de l'agriculture.* T. II. p. 306.).

Le tabac, importé pour la première fois en France en 1560, devint, un siècle plus tard (1674), l'objet d'un monopole dans les mains de l'État. Le privilége affermé, 500,000 livres à l'origine, s'est élevé à un bénéfice brut, en 1865, de 236,565,000 fr., près de la moitié de l'impôt direct qui s'élève à 520,583,000 fr. Les manufactures opèrent sur près de 100 millions de kilogrammes de tabacs indigènes et exotiques ; les frais moyens de fabrication sont de 12 millions de francs, et le bénéfice net, s'élève à 170,000,000 de francs par année environ. Le tabac exige des engrais abondants et ne laisse en compensation aucun résidu.

Les plantes textiles, le chanvre et le lin, qu'on avait paru restreindre de 1840 à 1851, ont dû prendre une nouvelle extension pendant la dernière guerre de l'Amérique. Assez épuisantes pour le sol, elles ne lui rendent qu'une faible quantité relative de tourteaux provenant de l'extraction d'huile de leurs semences. Si l'on parvient à établir en Afrique la culture de coton, l'importance de nos chanvres et lins diminuera notablement.

La culture de la garance semble diminuer chaque année, et on peut trouver la cause de ce fait dans plusieurs motifs, parmi lesquels la rareté croissante de la main-d'œuvre, l'espèce de cantonnement affecté à cette culture par la nature spéciale des terres qu'elle réclame et qu'on ne parait guère rencontrer que dans la Provence et l'Alsace, enfin les progrès de la chimie qui nous offrent à plus bas prix des matières colorantes aussi belles, aussi solides et d'un prix moins élevé.

Le houblon a décuplé d'importance pendant ces 22 années de 1840 à 1852 ; comme le tabac, il ne restitue au sol que ses tiges et exige des terres riches

et abondamment fumées; sa culture suppose donc
l'importation des engrais du dehors ou l'appauvrissement du domaine. Nous en pourrions dire autant de
la vigne qui ne laisse pour résidus de fabrication que
des marcs à peu près inutiles au bétail, et les sarments qui retournent au sol sous forme de cendres,
mais sont loin de compenser les fumiers nécessaires
à une abondante production. Il est à remarquer que
devant les modifications sensibles de notre climat et
les progrès de la culture, cette plante tend chaque
jour à descendre vers le sud. C'est à peu près là
aussi que s'est cantonnée la culture du mûrier et des
vers à soie si profondément atteinte depuis quelques
années par l'épidémie qui aura pour inévitable résultat de réduire la superficie consacrée à cette
plante.

§ 5. Production agricole de la France.

Les statisticiens et les économistes ont souvent tenté
d'estimer la production brute et nette de la France,
tâche délicate et difficile, dont la statistique officielle
ne peut fournir que les bases ; encore a-t-on fait souvent et tout récemment encore, confusion et double
emploi entre les produits du sol et ceux des animaux,
comptant à l'avoir en même temps le produit en avoine
et fourrages, les semences mêmes et le revenu du
bétail en travail, viande, lait et laine. M. Schnitzler
nous semble être un de ceux qui ont le plus approché
de la vérité comme base, bien que la plupart de ses
chiffres nous semblent encore empreints d'une exa-
gération évidente. Les voici :

Nature des produits.	Produits.	Valeur en argent.	Résumé.
Produits végétaux			
Fourrages.	Prairies et pâturages.	650,000,000 fr.	650,000,000 fr.
Racines.	Pommes de terre.	300,000,000	308,000,000
	Betteraves.	8,000,000	
Céréales.	Grains et légumes secs.	2,000,000,000	2,000,000,000
Industriels.	Tabac.	20,000,000	
	Lin et chanvre.	120,000,000	
	Graines oléagineuses.	35,000,000	
	Plantes tinctoriales.	10,000,000	
	Houblon.	950,000	
	Vignes.	550,000,000	962,950,000
	Jardins (vergers, potagers, etc.)	125,000,000	
	Châtaigniers.	12,000,000	
	Mûriers.	60,000,000	
	Oliviers.	30,000,000	
Forêts.	Bois, taillis et futaies.	300,000,000	300,000,000
Produits animaux	Revenu des animaux domestiques.	700,000,000	
	Abeilles.	6,000,000	
	Vers à soie.	88,000,000	815,000,000
	Chasse.	1,000,000	
	Pêche fluviale et côtière.	20,000,000	
	Totaux égaux.	5,035,950,000 fr.	5,035,950,000 fr.

Nous ferons remarquer seulement que l'avoine et les semences des céréales sont comprises dans cette évaluation et devraient en être retranchées (soit environ 450 mil-

lions de francs); qu'il faut retrancher encore le
produit des prairies et pâturages qui fait double
emploi avec le revenu du bétail qu'ils sont destinés
à nourrir ; et enfin, le produit des mûriers, puisqu'on calcule le revenu des vers à soie, l'estimation
se réduirait donc à 3,875,950,000 fr. Mais nous
ferons observer, d'un autre côté, que le revenu des
animaux domestiques semble évalué bien bas et
qu'on ne paraît pas y avoir compris les basses-cours,
ni le produit des animaux abattus pour la consommation ; qu'enfin, cette évaluation a été faite sur
la statistique de 1840.

M. Moreau de Jonnès nous fournit les évaluations
comparatives de la production brute agricole de
1700 à 1848, dans le *Moniteur universel* du 24 avril
1848, document assez intéressant, bien que fort
hypothétique, en ce qu'il nous donne une idée des
progrès de notre agriculture :

Année.	Règne.	Population.	Valeur de la production.	Produit brut par habitant.
1700	Louis XIV. . . .	19,600,000 âmes.	1,500,000,000[f]	77[f]
1760	Louis XV	21,000,000 —	1,526,750,000	73
1788	Louis XVI. . . .	24,000,000 —	2,031,333,000	85
1813	Napoléon Ier. . .	30,000,000 —	3,356,971,000	118
1840	Louis-Philippe Ier.	33,540,000 —	6,022,169,000	180
1848	Id.	—, —	7,502,905,000	224

Aujourd'hui, on l'évalue à environ 8,000,000,000[f].
Lullin de Chateauvieux estime que les frais d'exploitation absorbent les trois cinquièmes du produit
brut, soit 4,800,000,000 fr ; les impôts frappant le
sol sont évalués à 350,000,000 ; il reste donc pour le
produit net 2,850,000,000 fr. qui donne par tête
79 et par hectare (pour 50,000,000 hectares) 52 fr.
M. Pecqueur, en 1825, n'évaluait le produit net
qu'à 50 fr. par habitant et à 30 fr. par hectare. Ce
chiffre paraît peu élevé encore, mais il s'accroît sen-

siblement quand, au lieu de le diviser par la population totale, on le divise seulement par la population
agricole qui est de 25,000,000 d'individus environ,
dont chacun obtient alors pour sa part 114 fr.

M. de Lavergne n'évalue la production brute
de la France avant 1848 qu'à 3 millards 400 millions pour les produits végétaux, et à 1 milliard
650 millions pour les produits animaux, soit ensemble
5 milliards de francs ; ce serait donc pour cette
époque, 143 fr. par habitant et 100 fr. par hectare.
Et, d'après les mêmes éléments, il estime la production brute, agricole de l'Angleterre à 2 milliards
pour les végétaux et autant pour les animaux, ensemble 4 milliards, soit 154 fr. par habitant et 135 fr. par
hectare. Si l'on divisait le produit brut du Royaume-
Uni entre ses trois provinces, on aurait, pour l'Angleterre, 166 fr. par habitant et 200 fr. par hectare ;
pour la basse Écosse, l'Irlande et le pays de Galles,
100 fr. par hectare, enfin pour la haute Écosse 10 fr.
par hectare.

La production brute agricole de la Prusse était
évaluée, en 1840, à 2,856,000,000 fr. soit 219 par habitant et 114 francs par hectare ; celui de l'Autriche
à 4,108,000,000 fr. soit 110 fr. 91 par tête et 76 fr.
par hectare ; en Hollande, à 132,000,000 fr. soit
163 fr. par habitant et 44 fr. par hectare ; en Belgique,
à 424 millions de francs, soit 94 fr. par tête et 169 fr.
par hectare.

Mais la production agricole n'est pas la seule richesse d'un pays, bien qu'elle soit toujours la principale, et il ne suffit pas de produire, il faut encore
produire à bon marché et trouver des débouchés, ce
sont là les deux points importants. La population
d'un royaume ne consomme pas toujours elle-même
tous ses produits ; elle les exporte à l'étranger et les

échange contre d'autres objets de consommation que
son climat ou son sol ne lui permettent pas d'obtenir.

Il faut donc que chaque État se crée et entre-
tienne des relations commerciales avec les autres
États, afin d'éviter en même temps la pléthore et la
disette, le minimum et le maximum de valeur des
objets échangeables. Les économistes du commencement de ce siècle avaient obtenu, pour protéger
l'agriculture, des primes à l'exportation et des
droits à l'importation. Depuis 1861, nous vivons
sous le régime d'une liberté à peu près complète,
auquel on sollicite aujourd'hui des modifications
importantes. Les agriculteurs praticiens, en grand
nombre, semblent regretter l'ancienne échelle mobile,
beaucoup d'économistes reconnaissent que le régime
de la libre importation nous constitue dans un état
d'infériorité vis-à-vis des nations étrangères. La
justice stricte, comme la vérité économique, vou-
draient en effet que les blés étrangers fussent frappés
à l'importation d'un droit égal par hectolitre, ou
mieux encore par quintal métrique, à celui que
paient, par les impôts, nos blés indigènes ; ce ne serait
pas de la protection, mais de la justice, et on incline
à réclamer la même modification pour tous les produits agricoles. Si, après l'adoption de ce principe,
l'étranger importe encore en France, c'est qu'il
produira à meilleur marché que nous, mais nos
cultivateurs, alors, ne s'en pourront prendre qu'à
eux-mêmes.

Cette question est en ce moment à l'étude dans le
Corps législatif, dans la Société impériale et centrale
d'agriculture. Seulement, il est facile de prévoir
que, dans le cas où des droits compensateurs seraient
admis, les autres États établiraient la réciprocité, ré-

ciprocité qui pourrait bien limiter pour nous le marché anglais.

CHAPITRE VIII.

CONSIDÉRATIONS GÉNÉRALES SUR L'ADMINISTRATION RURALE.

Jusqu'ici, nous nous sommes bornés à l'étude des faits pratiques de la culture ; nous avons vu comment il fallait pourvoir aux besoins du sol et des plantes.

Il nous reste à déterminer les principes économiques de la production. Produire c'est beaucoup, mais ce n'est pas tout ; il faut encore produire d'une manière constante, sans épuiser le sol pour l'avenir et produire surtout au plus bas prix possible. Il y a des sols d'une fécondité presque inépuisable, il est vrai, mais ce sont de très-rares exceptions, et en général, il faut considérer le sol comme une caisse, un coffre-fort dans lequel on doit remettre ce qu'on en a enlevé, si l'on ne veut qu'il reste bientôt vide.

C'est en cela surtout que la chimie a rendu et rendra encore d'immenses services à l'agriculture. Il y a pour le sol, comme pour le bétail, une ration d'entretien et une ration de production ; l'une conserve la fécondité seulement, l'autre l'accroît ; malheureusement, beaucoup de gens traitent la terre moins bien que le bétail, et l'épuisent en lui demandant de travailler sans la nourrir.

Quant à la production économique, nous trouvons deux systèmes en présence : l'un qui consiste à

utiliser les seules forces de la nature aidée du temps
et de l'intelligence pour obtenir à peu de frais des
produits tels quels, c'est l'école extensive; elle exige
peu de capitaux et de main-d'œuvre. L'autre a
pour but d'obtenir le maximum de produits sur une
surface donnée, à l'aide de l'intelligence et de gros
capitaux. Que j'obtienne, en effet, sur un hectare de
terre un produit de 10 hectol. avec une dépense de
120 fr., ou d'un autre hectare de terre 25 hectol.
avec une dépense de 300 fr., le prix de revient sera
toujours de 12 fr. l'hectolitre.

Il y a cependant des considérations dont il faut
tenir grand compte ; et de ce nombre est l'augmentation de la population, qui, de 1700 à 1864, s'est
accrue de 124 p. 0/0 ; et il ne faut pas oublier que
si cet accroissement continue sur les mêmes bases,
la France dans un siècle et demi, devra nourrir plus
d'un habitant par hectare de superficie totale; que
d'un autre côté, l'extension des voies ferrées, des
routes, des chemins, des canaux, etc., enlèvent
chaque jour à la production une partie notable de
ses terres les plus riches. Le système extensif, considéré d'une manière générale, ne saurait donc plus
être en harmonie avec les besoins de notre époque
et les progrès de la civilisation : c'est au système
intensif qu'il faut recourir, c'est par lui qu'il faut
chercher la production abondante et au plus bas
prix. Mais il faut établir encore une distinction :
la petite culture, la culture à bras fait presque toujours de la culture intensive avec ses bras souvent
pour seul capital, vivant sur le produit brut et im-
mobilisant presque toujours ses épargnes dans le
sol. La moyenne culture ne dispose le plus souvent
que d'un capital trop restreint, et la grande culture
ne deviendra bientôt possible qu'avec la ressource

de l'association des capitaux. La transformation de
notre système agricole appelle donc l'organisation
du crédit ; le sol est une grande manufacture, un
immense atelier industriel, dans lequel ce capital
convenablement dépensé peut rapporter un intérêt
aussi élevé et plus assuré que dans la fabrication
des étoffes, le commerce des épices ou les spécula-
tions de bourse. Voilà ce qu'ont surabondamment
démontré les concours pour la prime d'honneur,
voilà ce dont les capitalistes ne tarderont pas, il faut
l'espérer, à se convaincre dès qu'on leur aura donné
de suffisantes garanties contre les emprunteurs.

C'est l'association des capitaux qui peut seule
remédier au morcellement devenu ruineux dans un
grand nombre de contrées et autour de toutes nos
gandes villes, qui peut morceler, pour les rendre à
la moyenne culture, ces immenses propriétés encore nombreuses et le plus souvent restées incultes
faute d'argent et de population, les diviser en fermes
sans les dévaster comme c'est la coutume de tant de
spéculateurs qu'on flétrit en vain sous le nom de
bande noire, qui peut enfin fournir à des conditions acceptables l'argent dont a besoin notre agriculture pour se transformer. Aussi, les cultivateurs
doivent-ils appeler de tous leurs vœux la constitution
de la *Société rurale immobilière de France* et de
toutes les autres sociétés analogues qui leur permettront de réaliser enfin toutes les améliorations dont
ils sentent tant le besoin.

§ Ier. Des capitaux.

Les capitaux consacrés à l'agriculture doivent
être divisés en deux grandes classes : le capital foncier et le capital d'exploitation.

22.

Le capital foncier représente l'acquisition du sol ; c'est un placement à peu près assuré et que les inondations des grands fleuves peuvent seules détruire plus ou moins complétement ; c'est pourquoi, à cause même de sa sécurité, il ne reçoit qu'un intérêt peu élevé. Le mode d'administration auquel il est soumis peut, en dehors de l'action de son propriétaire, augmenter ou diminuer sa valeur selon le degré d'habileté et de probité du fermier ou du métayer. Mais, en général, par la seule marche du temps, par le seul fait de l'amélioration des terres qui l'environnent, sa valeur propre s'augmente notablement pendant une période d'un quart de siècle, ce qui vient compenser le faible intérêt qu'il perçoit à 2 ou 2,50 p. 0/0. En général, les cultivateurs intelligents et riches même, préfèrent se faire fermiers que d'acquérir un domaine, lorsqu'ils peuvent obtenir un bail assez long, sachant bien que leurs capitaux immobilisés dans le sol ne leur produiront qu'un intérêt de 2 p. 0/0, tandis que converti en capital mobilier, il produira, suivant leur habileté, jusqu'à 15 ou 20 p. 0/0.

Le capital d'exploitation ou capital mobilier représente le bétail, le mobilier de culture, les produits en magasin, les dépenses à faire en administration et main-d'œuvre, en améliorations et impôts. Il se subdivise en 1° capital engagé et 2° capital circulant.

Le capital engagé comprend le bétail de trait et de rente, le mobilier de culture et d'exploitation. Il faut s'appliquer à resteindre à la plus stricte nécessité économique le bétail de trait et le mobilier, et à élever le plus possible au contraire, en qualité et quantité le bétail de rente ; c'est la portion de ce capital la mieux employée pour la prospérité de l'exploitation, et celle qui paiera l'intérêt le plus élevé. Le bétail de trait et le mobilier sont toujours exposés à une constante dépréciation, tandis que le bétail de rente se recompose de lui-même et ne peut qu'augmenter de valeur. On donne encore au capital engagé le nom de cheptel.

Le capital circulant comprend : la main-d'œuvre, les grains et fourrages en magasin, les dépenses d'administration, l'entretien des objets mobiliers et immobiliers, les améliorations foncières, l'avance d'une année au moins du revenu ou du fermage outre le revenu ou le fermage actuel, les assurances, impôts et frais généraux, enfin, l'intérêt du capital d'exploitation pris dans son entier.

La proportion à conserver entre ces divers capitaux varie en quelque sorte pour chaque ferme, selon le climat, la nature du sol, le système de culture qu'on adopte, les améliorations qu'on a en vue et dont le domaine est susceptible, la longueur du bail ou le titre auquel on est propriétaire. Le climat méridional, le sol argileux, le système intensif, la mise en valeur de terres neuves, un long bail ou la propriété à titre incommutable exigent, en somme, un capital plus élevé qu'un climat tempéré ou septentrional, une terre siliceuse, le système extensif, la culture de terres faites, un court bail ou la propriété à titre viager. Nous ne saurions donc donner une formule exacte propre à déterminer ce rapport essentiellement variable ; on comprend, par exemple, que dans le système d'agriculture pastorale, comme en Normandie, le cheptel ou capital engagé en bestiaux de rente constitue à peu près seul avec le fermage, le capital agricole, tandis qu'avec le système biennal, le capital circulant l'emporte de beaucoup en importance sur le bétail de rente. Mieux vaut donc présenter quelques exemples : nous les emprunterons à la pratique de la France et de l'Allemagne, aux divers systèmes de culture et d'assolements, en calculant toujours par hectare, bien entendu :

Systèmes de culture. Assolement.	Capital foncier.	Capital engagé.	Capital circulant.	Totaux.
Système biennal, dans le midi (M. de Gasparin).	56f,66	69f,15	84f,50	210f,31
Système triennal, id.	»	»	»	281 ,41
Système quadrennal, id.	79,69	175 ,47	208 ,30	463 ,66
Hohenheim (Allemagne) (M. Lefour)......	»	114 ,84	285 ,32	400 ,16
Grignon (1852) (M. Lecouteux)......	»	376 ,00	668 ,00	1,044 ,00
Masny (Nord) (M. Barral)......	»	»	»	1,601 ,25

Pour les trois premiers de ces exemples, il faut ajouter au capital circulant la rente du sol et les impôts. Ces chiffres suffisent pour montrer combien varie la proportion des capitaux et jusqu'à quel point ils peuvent et doivent s'élever dans la culture intensive. Nous allons, d'ailleurs, en étudier les divers éléments dans les paragraphes suivants.

§ 2. Du bétail de trait.

Nous avons dit plus haut qu'on devait, autant que possible, s'attacher à réduire le capital consacré au bétail de trait tout en conciliant les intérêts du sol et les besoins des plantes ; ceci s'applique à la fois au nombre et à la valeur des animaux de travail.

Le nombre d'animaux de travail nécessaire varie selon la nature du sol : une terre siliceuse exige moins de façons qu'un sol argileux ; la charrue peut n'y être attelée que d'un seul cheval de moyenne force, tandis que dans des terrains plus tenaces, il faudra souvent deux animaux de haute taille et de forte musculature, et, par conséquent, d'une valeur bien plus élevée. Selon les instruments qu'on adoptera : une charrue à avant-train exige beaucoup plus de tirage qu'une araire, et il suffirait souvent de substituer celle-ci à celle-là pour réduire de moitié le bétail de trait quant au nombre ; les chariots comparés aux charrettes exigent bien à peu près le même nombre d'animaux, mais avec le chariot on peut placer un cheval ordinaire en limon, au lieu de ces massifs chevaux si chers qu'exigent les charrettes. Selon l'espèce d'animaux qu'on adopte : les vaches ont l'allure plus vite que les boeufs, mais elles sont moins fortes, et il faut les relayer par demi-attelée ; les bœufs vont moins vite que les chevaux et font un travail d'un cinquième moindre environ par jour. Selon la race des animaux : certaines races de bœufs sont mous au travail et ont les onglons tendres et sensibles ; ils ne peuvent fournir qu'une demi-attelée par jour, et il en faut quatre par conséquent pour servir une charrue ; telle race de chevaux à l'allure vite peuvent labourer 60 ares par jour, tandis que ceux de telle autre race plus lente n'en labourent que la moitié ; il faut donc compter deux des derniers pour un des premiers. Selon le système de culture suivi : plus la culture est active, plus les façons sont multipliées et plus il faut de nombreux attelages, cela va de soi-même ; lorsqu'à l'agriculture se joint une indus-

trie qui motive des transports de roulage, il faut
compter des attelages supplémentaires.

Nous avons vu, en traitant des instruments (chap.
III, § 3) qu'on comptait en moyenne une charrue
par 16 à 20 hectares, ce qui reviendrait à un animal de trait par 8 à 10 hectares ; c'est là une proportion empirique, bien qu'elle soit justifiée par les
faits dans la pratique la plus générale. Nous pourrions déterminer ce rapport par un calcul plus
exact, qui consisterait à tracer un tableau de toutes
les opérations de culture nécessitées par l'assolement, à diviser les travaux par saisons et par mois,
et à les diviser par les diverses sommes de travail
que peut effectuer un cheval en une journée moyenne
C'est ainsi qu'on arrivera le plus sûrement à déterminer la proportion du bétail de trait.

Tout luxe doit être banni de cette branche du
service. Les chevaux de 6 à 15 ans doivent seuls
être admis à la ferme, à moins que, comme dans
la Beauce et le Perche, on ne fasse marcher de
front l'élevage et le travail. Avec des chevaux faits,
on risque moins d'accidents d'abord, puis la perte
de valeur annuelle est moindre, et s'ils sont bien
conduits et convenablement nourris, des chevaux
de réforme donneront tout autant de travail et un
travail meilleur que des demi-sang d'une valeur
quadruple. Tout dépend d'ailleurs, quant au travail,
du choix du charretier ; ceux qui sont actifs et laborieux font les chevaux vites ; ceux qui sont indo-
lents et paresseux ont toujours des chevaux lents. C'est
au maître à veiller de ses propres yeux sur la nourriture et les soins, sur les bons traitements et sur le
travail. S'il est juste et exact appréciateur de la tâche
journalière, bêtes et gens accompliront leur travail.

Pas de luxe non plus dans les harnais ; la solidité et la simplicité suffisent, et l'argent inutilement dépensé en bouffettes de laine ou queues de renards, en housses et chabines fastueuses sera mieux employé en engrais ou en tourteaux. Il est un luxe que je ne saurais blâmer pourtant, celui des grelots qui avertissent du départ et de la rentrée des attelages, qui indiquent à distance si le charretier marche ou se repose.

Il y a deux moyens d'obtenir des attelages la plus grande somme de travail : l'un d'envoyer chaque travailleur dans un champ distinct avec une tâche déterminée ; mais il faut veiller souvent à la qualité du travail obtenu ; l'autre de réunir tous les charretiers dans le même champ sous la surveillance du maître ou de son délégué qui doit y exercer une constante surveillance. L'étendue des champs et la nature des travaux décideront pour chaque cas ou pour chaque ferme le système à choisir. Dans tous les cas, il faut veiller strictement à ce que le départ pour le travail et la rentrée à la ferme aient lieu, en temps ordinaire, à des heures régulières ; à ce que les harnais soient entretenus avec le plus grand ordre, réparés en temps opportun, marqués au numéro de chaque animal, à ce que les fourrages soient distribués à jour et heure fixes, sans gaspillage, sans perte de temps ; enfin à ce que chaque charretier occupé à des transports prenne sa part au chargement et au déchargement de son tombereau ou de sa charrette. La surveillance incessante permet seule de maintenir les animaux en bonne santé et d'en obtenir le maximun de travail.

§ 3. Du bétail de rente.

Le bétail de rente est le grand producteur de fumier en même temps que la source des bénéfices les plus élevés ; mais c'est à condition de savoir le choisir et le gouverner. Pour lui, rien de trop dans la mesure des lois zootechniques ; mais le gaspillage ne sera jamais justifié.

Dans le choix de l'espèce du bétail, on devra avoir égard à la nature du sol et de ses productions, au système de culture et au climat. L'espèce chevaline peut s'élever à peu près dans toutes les conditions, moins les marécages, mais elle demande des terrains enclos et des domestiques habitués à cette production. L'espèce bovine peut être entretenue à l'étable ou au pâturage, mais elle se plaît davantage sur les terrains frais ou même humides, et recherche les herbes molles et grossières. Le mouton, au contraire, réclame presque impérieusement des terrains secs et sains, des herbes fines et savoureuses. L'observance stricte des lois de l'hygiène peut permettre pourtant de l'entretenir dans des terrains humides auxquels on le croirait impropre. Nous ajouterons qu'on doit tenir un compte sérieux des enzooties particulières à certaines espèces dans des contrées diverses, comme le sang de rate des moutons dans la Beauce, l'entérite suraiguë des bêtes à corne dans la Nièvre, afin, souvent de modifier l'espèce du bétail qu'on entretient.

Quant à la race, on se détermine le plus ordinairement à choisir celle de la contrée qu'on habite, afin de pouvoir vendre et acheter plus facilement et à de moindres frais ; toute race, d'ailleurs, est susceptible d'amélioration dans les mains d'un habile

éleveur. Si l'on se détermine pour une race étrangère, il faut prévoir les dépenses auxquelles on se
trouvera entraîné pour renouveler le sang, et bien
étudier auparavant si le climat et le sol sont assez
cléments et assez féconds pour conserver à la race
nouvelle tous ses caractères de conformation et
d'aptitude ; si surtout, on trouvera aisément à se
défaire à bon prix, dans le pays, des élèves et des
produits qu'elle fournira. On n'amènera point, par
exemple, les races Durham ou Schwitz dans la Sologne ou la Bretagne, ni les races Ayrshire ou Bretonne
dans la Flandre ou la Limagne ; on n'élevera point
une race de travail comme l'auvergnate dans une
contrée d'engraissement comme la Normandie, ni
une race de boucherie comme le Charollais dans
un pays de travail comme la Sologne. On pourra
transporter avec plus grandes chances de lui conserver ses qualités laitières ou même de les améliorer, une race du midi dans le nord ; de même si
l'on veut améliorer la finesse de lainage, il faudrait
plutôt procéder du sud au nord.

Mais un point capital déterminera à la fois le choix
de l'espèce, celui de la race et de la spéculation à
laquelle on pourra se livrer, c'est le débouché. Certains produits animaux, en effet, peuvent s'exporter
au loin par les chemins de fer, d'autres ne peuvent
être transportés qu'à une certaine distance ou même
consommés sur place. Le lait et les fromages frais s'ex-
pédient à 100 ou 120 kilomètres et plus, mais les
résidus de fabrication du beurre et du laitage doivent être utilisés sur les lieux ; la laine et la viande
peuvent s'exporter aisément à toutes distances. Mais
la question des transports a une grande importance
pécuniaire, et tel qui envoie son lait à Paris aurait
bien plus d'avantages à l'y envoyer sous forme de

beurre ou de fromage ; bien des cultivateurs sont
venus vendre leurs bœufs ou leurs moutons sur les
marchés de Sceaux et de Poissy, qui auraient gagné
à les vendre dans leur pays ; il faut donc établir
soigneusement tous ces calculs avant de déterminer
la spéculation animale à laquelle on entend se livrer,
et bien s'assurer à l'avance d'un personnel exercé
à cette industrie. Rien n'est coûteux comme de se
trouver forcément à la merci d'un vacher suisse ou
d'un fromager normand, d'un palefrenier poitevin
ou d'un berger beauceron. Outre qu'on s'attire ainsi
la haine de la population avoisinante, on éprouve
souvent de grands mécomptes et de sérieux embarras
lorsqu'on est contraint de modifier son personnel.

La proportion du bétail de rente est indiquée par
l'aptitude fourragère du sol, par la rotation qu'on a
adoptée, par l'assolement et le système de culture
qu'on suit. On commence par établir le tableau du
produit probable en fourrages et litières et par le
diviser en rations journalières d'après les différentes
saisons. On obtient ainsi le nombre de rations disponibles et on les distribue, suivant leurs quotités et
qualités entre un effectif de têtes appartenant aux
diverses espèces, en ayant soin toutefois de laisser
sans destination un cinquième au moins de la masse
fourragère pour parer aux mauvaises récoltes, aux
pertes dans la conservation, etc., et de calculer les
rations au plus haut ; mieux vaut, à la fin de l'hiver
avoir un excédant de fourrages qu'un déficit, et le
bétail abondamment nourri donne seul des bénéfices.

Enfin, dans le choix des animaux, on s'attachera
moins à la taille et au poids qu'à la bonne conformation, selon l'aptitude qu'on a en vue, et on doit
être bien convaincu que toute aptitude décidée se
dénote par la conformation extérieure. Tout animal

qui ne présente pas à un haut degré l'aptitude recherchée devra être immédiatement réformé par la vente ou l'engraissement ; il consomme autant et produit souvent moitié moins que celui qui est bien doué.

§ 4. De la main-d'œuvre.

La question de la main-d'œuvre est devenue, dans ces derniers temps surtout, une question des plus importantes en agriculture. L'émigration vers les villes a dépeuplé nos campagnes, dans quelques contrées surtout, et les ouvriers devenus plus rares sont aussi devenus plus exigeants. Non-seulement les salaires ont haussé dans une proportion très-notable, mais encore il a fallu améliorer la nourriture, et il faudrait presque diminuer le travail. Il est beaucoup de pays dans lesquels on ne peut plus faire faire certains travaux qui s'y exécutaient autrefois d'une manière normale. Dans le Berry, les jeunes filles ne consentent plus à garder les troupeaux ainsi que cela s'y pratiquait de temps immémorial ; dans la Beauce, on manque de bergers, parce que les jeunes gens préfèrent aller travailler dans les villes ; pendant la moisson, les femmes valides aiment mieux glaner que de manier la faucille.

On est donc forcément amené à remplacer, autant qu'il est possible, la main-d'œuvre par les instruments perfectionnés ; mais encore, faut-il que l'étendue de la ferme permette l'emploi économique de ces engins, et doit-on se borner au strict nécessaire. Un musée d'instruments qui dorment sous un hangar est un capital qui, non-seulement ne produit pas d'intérêts, mais qui encore se détériore chaque jour. Mieux vaudrait en passer par toutes les exigences des ouvriers que d'acheter une faucheuse, une faneuse

et un râteau mécanique pour quatre hectares de
prés, une moissonneuse pour dix hectares de graines ou une batteuse pour cinquante hectares de culture. Nous avons cru devoir déjà mettre le lecteur
en garde contre l'enthousiasme du moment en faveur
des instruments dits perfectionnés, et dont plusieurs
sont bien loin d'être parfaits encore (chap. III, § 3).
C'est à lui à choisir avec prudence et en connaissance de cause.

La main-d'œuvre se divise en domestiques ou
gens à l'année ou à la saison, en tâcherons et en
journaliers. Les domestiques sont presque toujours
des célibataires qu'on nourrit et qu'on loge, après
les avoir engagés pour un temps déterminé, et pour
lesquels on devrait rendre obligatoire la formalité
du livret, afin d'assurer l'exécution des conditions
arrêtées entre eux et le propriétaire. Leur caractère
mobile, leur ardeur du gain, les ont rendus noma-
des, et ils parcourent le pays, le plus souvent de
fermes en fermes, se jouant des engagements qu'ils
ont acceptés et laissant sans scrupule leur maître
dans l'embarras au milieu des travaux les plus pres-
sants. On a proposé à de fréquentes reprises, de
répartir irrégulièrement les salaires sur les divers
mois de l'année afin de les retenir, mais ces conditions sont devenues impraticables en présence de leurs
exigences actuelles, car les mœurs rurales se sont
bien profondément modifiées. Aussi, s'arrange-t-on
toujours pour n'avoir que le nombre de domestiques
indispensables pour le soin et la conduite des animaux, c'est-à-dire des charretiers, vachers, bergers,
porchers. Pour les travaux de culture, on a recours
aux journaliers et aux tâcherons.

Les tâcherons sont des ouvriers qui entrepren-
nent à leurs risques et périls l'exécution d'un travail

d'après une somme convenue à l'avance. Si le cultivateur est doué d'un juste coup d'œil d'appréciation,
c'est là le meilleur système, à la condition cependant qu'il surveillera le travail comme qualité d'exécution. Il se trouve ainsi débarrassé des inquiétudes
causées par la recherche et le choix des ouvriers,
sa comptabilité se simplifie, son opération se trouve
exécutée plus rapidement ; il n'a plus, la tâche finie,
qu'à cuber ou à arpenter. Un intelligent cultivateur,
M. Ménard, est parvenu à faire de quelques-uns de
ses domestiques des tâcherons qu'il loge et nourrit ;
son vacher, par exemple, est payé à raison de tant
par 1000 litres de lait, les charretiers à raison de
tant d'hectares de terres labourés, hersés ou roulés ;
à d'autres tâcherons, il donne un hectare de terre
ensemencé en betteraves et les paie à raison de 1000
kilog. de racines recoltées, pour les sarclages, binages, arrachage, mise en silos, etc. ; mais dans tout
les cas, il assure un minimum de produit, base sur
laquelle sont versés les à-comptes en argent, pour
régler définitivement le compte à la fin de l'année
ou après la récolte. Mais il faut, pour arriver à ce
résultat, une volonté persévérante, inébranlable,
une grande autorité morale, une haute réputation de
loyale probité.

Les journaliers sont des habitants du pays, qu'on
ne loge ni ne nourrit d'ordinaire et qui viennent
librement, chaque jour, travailler à la demande du
maitre. Celui-ci n'a sur eux qu'une autorité assez
restreinte, et ils lui font souvent défaut, sous le
moindre prétexte, au moment où il en aurait le plus
pressant besoin. Les journaliers sont ordinairement
des femmes, des enfants ou des vieillards ; les
hommes se font, lorsqu'ils sont laborieux et forts,
plus volontiers domestiques ou tâcherons. Le pro-

priétaire doit toujours avoir un chef d'atelier pour
surveiller et conduire les réunions un peu nombreuses de journaliers ; c'est le seul moyen d'en
obtenir un travail consciencieux, aussi le choix de
ce chef est-il fort important. C'est lui qui doit prendre
la note des journées faites par chacun pour la fournir
à la comptabilité ; il reçoit une haute paie et doit avoir
le droit de congédier les paresseux et les mauvais
ouvriers. Lorsqu'on emploie des journaliers isolés,
il faut, non seulement les surveiller, mais encore et
surtout savoir apprécier exactement le temps nécessaire pour bien accomplir le travail dont on les a
chargés. Lorsqu'ils savent que leur tâche accomplie
chaque jour est appréciée avec exactitude, ils tra-
vaillent en l'absence même de toute surveillance.

Dans la distribution de ses travaux et l'organisation de son personnel, le cultivateur doit savoir ne
placer à chaque endroit que le nombre d'ouvriers
nécessaires et les choisir suivant leurs forces et leur
aptitude ; il les appareillera comme énergie et comme
habileté, là surtout où le plus lent ou le moins expérimenté peut retarder tous les autres, comme
au fauchage. Il ne confiera à chacun qu'un travail
proportionné à sa force et à son âge, et souvent il
aura intérêt à fractionner les ateliers pour séparer
les plus habiles des plus lents, afin qu'il n'y ait ni
retards ni temps d'arrêt. Enfin, il devra au besoin,
et dans les grands travaux, ne pas craindre de
mettre la main à l'œuvre pour relever l'énergie de
tous et les entraîner par son exemple. S'il exige un
travail forcé, un coup de main anormal, une pro-
longation de travail, il doit offrir spontanément une
gratification en argent ou en nature, s'il veut trouver,
une autre fois, ses ouvriers disposés à le seconder en
pareille occurrence. C'est souvent ainsi qu'on sauve

une récolte. Pendant les foins et la moisson surtout,
il est nécessaire qu'il soit présent partout à la fois
et entraîne tout le monde par son activité, son énergie et son exemple; mais il doit savoir qu'alors ses
yeux et sa parole valent mieux encore que ses bras.

§ 5. De l'administration.

L'administrateur d'un domaine, le cultivateur parfait, est extrêmement rare comme les hommes de
génie, et il faut presque du génie pour régir une
grande exploitation, pour embrasser d'un seul coup
d'œil un vaste ensemble de combinaisons et des détails multiples, pour savoir à temps et parfois instan-
tanément modifier son plan et transformer son ordre
de travail, pour tirer parti de toutes les circonstances
atmosphériques ou économiques, pour donner une
impulsion unique à des rouages disposés souvent à
tourner en sens contraire, pour lutter enfin contre
la nature et contre les hommes. C'est plus que de
l'intelligence, plus que de l'instruction, plus que du
jugement, c'est le coup d'œil du général sur le
champ de bataille, c'est la science du savant, c'est la
diplomatie de l'ambassadeur, c'est l'impassibilité du
philosophe.

Il faut que le cultivateur ait profondément étudié
les sciences naturelles dont il trouvera chaque jour
des applications ; il doit connaître la géologie, la chimie, la physiologie animale et végétale, l'économie,
la législation ; il faut qu'il ait beaucoup lu, beaucoup
vu, beaucoup retenu et surtout beaucoup comparé ;
c'est ainsi qu'il a pu acquérir l'expérience des hommes
et des choses. Sachant beaucoup et toujours prêt à
apprendre, exempt de préjugés et de parti pris, il doit
chercher le progrès froidement, sans enthousiasme

irréfléchi, en se défiant des systèmes. Prêt à entreprendre toutes les expériences pour vérifier les données de la science, il doit les suivre de bonne foi,
sans idée préconçue, avec le seuls désir d'arriver à
la vérité. Attentif aux faits en apparence les plus
étrangers, il doit prévoir leurs conséquences économiques et diriger, s'il y a lieu, toutes ses vues vers ce
point nouveau ; appréciateur exact des législations
récentes, il en doit démêler la portée à l'avance pour
profiter de leurs mesures favorables ou éviter leurs
conséquences désastreuses. Bon citoyen, enfin, il doit
à ses compatriotes la vulgarisation de ses découvertes, le produit de son expérience, les fruits de son
observation.

Cultivateur, il doit connaître toutes les opérations
de la culture ; quoiqu'il ne laboure point lui-même,
il doit être en mesure de prendre les mancherons de
la charrue, le fouet du charretier, la faulx du faucheur, les forces du tondeur pour leur démontrer
qu'on peut faire mieux et plus vite, et il acquerra
ainsi plus d'autorité morale sur son personnel. Administrateur, il doit connaître tous les ressorts et toutes
les branches de l'administration, savoir vendre et
acheter, conserver et échanger ; de même qu'il doit
souvent être berger, vacher ou faucheur, de même
il doit pouvoir être au besoin comptable ou économe,
juge de paix et souverain absolu dans sa sphère. Non
pas qu'il doive s'absorber dans la multiplicité des
détails, s'user dans une surveillance de tous les ins-
tants et de tous les lieux, mais sa pensée, sinon sa
personne, doit être présente partout ; partout on doit
attendre et craindre son contrôle. A lui, ses heures de
repos, mais irrégulières, intermittentes, inattendues.

Si sa position sociale, si sa situation de famille ne
lui permettent pas une semblable assiduité, il doit

déléguer son autorité à un autre lui-même, et c'est
là un choix difficile parce qu'il le faut doué des mêmes qualités morales, et en outre, d'un dévouement,
d'une abnégation, d'une probité difficiles à rencontrer. Mais s'il a rencontré cette perle rare, *rara avis*,
qu'il cherche à accroître sans cesse son autorité,
qu'il le respecte à l'égal de lui-même et qu'il marche
toujours de concert avec lui sans écouter ni médisan-
ces, ni calomnies. Que ce que son subrogé aura lié
ou délié soit bien décidément retranché ou admis,
que ce qu'il aura fait soit toujours bien fait, en présence des autres du moins ; que les explications, que
les reproches ne se fassent qu'à l'insu de tous. Ce
n'est qu'ainsi qu'on peut sauvegarder l'autorité, et
celle du régisseur est celle du maître.

Le cultivateur doit être riche ; un cultivateur habile l'est toujours parce qu'il sait proportionner l'é-
tendue de sa culture à l'importance de son capital ;
il est riche avec dix hectares de terre, souvent plus
qu'avec cinq cents. Il sait que ce n'est pas la superficie qui fait le produit net, et que la victoire appartient à celui qui, à un moment donné, peut mettre en
ligne les plus nombreux bataillons. Il aime son sol,
même lorsqu'il n'en est que le fermier temporaire, et
loin de l'épuiser, il cherche à l'améliorer sans cesse,
sachant bien qu'il en profitera tout le premier. Mais
il a dû savoir se ménager un long bail, et dès lors, il
travaille ainsi pour sa famille. Il est prudent, et pour
se mettre en garde contre la possibilité d'événements
ruineux, il a eu recours à de bonnes compagnies
pour assurer ses bâtiments, ses récoltes et ses troupeaux. Il a l'esprit tranquille enfin, parce qu'il a
tout prévu, même la mort.

Dans l'organisation de son personnel, il s'attache
à tout simplifier, à établir une juste hiérarchie, à

tenir compte des aptitudes et des bons services de
chacun ; mais point d'état-major, point de rouages
embarrassants ; il est toujours là, et la parole calme,
juste et sévère rétablit promptement l'ordre, le rang
et l'autorité. Il n'encourage ni l'espionnage ni la dé-
lation, mais contre l'improbité reconnue, il agit avec
rigueur. Comme il ne demande que le possible, il
veut l'obtenir, et comme il donne l'exemple de l'activité, tout le monde marche avec ardeur. On l'a
dit depuis longtemps : tel maître, tel valet, et les
domestiques se forment toujours sur le maître. C'est
un honneur d'entrer dans une ferme bien dirigée ;
l'exploitation mal tenue est le refuge des paresseux
et des vagabonds. Mais l'homme habile donne de
hauts salaires parce qu'il veut beaucoup obtenir,
aussi peut-il choisir ses hommes et leur demander
beaucoup.

Ses deux principales préoccupations, dans une
ferme importante, doivent être, au début, d'établir
l'ordre et l'autorité ; c'est de ce commencement que
tout dépend. S'il laisse le gaspillage, la négligence,
la désobéissance s'introduire, il sera bientôt débordé.
Mais s'il a bien choisi ses chefs de service et s'il les
soutient en les surveillant, il n'aura plus que rarement des reproches à adresser.

Mais il est des détails qui sont peu de sa compé-
tence, comme le ménage, la laiterie, la basse-cour.
Il s'en remet de ces soins à sa compagne qui ne les
doit point dédaigner. C'est là une partie importante
de la fortune agricole, et bien des fermières de la
Beauce tirent du beurre et de la volaille une somme
presque égale au canon de la ferme. Que dirons nous
du ménage d'une vaste exploitation ? Les yeux d'une
bonne ménagère n'y sont pas moins indispensables
que ceux du maître aux champs ; là aussi, il y a l'or-

dre à établir, le gaspillage à réprimer. Savoir s'approvisionner en temps opportun, veiller à la qualité des produits obtenus, tirer parti de tout, ce sont les talents indispensables à une maîtresse de ferme qui doit tout voir par elle-même, tout inspecter fréquemment depuis le linge et la vaisselle jusqu'aux poulets et aux canards. C'est dans l'administration de ce petit gouvernement qu'une femme sensée mettra son amour-propre et sa gloire.

§ 6. De l'entretien des objets mobiliers et immobiliers.

On dit en médecine que mieux vaut prévenir que d'avoir à guérir. En agriculture, nous disons mieux vaut réparer que d'avoir à remplacer. Lorsqu'on a soin de faire les réparations à temps, on double la durée des choses, et avec un peu de soin et d'ordre, on arrive à des prodiges de vétusté solide.

Les bâtiments devront être visités chaque année à l'intérieur comme à l'extérieur ; on fera refaire les enduits où il est besoin, on veillera à l'intégrité des couvertures qui abritent non-seulement les fondations et la charpente, mais encore les fourrages ou les grains, l'homme ou le bétail. On détournera les eaux des fondations en entretenant les gouttières ou en installant un système de rigoles ; on fera repeindre les fenêtres et les portes en temps convenable, remastiquer et remplacer les vitraux, resceller les râteliers, auges ou mangeoires, réparer les écuries et étables, etc. Quand des bâtiments sont ainsi entretenus, la dépense annuelle s'élève beaucoup moins qu'on ne le pourrait croire, tandis que si on néglige les réparations pendant deux ou trois ans seulement, on est effrayé de la somme à laquelle elles s'élèvent.

Pour les objets mobiliers, les soins doivent être

de même nature. D'abord, on évitera leur détério-
ration par les soins que l'on prendra de les faire
rentrer en magasin dès qu'ils ne servent plus et
les faisant immédiatement réparer s'il y a lieu. Dans
les intervalles des façons, les charrues, herses et
rouleaux doivent être rentrés à la ferme et placés
sous un hangar où ils seront, ainsi que les véhicules, abrités contre la chaleur et la pluie. Tous les
ans, on les passera les uns et les autres au mastic
et à la peinture ; un ouvrier intelligent de la ferme
peut être chargé de ce soin qui ne coûtera que
quelques kilogrammes d'huile et de couleurs, et
quelques journées de main-d'œuvre.

Dans les fermes importantes, il y a profit de
temps et d'argent à avoir un charron et un forgeron
à l'année, pour construire les instruments les plus
simples et faire toutes les réparations ; autrement,
on peut s'abonner, pour la ferrure, avec un maré-
chal voisin, à raison de tant par tête de bœuf ou de
cheval. En ce qui regarde les harnais, il y a deux
moyens d'arriver à l'économie : le premier de
s'abonner par tête et par an avec un bourrelier qui
doit fournir un nombre déterminé de harnais neufs
chaque année, et les entretenir constamment en
bon état ; mais on ne doit jamais accepter de
harnais d'occasion dans la crainte d'introduire à la
ferme des maladies contagieuses ; le second est
d'acheter le neuf à un prix débattu, et de le faire
réparer et entretenir par un ouvrier à la journée
auquel on fournit le cuir, le crin et le fer ; ce
dernier moyen, lorsqu'on est rapproché d'une ville,
est le plus économique.

Il est important de faire prendre à tous les ouvriers
des habitudes d'ordre et de conservation ; chaque
outil, chaque instrument, chaque harnais, doivent

avoir leur place marquée et on ne doit pas souffrir que dans les intervalles du travail, ils en soient absents. Les étables et les écuries doivent être garnies de porte-colliers numérotés, et chaque animal doit avoir le sien, le charretier et le bouvier étant répréhensibles lorsque leurs garnitures sont déposées ailleurs. C'est une habitude difficile à inculquer aux ouvriers des champs, mais tout dépend du début, et une fois prise, elle persistera avec un peu de surveillance.

§ 7. Des améliorations foncières.

Chaque exploitation bien dirigée doit porter, tous les ans, une certaine somme inscrite à son budget pour améliorations foncières, et sous ce titre, nous comprenons toutes les dépenses qui ont pour but de modifier avantageusement les propriétés physiques ou chimiques du sol, de faciliter l'économie de son exploitation, de favoriser en un mot le maximum de production. Tels sont les chaulages et marnages, le défoncement, le drainage, les irrigations, la construction économique de bâtiments qui permettront d'entretenir un plus nombreux bétail, la conversion des terres arables en prairies, la plantation des terres stériles, le défrichement des bois fertiles, le détournement des cours d'eau pour l'irrigation, le creusement des puits, sources et puits artésiens, l'installation d'abreuvoirs à la ferme et dans les champs, la construction de plates-formes à fumiers, etc.

Avant de les entreprendre cependant, on doit se rendre un compte aussi exact qu'il est possible des dépenses qu'elles entraîneront, et de la manière dont elles se concilieront avec les travaux ordinaires

de la culture ; il n'est pas toujours nécessaire d'o-
pérer en une seule année, et il est souvent prudent
de répartir la dépense sur plusieurs exercices. On
commence par les parties les plus urgentes et on
continue la tâche, chaque année jusqu'à l'accom-
plissement, sans entreprendre plusieurs objets à la
fois, car il ne faut disséminer ni la surveillance ni
les capitaux. Les chaulages, les marnages, les défoncements, le drainage, peuvent fournir un moyen
d'occuper économiquement les hommes et les attelages pendant les mauvais temps de l'hiver ; il en est
de même du boisement et des défrichements qui,
outre qu'ils n'entravent point les cultures, ont encore l'avantage d'offrir aux ouvriers un travail régulier et de les assurer au cultivateur pour les travaux
importants de la bonne saison. Quant aux bâtiments,
nous recommanderons surtout d'éviter le luxe et
l'amour-propre ; on peut faire à peu de frais des
constructions rustiques[1] remplissant tous les buts
possibles, et le cultivateur ne doit immobiliser que
le capital indispensable.

D'ailleurs, avant d'entreprendre aucune amélioration foncière, il est essentiel de se bien rendre
compte de la situation morale et financière. Un
propriétaire ayant des héritiers directs ne craindra
pas d'entreprendre des travaux coûteux dont pro-
fiteront ses enfants dans l'avenir ; un fermier ne
doit faire que ceux dont il espère pouvoir, avant la
fin de son bail, récupérer le capital outre les in-

---

[1] On consultera avec fruit la *Construction*, cours pratique d'architecture civile, d'architecture rurale et de constructions forestières,
par M. Lemaistre, ainsi que le *Guide pratique pour le bon aména-
gement des animaux*. (Bibliothèque des professions industrielles et
agricoles, Eugène Lacroix, éditeur, 54, rue des Saints-Pères.)

térêts ; un métayer que son propriétaire peut congédier d'une année à l'autre ne peut rien entreprendre sans avoir une garantie. De là ressort pour
le maître du sol l'importance du choix de ses
fermiers, et l'intérêt qu'il a à leur concéder de
longs baux, fussent-ils progressifs. Il est indispensable, pour l'amélioration d'un domaine, que le
fermier s'y sente chez lui, grâce aux garanties
qu'il possède pour lui et sa famille ; au lieu d'avoir
intérêt à épuiser, il a dès lors tout avantage à
améliorer. C'est pourquoi, en Angleterre, on a
introduit dans les baux diverses clauses qui garan-
tissent au tenancier, soit la possession du sol pendant un laps de temps déterminé, soit le rembour-
sement partiel des avances qu'il a faites au sol.

Les plus générales et les plus connues de ces
clauses sont celles qui portent les noms des lords
Keams et Coke ; elles n'ont peut-être jamais été
appliquées en France où les propriétaires ignorants
de leurs intérêts ne souhaitent que des changements
de fermiers pour obtenir des augmentations de
fermages. Voici comment M. Martinelli décrit ces
deux clauses : « L'espace de trois rotations ou neuf
ans est trop court pour que le fermier puisse
entreprendre des améliorations durables. Dans un
bail de neuf ans, il s'efforce généralement d'améliorer pendant les trois premières années ; pendant
les suivantes, sa culture demeure stationnaire, et
pendant les trois dernières, il tire du sol tout ce
qu'il peut. Si le propriétaire répugne absolument à
passer un long bail, voyons quelles sont les combinaisons qu'on peut adopter. D'abord, on peut
stipuler un dédommagement à donner au fermier
pour le cas où le bail ne s'étendrait pas à toute
la durée des améliorations. Ainsi, s'il doit être

fait des marnages dont l'effet durera quinze ans, et que le bail soit limité à neuf ans, le fermier devra recevoir une indemnité du tiers de la valeur de l'opération. Si les améliorations portent sur l'ensemble de l'exploitation, l'évaluation de l'in-demnité sera difficile. Dans ce cas, on recourt à la méthode des surenchères réciproques. Ainsi, soit un bail de vingt ans ; si le fermier, à son expiration notifie au propriétaire qu'il entend se soumettre à une augmentation de 1000 fr. sur le prix annuel du fermage, et que le propriétaire accepte, le bail est renouvelé pour vingt ans. Si le propriétaire refuse, ou bien il sera tenu de payer au fermier pour ses travaux d'amélioration une indemnité de 10,000 fr. représentative des 1000 fr. de fermage qui lui ont été offerts, ou bien le fermier aura le droit de faire une nouvelle offre qui portera à 1500 fr., par exemple, l'augmentation du fermage, et ainsi de suite. Si le propriétaire n'accepte pas, il doit payer une indemnité représentant la valeur des améliorations, ou bien le fermier a le droit de faire une nouvelle offre. Il est reconnu que le taux le plus équitable pour l'indemnité due par le pro-priétaire doit être de dix fois le montant de l'aug-mentation offerte par le fermier, et cela quelle que soit la durée des baux.

« Enfin, il est une autre combinaison qui, comme la précédente, a été imaginée par les Anglais. Elle consiste dans le renouvellement partiel des baux à l'aide de conventions faites pendant sa durée et par lesquelles le propriétaire consent, moyennant une somme qui lui est payée comptant, à annuler en quelque sorte la jouissance d'une ou plusieurs années écoulées, en sorte que la jouissance se trouve prolongée, à la fin du bail, d'autant d'années que le fermier en a ainsi rachetées. Il ne doit pas laisser accumuler plusieurs années ; il fera chaque année des propositions de rachat. Cette combinaison exige des baux de neuf années au moins. Elle est une garantie de bonne administration de la part du fermier. » (*Manuel d'agriculture*).

L'aristocratie, il est vrai, est beaucoup plus nombreuse et beaucoup plus riche en Angleterre qu'en France ; mais veut-on savoir aussi, comment elle en agit avec ses fermiers ? Lord Portland avait établi ses fermages à raison de 24 fr. l'hectolitre de froment ; presque aussitôt après la promulgation des *Corn-laws*, des lois sur les céréales, en 1848, le prix moyen de l'hectolitre de froment descendit à 16^f,50. Lord Portland, en 1850, descendit le fermage par hectare de 30 fr. à 20, sacrifiant ainsi 32 p. 0/0 de son revenu annuel. Le duc de Bedford a fait également réviser ses rentes, et a renoncé à ses droits de chasse ; sir Robert Peel a fait réviser ses rentes également, et drainer toutes ses terres à la condition par les fermiers de lui payer à 4 p. 0/0 l'intérêt de ses dépenses. Voilà ce que ne fera pas, ce que ne pourrait pas faire d'ailleurs, l'aristocratie française.

Mais ce qui peut se faire partout, c'est l'organisation du crédit, afin de permettre, non-seulement aux propriétaires, mais encore aux fermiers d'emprunter à des conditions économiques le capital dont ils auraient besoin pour accomplir des améliorations foncières. Et pour cela, il suffirait d'abroger les dispositions légales qui les protégent à rebours, et de les assimiler aux commerçants ou aux industriels. Ces établissements sont très-nombreux en Angleterre et surtout en Écosse ; un essai, fort incomplet cependant, dans le département

de Seine-et-Marne, a déjà produit d'excellents résultats. En présence des conditions onéreuses que
nous font le crédit foncier et le crédit agricole,
c'est à nous à former des associations, des banques
de crédit ou des comptoirs d'escompte, auxquels
nous pourrons emprunter à des taux modérés, sur
la garantie de nos cheptels et de nos récoltes,
pour modifier notre système de culture, améliorer
notre sol, augmenter notre bétail ou nos engrais.

§ 8. Du revenu et du fermage.

Nous l'avons dit en commençant ce chapitre, le
capital foncier, par cela même qu'il constitue un
placement à peu près à l'abri de toutes pertes, et
que sa valeur se double généralement par la seule
marche des choses tous les 25 ou les 50 ans, ne
peut obtenir qu'un intérêt peu élevé, de 2 à 2,50
p. 0/0. Tel est sans doute le motif qui cause le dédain des habitants de la ville pour le sol, tandis que
les paysans, à peine émancipés par l'accession à la
propriété, sont dévorés d'un amour souvent irréfléchi du sol. C'est pourquoi nous avons en France
25 millions de propriétaires ruraux, vivant, pour le
plus grand nombre, sur le produit brut, de priva-
tions et de travail assidu.

Quand le propriétaire se fait en même temps cultivateur, il doit joindre au capital foncier un capital
d'exploitation dont il doit percevoir l'intérêt à cinq
pour cent, plus le profit industriel variable suivant
son intelligence et son habileté, de 0 à 15 et même
20 0/0. Le fermier, lui, ne fournit que le capital d'exploitation et il en tire également un intérêt variable,
après avoir payé le service du fond de terre, la rente
du sol, c'est-à-dire le fermage. Le métayer n'apporte

le plus souvent dans l'association que son travail et celui de sa famille ; la part qu'il retirera des produits du sol doit donc varier en proportion de l'apport qu'il a fait, en général, du tiers à la moitié.

Le fermage est établi pour un bail qui en fixe aussi la durée. En général, cette durée ne saurait être moindre de trois rotations afin d'équilibrer l'influence favorable et défavorable des saisons ; il est, le plus souvent de neuf ans, parce que, jusqu'au commencement de ce siècle, l'assolement triennal régissait la plus grande partie du sol français. Mais cette durée est trop courte, nous l'avons déjà dit, pour permettre au fermier d'entreprendre des améliorations rurales, et il est de l'intérêt du propriétaire, lorsqu'il rencontre un tenancier relativement riche, intelligent et habile, de lui concéder un bail plus long, en stipulant à l'avance et d'accord les augmentations progressives que devra subir le fermage tous les trois ans ou tous les neuf ans. Le fermier pourra ainsi exécuter lui-même le drainage, faire des chaulages, des marnages et des défoncements, parce qu'il rentrera dans ses avances avant la fin du bail, et le propriétaire y gagnera directement et indirectement ; directement, parce qu'il retrouvera son sol amélioré en fin de bail, indirectement, parce que plus son fermier s'enrichit par des moyens honnêtes, et plus la valeur et le fermage de son fonds augmentent. On se dispute vivement une ferme sur laquelle le fermier sortant a fait fortune : personne ne veut une ferme sur laquelle il s'est ruiné ; ce n'est pas à dire pourtant que cette opinion soit fondée dans tous les cas, mais elle existe.

Le fermage se payait autrefois en nature, ou partie en nature et partie en argent ; aujourd'hui, il se paie presque toujours exclusivement en argent,

mais dès lors, le propriétaire ne profite ni ne souffre
des bonnes ou des mauvaises années, il n'y a pas so-
lidarité complète. En Écosse et dans quelques comtés
de l'Angleterre, le fermage représente une redevance
en nature (grain) qu'on convertit en argent au taux
moyen du marché, se bornant à fixer un maximun
et un minimun pour les années de disette et d'abondance. Le prix moyen des céréales est constaté officiellement sur les marchés voisins, tous les six mois,
et sert à établir le fermage annuel. Le fermage varie
donc comme le prix du froment, suivant une échelle
mobile établie tous les six mois ; s'il est fixé à 2 hectolitres de froment par hectare, par exemple, il
s'élevera par 100 hectares, à 4000 fr. si le blé vaut
20 fr. et à 3,500 fr. s'il ne vaut que 17,50. Ainsi,
bien que la base de la rente soit fixe, le propriétaire
participe comme le fermier au profit des bonnes
années comme à la perte des mauvaises, ce qui nous
semble plus équitable d'abord, plus favorable pour
le cultivateur ensuite.

Avec le métayage, la rente se paie en nature,
c'est-à-dire que, selon la part du capital fournie par
le colon, le propriétaire prélève sur le produit total
en grains et bestiaux de rente, le quart, le tiers
ou la moitié. Tous deux se trouvent donc solidaires
devant la bonne comme devant la mauvaise année.
Quand le colon ne fournit que ses bras et ceux de
sa famille, le propriétaire prélève, en général, les
deux tiers ; quand le colon fournit son cheptel vif et
mort, le propriétaire ne reçoit que la moitié ; quand
enfin le colon apporte un petit capital, le propriétaire ne perçoit qu'un tiers ou même un quart.

Le taux du fermage, représentant le service du
sol, l'intérêt du capital d'acquisition, le loyer des
bâtiments, doit varier en raison de la richesse de

la terre, de la proximité des débouchés, de la facilité que présentent de bons chemins pour l'exploiter,
de l'aptitude du climat à produire des céréales, des
fourrages ou des plantes industrielles, de l'étendue
de la propriété, de l'abondance ou de la rareté de
la main-d'œuvre, du nombre des demandes de fermiers, etc. Il varie en France de 5 à 200 fr. par hectare
et en moyenne de 40 à 50 fr., ce qui représente à peu
près deux hectolitres de froment par an. Il se paie
ordinairement d'un seul terme, à Noël ou à la Toussaint, quelquefois en deux termes qui sont alors
Pâques et la Toussaint. Le propriétaire qui laisse
son fermier s'endetter lui rend un mauvais service
et, à moins de causes majeures, il est bon de faire
strictement exiger les termes échus. Nous avons
toujours vu, d'ailleurs, à moins de désastres excep-
tionnels, les fermiers qui payaient un fermage
relativement élevé par hectare, faire de bonnes
affaires, tandis que ceux qui payaient une rente
très-basse vivaient seulement ou s'endettaient : les
premiers étaient toujours stimulés par la nécessité de produire pour payer, les seconds s'endor-
maient dans un trop confiant *far niente*.

§ 9. Des assurances et des impôts.

Il y a des dépenses qui constituent les frais généraux du domaine, ceux afférents au fermier, tandis
que les charges générales sont celles qui incombent
spécialement au propriétaire.

En France, l'impôt foncier, déduction faite des
propriétés bâties, s'élève en principal et centimes
additionnels, et en y comprenant la prestation en
nature pour les chemins, à 5 fr. environ par hectare ;
et avec les propriétés bâties, à 6 fr. 50 environ par

hectare. C'est presque toujours le propriétaire qui paie la contribution foncière et celle des bâtiments (portes et fenêtres), tandis que le fermier exécute les prestations en nature ou rembourse au propriétaire leur conversion en argent.

Les assurances sont facultatives ; mais si d'un côté, le fermier doit prudemment exiger du propriétaire l'assurance de ses bâtiments contre l'incendie, de l'autre, le propriétaire doit tenir à ce que son fermier assure ses fourrages, grains et récoltes, ses bestiaux et son mobilier contre l'incendie, contre la grêle et contre la mortalité, afin d'avoir une garantie de son gage, et surtout contre les risques locatifs d'incendie. Il y a avantage et sécurité des deux parts et chacun supporte la portion qui lui est afférente.

Ces diverses sommes, en impôts et assurances, peuvent s'élever en moyenne à 14 fr. par hectare environ, de terres arables et prairies, et viennent charger d'autant le prix de revient des produits. Mais on se procure aussi le repos de l'esprit, et on évite la gêne, sinon la ruine, par une succession d'événements imprévus mais chaque jour possibles. On a souvent parlé de rendre l'assurance obligatoire ; cette idée est incompatible avec nos institutions libérales, mais devrait avoir force de loi pour tout homme prudent et père de famille.

§ 10. Intérêts des capitaux.

Nous avons vu que le fermage constituait la rente, c'est-à-dire l'intérêt du capital foncier, et qu'il variait de 2 à 2,50 p. 0/0 en France ; nous avons exposé quels étaient les motifs de cet intérêt relativement bas, et dont la modicité est bien compensée par la sécurité et l'augmentation de valeur du capital.

Quant au capital d'exploitation, nous avons vu qu'il se divisait en capital engagé et capital circulant, comprenant l'un le mobilier et le bétail, l'autre les avances nécessaires à la culture et l'intérêt des capitaux foncier et d'exploitation. L'intérêt du capital du fermier doit se diviser en deux parties : l'une, celle de l'argent consacré à l'industrie, à 5 p. 0/0 par an ; l'autre, celle du profit industriel, représentant son temps, son intelligence et son instruction, est formée du produit net du domaine, toutes les autres dépenses payées ; elle varie de 0 à 15 et même 25 p. 0/0, suivant l'habileté du cultivateur : malheureusement, nous devons dire que, en règle générale, cet intérêt ne dépasse guère 4 à 5 p. 0/0. L'agriculteur ne saurait donc emprunter son capital au taux de 6,50 p. 0/0 avec prime d'amortissement, puisqu'il ne lui resterait plus pour vivre que 2,50 à 3,50 p. 0/0 du revenu de son capital d'exploitation. Le maximum auquel il puisse emprunter est de 4,50 à 5 p. 0/0 avec de longs termes, car les améliorations foncières ne remboursent qu'en un laps de temps plus ou moins éloigné.

§ 11. Des assolements et des engrais.

Nous avons fait observer déjà qu'on devait bien se garder de confondre l'assolement avec la rotation. Voici en quel termes, fort justes, MM. Bentz et Chrétien, dans leurs excellents *Premiers Eléments d'agriculture*, définissent l'un et l'autre : « Par le mot *assolement*, on entend la manière dont les plantes sont réparties dans le courant d'une même année, sur les différentes soles d'une ferme. La *rotation* indique combien il s'écoule de temps avant que la même plante revienne sur le même sol. Elle a donc pour but de faire connaître de quelle manière les plantes doivent se succéder sur la terre. Les principes auxquels on doit avoir égard dans la manière de distribuer les plantes sur une terre de quelque étendue sont tout à fait différents de ceux qui s'appliquent à la rotation. La rotation sur une terre peut être bonne et l'assolement mauvais ; la rotation peut être mauvaise quoique l'assolement soit bon. » En un mot, la rotation est réglée par l'agriculture, et l'assolement par l'économie rurale. Nous avons traité de la première, occupons-nous du second.

On appelle recoltes *épuisantes*, celles qui produisent moins d'engrais qu'elles n'en ont consommé, comme le froment, le colza, le tabac, la garance, le houblon, etc. ; plantes *moyennes*, celles qui consomment juste en engrais ce qu'elles en peuvent produire, comme la pomme de terre, la betterave, les navets, etc. ; plantes *améliorantes*, celles qui produisent plus d'engrais qu'elles n'en ont consommé, comme les prairies naturelles et artificielles, la luzerne, le sainfoin, le trèfle, etc. ; plantes *nettoyantes*, celles qui par leur ombrage étouffent toute végétation des mauvaises herbes, comme le sarrasin, les vesces, etc., ou qui par les sarclages qu'elles exigent déterminent la destruction de toutes les plantes adventives qui apparaissent sur le sol, comme la betterave, la carotte, la pomme de terre ; plantes *salissantes*, celles qui ne peuvent être semées en lignes et dont l'ombrage n'est pas assez étouffant pour détruire les mauvaises herbes ; plantes *pivotantes*, celles dont les racines s'enfoncent profondément dans le sol, et qui vivent même en partie aux dépens du sous-sol, comme la betterave, la luzerne, le sainfoin, etc. ; plantes *traçantes*, celles dont les racines fasciculées restent près de la surface du sol

sans s'y enfoncer profondément, comme les céréales
les vesces, le tabac, etc. La rotation s'attache à
faire alterner ces plantes entre elles, pour ménager l'épuisement et l'effritement du sol ; l'assolement les considère à un autre point de vue, l'amélioration définitive du sol et le produit net en argent.

Dans l'histoire des assolements, on suit diverses
phases qui marquent le rapport du sol avec les progrès de la civilisation, car on n'en est pas arrivé
tout d'un coup à l'assolement alterne, et chacun des
systèmes de culture qui l'ont précédé répondait aux
circonstances et aux besoins du temps. Tous existent encore, soit en France, soit en Europe, dans
l'ancien comme dans le nouveau monde parce que
la civilisation et les besoins varient partout et particulièrement avec la nature du climat et du sol et la
densité de la population : Nous distinguerons donc.

1º *Le système pastoral pur*, la vie nomade ;
l'homme errant avec ses troupeaux dans les contrées
herbues et désertes ; c'était le système des premiers
Hébreux comme il est encore celui des derniers Ara-
bes ; on le rencontre encore aujourd'hui dans le
centre de la Russie et chez les Tartares Kirghyz
et Noguais. Il n'est pas compatible avec le droit in-
dividuel de propriété.

2º *Le système pastoral mixte* a dû succéder au précédent à mesure que la population augmentait ; on
défrichait quelques-unes des meilleures terres pour
y semer des céréales, on les épuisait, puis on chan-
geait de résidence. Ce n'était plus tout à fait la
vie nomade et ce n'était pas encore la vie séden-
taire. On retrouve encore ce système, sur de très-
petites étendues pourtant, dans certaines contrées
de la Bretagne où les landes sont encore vastes et où
on transporte successivement sur divers points la

24

culture des céréales sans aucun engrais tant que le sol peut produire.

3° *Le système pastoral mixte perfectionné* consiste à transformer alternativement les terres arables en prairies ou pâturages, et réciproquement les prairies ou pâturages en terres arables, système barbare qui ne donne que de maigres produits et épuise le sol, même sous les climats les plus favorables. On le rencontre encore en Allemagne, dans le Holstein et le Mecklembourg où il a été introduit par des colonies hollandaises.

4° *L'assolement biennal*, pratiqué par les Romains, introduisait une année de jachère ou de repos complet de la terre, et une année de céréales, puis on recommençait par la jachère ; les prés naturels pouvaient seuls fournir le fourrage nécessaire au bétail de trait, et les pâturages naturels, celui indispensable à un rare bétail de rente.

5° *L'assolement triennal*, avec les besoins d'une population sans cesse croissante ajoute une seconde céréale à l'agriculture biennale qui fit alors 1° jachère, 2° céréale d'automne, 3° céréale de printemps. Il eut fallu, pour être conséquent, doubler les prairies et les pâturages naturels ; néanmoins, cet assolement se soutint longtemps et se soutient encore en Allemagne et dans beaucoup de parties de la France, dans les contrées maigres où les moutons vivent sur des terres désertes, en dehors de la rotation, et grâce à quelques prairies naturelles, comme dans le sud-ouest, la Bretagne le Berri, etc.

6° *L'assolement triennal perfectionné* prit naissance vers 1770, alors que d'après les conseils de Schubart, on remplaça l'année de jachère par un trèfle semé dans la céréale de printemps, et on eut alors : 1° trèfle, 2° céréale d'hiver, 3° céréale de printemps. Mais le sol ne tarda pas à se salir et à s'effriter pour le trèfle, et on dut bientôt renoncer à un système qu'on avait regardé comme l'idéal, puisque la terre produisait sans cesse, qu'on obtenait du fourrage et des grains avec peu de travail. Après avoir défriché une partie des prairies naturelles dont on avait pensé pouvoir désormais se passer, il fallut les rétablir à grands frais. On essaya bien dans quelques endroits de faire : 1° jachère, 2° céréale d'hiver, 3° trèfle, mais les mêmes inconvénients subsistaient pour le sol, et le produit en grains diminuait.

7° *L'assolement quadriennal* succéda au précédent, en conservant la jachère en tête, les deux céréales à la suite, et ajoutant une quatrième année, celle du trèfle. En Angleterre, dans le Norfolk, on intervertit un peu l'ordre de cette rotation et on remplaça la jachère par des turneps ; on eut alors : 1° turneps, 2° céréale de printemps, 3° trèfle et 4° céréale d'hiver. Le fourrage faisait toujours défaut, le sol s'effritait par le retour trop fréquent du trèfle, et il fallait encore une grande étendue de prairies.

8° *L'agriculture alterne*, née dans les Flandres et importée en Angleterre, nous est venue de ce pays au commencement de ce siècle, sanctionnée par le raisonnement, par la science et par la pratique. Supprimant presque toujours la jachère qu'elle remplace par des plantes sarclées ou des fourrages étouffants, elle fait alterner les céréales avec les fourrages et peut fournir sans épuiser ni effriter le sol, à l'entretien d'un nombreux bétail de rente et à la production d'engrais abondants. Elle admet des rotations de toutes durées, ainsi que le prouvent les exemples suivants :

1° Jachière fumée.	1° Betteraves fumées	1° Vesces fumées.	1° Betteraves fumées.	1° Betteraves fumées.	1° Tabac fumé.
2° Céréale d'hiver.	2° Froment.	2° Froment.	2° Froment.	2° Froment.	2° Betteraves à sucre.
3° Trèfle.	3° Trèfle.	3° Trèfle.	3° Trèfle.	3° Colza fumé.	3° Froment.
4° Céréale.	4° Avoine.	4° Froment.	4° Bette aves fumées.		4° Trèfle.
5° Pommes de terre fumées.	5° Colza fumé.	5° Avoine.	5° Froment.		5° Avoine, lin ou colza.
6° Céréale.	6° Avoine.		6° Vesces.		

L'assolement doit être combiné en vue de l'amélioration du sol, par conséquent de fournir du fourrage à un bétail assez nombreux afin de produire des engrais en suffisante quantité ; il doit donc comprendre : 1° des plantes céréales pour fournir des litières, 2° des racines et des prairies naturelles et artificielles pour fournir des fourrages, 3° des plantes industrielles ou commerciales pour fournir de l'argent. C'est à établir l'équilibre entre ces trois classes que doit s'attacher le cultivateur. Mais cette proportion n'est ni fixe ni invariable, et elle doit s'établir d'après les conditions particulières à chaque domaine.

Ces conditions, nous ne les indiquons ici que très-sommairement. Nous citerons pourtant : le climat qui peut être plus ou moins favorable à la végétation des fourrages ou des céréales ; — la main-d'œuvre qui peut être plus ou moins abondante et permettre ou défendre la culture des plantes sarclées, racines fourragères ou végétaux industriels ; — l'état des chemins et l'éloignement des terres qui forcent souvent à restreindre les transports d'engrais et de récoltes et à cultiver extensivement les parcelles les plus lointaines ; — la richesse du sol qui demande plus ou moins d'engrais ; — les débouchés qu'on peut plus ou moins facilement trouver dans la contrée pour tel ou tel produit, — enfin l'étendue de prairies naturelles et de prairies artificielles vivaces qu'on peut posséder en dehors de la rotation.

Le *desideratum* pour obtenir le maximum de produits en augmentant la fertilité du domaine, c'est l'entretien d'une tête de gros bétail ou l'équivalent, par hectare. Il nous faut donc rechercher quelles sont les quantités de fourrages de toute sorte et de litière, pour fournir à l'existence de ce bétail, et combiner notre assolement en conséquence :

Un cheval ordinaire du poids vif moyen de 550 kil., exige pour sa nourriture journalière :

8 litres avoine, ce qui donnne par an. 29 hectol. 20 litres
10 kilog. foin. . . . .   3,650 kilog.
4 kilog. paille fourrage.   1,460   ·
3 kilog paille litière 1,095   ·

Un bœuf de travail ou une vache laitière du poids vif moyen de 500 kilog., ont besoin par jour, de :

10 kilog. de foin pendant six mois, soit 1,830ᵏ
350 kilog. de fourrage vert pendant six mois, soit.   7,405
4 kilog. de paille pour litière   1,460
5 kilog. de racines pendant six mois   915

Un mouton, bélier, brebis nourrice, agneau, du poids vif moyen de 35 kilog., nécessitent par jour :

1 kilog. de foin pendant 4 mois . . . .   120 kilog.
1 kilog. de racines pendant 6 mois.   180
0ᵏ,250 d'avoine pendant deux mois.   15
1 kilog. de paille pour litière pendant l'année. .   365

Le mouton étant considéré comme le dixième d'une tête de gros bétail, il faudrait donc que chaque 210 ares de l'exploitation produisît chaque année :

29 hectol, 80 d'avoine.	ou sur 210 hectares :	2,980 hectolitres d'avoine.
5,600 kilog. de foin.	»	560,000 kilog. de foin.
7,405 kilog. de fourrage vert. . .	»	740,500 kilog. de fourrage vert.
1,095 kilog. de racines.	»	109,500 kilog. de racines.
4,320 kilog. de paille.	»	432,000 kilog. de paille.

Mais le calcul ne saurait s'établir ainsi, parce que la proportion relative des bestiaux appartenant aux différentes espèces varie selon l'industrie zootechnique qu'on adopte.

Voici donc comment on procède à l'établissement du budget, dans le projet de culture :

On commence par établir la rotation que, sur un domaine de 100 hectares de terre de moyenne fécondité, nous supposerons être la suivante :

1° Betteraves ou carottes fumées à 45,000 kilog. par hectare, produit 30,000 kilog. par hectare.

2° Froment produit 25 hectolitres par hectare.

3° Trèfle produit 4,000 kilog. en sec par hectare.

4° Avoine produit 30 hectolitres par hectare.

5° Colza fumé à 40,000 kilog.; par hectare, produit 25 hectol. par hectare.

6° Froment produit 25 hectolitres par hectare.

En dehors de la rotation, 12 hectares de prairies naturelles, produit 3,500 kilog. de foin par hectare.

4 hectares de luzerne et sainfoin, produit 4,500 kil. de foin par hectare.

Les produits en total seront donc les suivants :

Racines	420,000 kilog.
Trèfle sec	56,000 »
Foin de luzerne et sainfoin. . . .	18,000 »
Foin de prés naturels.	42,000 »
Froment.	700 hectol.
Colza	350 »
Avoine.	420 »
Paille de froment.	98,000 kilog.
Paille d'avoine.	42,000 »

Après avoir prélevé, pour 10 chevaux nécessaires
à la culture, 292 hectolitres d'avoine, 36,500 kilog.
de foin et 25,550 kilog. de paille, il nous restera
179,000 kilog. de foin de toute nature, 420,000 kil.
de racines et 119,450 kilog. de paille, soit :

En foin, 98 rations annuelles de bêtes à cornes, ou
1500 rations de moutons ;

En racines 459 rations annuelles de bêtes à cornes
ou 2,330 rations de moutons.

On pourrait donc, suivant le cas, entretenir pendant l'année près de cent vaches ou 1500 moutons,
ou 150 vaches et 700 moutons, ou toute autre proportion variable selon les circonstances. Il resterait pour
la vente, moins pourtant les semences à déduire :

700 hectol. de froment à 15 fr. . .	10,500 fr.	
350 hectol. de colza à 20 fr. . . .	7,000 fr.	18,332 fr.
128 hectol. d'avoine à 6f,50. . . .	832 fr.	

Voyons maintenant ce que nous obtiendrons de
fumier et examinons si les fourrages produits pourront suffire à reconstituer les fumures. Nous avons
fait consommer 216,000 kilog. de fourrage sec,
119,450 kilog. de paille, 420,000 kilog. de racines
et 282 hectol. ou 14,600 kilog. d'avoine, soit ensemble, 770,050 kilog., équivalant à 490,050 kilog. de
foin ou de paille. Nous multiplions ce chiffre par 2,50
pour le bétail à cornes, suivant la formule pratique,
et nous obtenons 1,225,125 kilog. de fumier ; nos

14 hectares de racines en emploient, à 45,000 kilog. 630,000 kilog., et nos 14 hectares de colza, à raison de 40,000 kilog., 560,000 kilog., ensemble 1,190,000 kilog.; il nous reste donc disponible pour les prés et les terres, en dehors de la rotation, 35,125 kilog. par an. Ces chiffres ne sont donnés que comme un exemple des calculs à faire pour arriver au résultat cherché. Je reviens maintenant aux formules.

On admet qu'un animal de trait ou de rente doit recevoir par 24 heures, 3 kilog. à 3 kilog. 500 de foin ou l'équivalent par chaque 100 kilog. de son poids vif. Nous regardons ce chiffre comme trop faible pour obtenir le maximum de production et serions plus disposé à le porter à 4 p. 0/0. Il est donc aisé de savoir quelle est la somme d'aliments exigés par le bétail qu'on veut entretenir, et on peut diviser la production totale en rations journalières et annuelles de 100 kilog. de poids vifs; il ne reste qu'à déterminer par quelle espèce de bétail on aura le plus d'avantages à les faire consommer, question qui est à la fois du ressort de l'économie et de la zootechnie : de l'économie à cause de la remonte des étables et des débouchés ; de la zootechnie comme applications de la nature et de la qualité des fourrages à l'espèce qui en tirera le meilleur produit.

Quant aux proportions des fourrages dans l'assolement, le *desideratum* serait la moitié de l'étendue totale de l'exploitation en prairies naturelles ou artificielles; ainsi l'assolement que nous formulions dans les calculs précédents serait encore défectueux, en ce que, sur 100 hectares, il n'en comprend que 44 en fourrages. Plus on possède une étendue considérable de prairies naturelles et de fourrages vivaces en dehors de la rotation, et plus on peut introduire dans celles-ci des plantes industrielles ou commerciales ; moins on possède de fourrages en dehors de la rotation, et plus il faut y introduire les prairies artificielles jusqu'à la moitié de l'étendue s'il y a lieu. C'est ainsi qu'on arrive en même temps au maximum de production, à la production au plus bas prix, à l'amélioration du sol et au bénéfice le plus élevé sur le bétail. Les fourrages et les engrais doivent compenser les produits exportés.

Dans le système pastoral pur amélioré de la Normandie, l'exploitation presque entière consiste en herbages d'embouche qu'on garnit suivant la saison et en proportion de l'abondance de l'herbe, d'animaux destinés à l'engraissement. L'administration rurale se trouve ainsi admirablement simplifiée ; point de bétail de trait, pas de bâtiments, très-peu de main-d'œuvre ; tout se réduit à peu près à des ventes et des achats, à des avances bientôt recouvrées. Le bétail reste nuit et jour et toute l'année dans les pâturages qu'il engraisse de ses excréments, et auxquels on rend encore des composts ou des engrais de mer. Mais c'est une situation tout exceptionnelle due à la régularité et à la douceur du climat, à la qualité particulière et à la richesse immémoriale du sol. Dans le Charollais, ce système est beaucoup moins privilégié, l'engraissement ne peut se faire que pendant la belle saison, et on rentre le plus souvent le bétail à l'étable durant la nuit ; on n'a pas d'engrais de mer, et les terres doivent venir au secours des herbages, jusqu'à ce que ceux-ci aient atteint un certain maximum de fécondité, après quoi ils fournissent des engrais aux terres arables. Avec le système pastoral, le calcul des bestiaux et des engrais est tout simple : quelques terres afin de produire des litières pour quelques animaux d'hivernage, et pour foin le refus des embouches.

L'annexion d'une industrie à une ferme permet d'augmenter le bétail au-dessus de l'exploitation et d'améliorer rapidement le sol pour lui demander des récoltes industrielles. Telles sont les distilleries, les sucreries, les féculeries, les amidonneries, les brasseries, etc., qui donnent des résidus utilisés pour l'engraissement de nombreux bestiaux, en hiver surtout. La proximité d'un établisement de ce genre, dans lequel on peut se procurer des pulpes, de la drèche, des marcs ou des tourteaux peut permettre de modifier l'assolement par l'augmentation des produits exportables ; d'autres fois, les cultivateurs produisent des betteraves ou des pommes de terre pour les distilleries et reçoivent des pulpes en échange.

Auprès des grandes villes, on a souvent avantage à vendre les pailles et à racheter du fumier ou d'autres engrais ; auprès des garnisons de cavalerie, on peut soumissionner l'achat des fumiers d'écurie et diminuer d'autant la proportion des fourrages dans l'assolement, ou, en d'autres termes, élever la proportion des récoltes épuisantes. Enfin, il est mille circonstances qui peuvent modifier les principes généraux. C'est aux cultivateurs intelligents à savoir les apprécier et en tirer le parti le plus avantageux.

Arrivant à la formule qui sert à trouver la quantité de fumier produite, nous dirons qu'elle consiste à additionner le foin et la paille, à y joindre tous les autres aliments consommés après les avoir convertis à l'équivalent en foin, à faire le total, et à multiplier ce chiffre par un autre chiffre que nous allons chercher. M. de Dombasle en faisant des recherches sur cette question, s'est assuré par une expérience de plusieurs années, à Roville, que 100

kilog. de foin consommés par un cheval produi-
saient 222 kilog. de fumier ; par un bœuf à l'engrais,
347 kilog. ; par des moutons, 164 kilog.

Mais il pesait le fumier presque frais, et ces chiffres
doivent être diminués d'un dixième environ. Les
animaux qui passent une plus ou moins longue partie du jour dans les champs, les pâturages ou sur
les routes, produisent moins de fumier que ceux qui
sont nourris en stabulation permanente ; les animaux
à l'engraissement donnent plus et de meilleur fumier
que les animaux de travail, d'élevage ou de laiterie,
etc. C'est pourquoi on a pris pour l'ensemble du bétail d'une ferme le multiplicateur moyen 2 pour
l'alimentation au fourrage sec, les chevaux et les
moutons, et 2,50 pour la nourriture au vert et les bêtes
à cornes.

D'un autre côté, on sait empiriquement qu'en
moyenne, les diverses espèces d'animaux produisent
annuellement les quantités de fumier suivantes :

Un cheval de travail.	8,000 kilog.
Un cheval adulte élevé à l'écurie . .	10,000 »
Un bœuf de travail.	9,500 »
Un bœuf à l'engrais.	15,000 »
Une vache laitière en stabulation. .	12,000 »
Un mouton en stabulation mixte. . .	500 »
Un porc adulte à l'engrais.	1,000 »

Mais le produit obtenu varie considérablement avec
le poids et la taille, avec la construction de l'étable,
avec la nourriture sèche ou verte, avec l'abondance
ou la rareté de la litière, le temps pendant lequel on
la laisse sous les animaux, l'état dans lequel on pèse
le fumier, etc. Dans les étables disposées à la fla-
mande, on obtient plus de fumier que dans celles qui
laissent les urines s'infiltrer dans le sol et dans les
fondations ; quand on vide tous les jours les écuries
et étables, on obtient plus de fumier que quand on

laisse le fumier y séjourner pendant un temps plus long. Il y a des pays où on ne vide les bergeries que tous les ans, d'autres tous les six ou les trois mois. Enfin, à mesure qu'il fermente, qu'il se tasse et qu'on l'arrose, le fumier diminue de volume, et si le mètre cube pèse alors plus lourd, il n'en est pas moins vrai que la quantité obtenue d'un poids donné de fourrage diminue.

. L'agriculteur doit bien savoir que les fumures complètes pour le sol comme les rations complètes pour le bétail, sont celles qui donnent le produit le plus économique, et il disposera sa rotation de manière à régler la fréquence des fumures sur la nature du sol, c'est-à-dire à les éloigner en les donnant copieuses sur les terres fortes, à les rapprocher en les donnant moyennes sur les terres légères. Il doit savoir encore que les bestiaux bien nourris donnent davantage et de meilleurs fumiers, et que rien dans une ferme ne doit se perdre, parce que tout est propre à augmenter la masse des engrais. Après les avoir produits, il soignera leur conservation en veillant à ce qu'ils soient arrosés en été, recouverts de terre ou saupoudrés de plâtre. Il recueillera les urines et les matières fécales, les débris de racines, les curures de routes, de fossés ou d'abreuvoirs pour en former des composts; enfin, il appellera à son secours les engrais commerciaux tout en réglant leur usage pour les plantes fourragères auxquelles seules on doit les appliquer, ou pour compléter une fumure sur les plantes commerciales. Enfin, il importera du dehors des tourteaux, du son, des pulpes pour l'alimentation de son bétail et l'accroissement de ses produits. C'est ainsi que l'amélioration et la production marcheront de concert pour le plus grand profit et du propriétaire et du fermier.

§ 12. Du mode d'exploitation.

Il y a diverses manières de faire valoir un domaine. En France, ce n'est généralement que par exception que le grand propriétaire exploite lui-même le sol et il s'associe avec un agriculteur qui fournit le capital d'exploitation, cultive à ses risques et périls et paie le service de la terre, ou à un autre qui ne fournit guère que son travail et celui de sa famille, exploite à risques communs et paie pour le service du sol une redevance proportionnelle en nature. Mais si ces trois modes, l'exploitation directe ou valetage, le fermage et le métayage sont à peu près seuls usités aujourd'hui, des circonstances politiques et économiques, générales et locales, avaient donné autrefois naissance à une nombreuse variété de contrats, dont plusieurs se sont conservés chez nous jusqu'à la révolution de 1789.

Nous allons les passer rapidement en revue :

1° L'*esclavage* est d'origine ancienne ; nous le trouvons dès les premiers temps historiques chez les Égyptiens, les Hébreux, les Grecs et les Romains. C'est le droit brutal de la force s'emparant du plus faible comme d'une propriété et le faisant travailler pour son compte. On naissait esclave ou on le devenait par la misère ou par la dette, par la guerre ou par le crime. Le maître a droit de vie et de mort sur son esclave, mais il est tenu de le loger, de le nourrir, de le vêtir ; tantôt il l'emploie à la culture, tantôt aux mines, tantôt même à la guerre.

L'esclavage existe encore dans quelques parties de l'Amérique où, d'ailleurs, on espère le voir bientôt aboli. Au point de vue moral et religieux, c'est une iniquité flagrante et une dégradation de l'homme ; au point de vue économique, le travail des esclaves est le moins productif, et par conséquent le plus cher.

2° Le *servage* ou *corvéage* qui a régné en Europe jusqu'à la fin du XVIII° siècle, et qui commence à peine à disparaître de la Russie, différait de l'esclavage en ce qu'il accordait à l'homme la libre disposition de son temps en dehors des jours appartenant au maître, et une certaine étendue de terrain sur lequel il devait pourvoir à sa nourriture et à celle de sa famille. Mais il continue d'être la propriété du seigneur qui le vend avec la terre, qui a toujours droit de vie et de mort sur lui, qui l'emploie comme il lui plaît et l'accable de corvées extraordinaires. Le servage n'a été aboli en France qu'en 1789, en Autriche en 1848, et en Russie en 1861 ; et c'est le travail libre qui l'a remplacé et qui a rendu à l'homme son énergie et sa dignité.

3° L'exploitation par *emphytéose* consistait dans l'abandon d'une terre ou d'un domaine fait par le propriétaire pour un temps très-long, pour 99 ans le plus souvent, quelquefois à perpétuité, à charge par le preneur de l'améliorer, de le planter, de le défricher, et d'en payer chaque année une légère redevance, afin de réserver le droit de propriété direct. Ces conventions avaient ordinairement pour objet une forêt, une lande, un marais que le preneur devait mettre en valeur, pour le rendre à son maître après un laps de temps qui avait dû lui permettre de rentrer dans ses avances. Ce contrat qui avait pris naissance en Grèce, se transmit aux Romains, puis aux Gaulois et aux Francs, et on en trouvait encore de fréquents exemples en Bretagne en 1789. Presque tous ces baux sont expirés ou rachetés aujourd'hui.

4° Le *bail à vie* était l'abandon de la jouissance

d'un héritage pendant la vie, soit du bailleur, soit du preneur, moyennant une rente annuelle ou sous certaines conditions. L'état précaire dans lequel ce contrat plaçait le cultivateur était des moins favorables à l'amélioration du sol, ce qui rendit son adoption tout exceptionnelle.

5° Le *bail congéable* était un contrat par lequel le propriétaire d'un bien-fonds cédait, moyennant une rente annuelle, à un tenancier, la jouissance perpétuelle de la superficie, avec faculté perpétuelle aussi de rachat. Il se faisait pour 99 ans au moins, souvent plus, et parfois même à perpétuité ; le propriétaire devait, en fin de bail, ou en cas de rachat, rembourser au fermier la valeur des améliorations qu'il avait faites, d'après estimation à ce jour. Ce système d'exploitation qui prit une grande extension en Bretagne, annonçait une grande gêne de la propriété, obligée d'aliéner sa jouissance pour parvenir à la mise en valeur.

6° Le *bail à convenant* ou *à féage* datait des temps féodaux ; c'était une modification du bail congéable : le propriétaire concédait à un de ses vassaux des terres incultes, à la condition de les défricher, de les enclore et d'y construire des bâtiments ; le vassal payait une très-faible rente ; la concession n'était que temporaire, et le seigneur se réservait le droit de reprendre le sol en remboursant au tenancier les travaux d'amélioration prévus et déterminés par l'acte de cession. Comme le précédent, il se répandit sur une grande partie de la Bretagne et notamment dans le Finistère et les Côtes-du-Nord.

7° Le *bail héréditaire à métairie* ou *locatairerie perpétuelle* se définit de lui-même : c'était une véritable aliénation du sol ; le preneur devenait

propriétaire, et la loi du 16 décembre 1790 dut
déclarer cette rente rachetable. Le bail héréditaire
était surtout usité en Alsace, la métairie perpétuelle
dans le Limousin, la locatairerie perpétuelle dans le
Limousin et la Provence. Le bailleur affermait à
perpétuité un fonds de terre, à charge par le preneur
de le tenir constamment en état de culture, et d'en
payer annuellement, en argent ou en nature, une
redevance au bailleur ou à ses héritiers. Les terres
concédées en Prusse par Frédéric II étaient données
à colonage héréditaire. Ce mode d'exploitation était
fréquent aussi dans le Wurtemberg, en Suisse, en
Danemark, etc. Dans ce dernier pays, le gouvernement, après avoir étendu de une à deux vies le
droit des paysans à la jouissance des terres qu'ils
cultivaient, encouragea la noblesse à leur aliéner
définitivement ces biens, et pour en faciliter l'acquisition aux paysans, il leur avança les deux tiers du
prix au taux de 6 p. 0/0, amortissement compris.

8° L'*exploitation à complant* était surtout usitée
dans les pays vignobles ; le bailleur donnait le terrain au preneur, à condition de le planter en vignes,
pour en jouir durant quatre ou cinq ans, entrer en
partage des fruits à la cinquième ou sixième année
pendant les deux ou trois années suivantes, après
quoi le sol devait revenir en entier à son propriétaire.
Ce système était surtout développé dans l'Anjou,
la Touraine, l'Angoumois, la Saintonge, etc.

9° Le *bail à cens*, à redevance, champart, agrier,
terrage, bordelage, consistait dans une prestation
annuelle en grains, en volailles, en fruits, en plu-
mes, en laines, etc., fixée à l'avance. Au dixième
siècle, le terrage, champart ou canon était l'abandon
au profit du maître du cinquième, du dixième, du
quart ou parfois même du tiers des produits de

la terre, quand il avait concédé le droit de l'ensemencer.

10° Le *métayage annuel* ou *limité* est le contrat
par lequel le propriétaire ou le fermier concèdent
à un preneur, un terrain quelconque pour y cultiver
pendant une année une plante désignée, à charge
d'en partager le produit par moitié. Cette méthode
fut introduite aux environs de Genève, en Suisse,
par M. Pictet, pour la culture des pommes de terre ;
elle existe encore dans le Berry, aux environs de
Vierzon, notamment pour la culture des haricots.

11° Le *bail à cheptel* consiste dans la cession que
fait le propriétaire d'un fond garni de cheptel mort
(mobilier) et vif (bétail), à charge par le preneur
d'en partager les produits avec lui dans une proportion fixée, et de lui rendre ce cheptel à la fin du
contrat sur l'estimation d'experts. Ce bail ne s'applique même parfois qu'au bétail. On distingue
le cheptel simple, le cheptel à moitié, et le cheptel
de fer.

12° Le *métayage* est d'origine romaine et peut-être
même égyptienne. Le propriétaire du sol en abandonne la jouissance à un tenancier, à condition de
recevoir, chaque année, en nature, une part déterminée des divers produits. En Égypte, le roi,
propriétaire du sol, prélevait un cinquième des
produits en grains et ne fournissait point de cheptel;
ce cinquième représentait à la fois le fermage et
l'impôt. En Italie, Caton nous apprend qu'en
Étrurie, sur les terres de première classe, le propriétaire prélevait un huitième de la récolte en
grains ; sur les terres de deuxième classe, un septième ; sur celles de la troisième, un sixième. Ce
grain était mesuré en épis et à la corbeille, quand
le grain était battu et mesuré en *modiis* ou *bois-*

sceaux, la part du propriétaire était du septième, du sixième ou du cinquième ; la différence entre ces deux proportions représentait les frais de dépiquage, Mais il est évident, quoique les auteurs n'en disent rien, que tout le cheptel mort et vif, était fourni par le propriétaire. Au colon, au métayer, il restait, selon les calculs de Dickson, une part égale à 5,5, tandis que le maître recevait 9,5. En d'autres termes, sur 100 hectolitres, le propriétaire en prenait 63 et il en restait 37 au colon. C'est environ 50 p. 0/0 pour la rente de la terre et 13 p. 0/0 pour la rente du cheptel. On voit que le *partuarius* n'était pas plus maltraité que notre métayer.

Dans un mémoire fort remarquable de M. Ed. Biot, sur les colonies agricoles et militaires de la Chine, nous trouvons quelques renseignements assez curieux. L'État propriétaire des terres incultes, les concédait à des colonies libres de cultivateurs à certaines conditions : ainsi, en 1371, il était d'usage que la redevance fût des cinq dixièmes du produit en grains quand l'État fournissait les semences et les bœufs de travail ; elle était des quatre dixièmes quand les colons se pourvoyaient eux-mêmes de ce qui leur était nécessaire. C'était donc un dixième, ou dix pour cent, qui représentait le service du cheptel mort et vif. Quand l'État fournissait les bœufs, il devait être remboursé de ses avances en recevant, chaque année, un certain nombre de bœufs prélevés sur le croît du troupeau. En 1426, le nombre total des bœufs fournis par l'État aux diverses et nombreuses colonies de l'empire s'élevait à 225,664 têtes.

En Suisse, au xe siècle, les moines d'Einsiedeln donnaient à ceux qui voulaient se fixer auprès d'eux une maison de bois, une charrue, un chariot attelé de quatre bœufs, une truie et deux cochons de lait, un coq et deux poules, une faucille et une cognée, et pour ensemencer leurs terres, de l'épeautre, de l'avoine, du chanvre, des lentilles, des haricots et des raves. Ce que chacun devait donner annuellement en toile, en bétail, en produits des champs et des troupeaux, était invariablement fixé, ainsi que l'époque et la quantité des corvées. Dans le mois de juin, en automne et au printemps, chaque homme devait labourer cinq arpents de terre du couvent, faire des transports, etc.

En France, avant 1789, les quatre septièmes du territoire au moins étaient exploités par le métayage. En France (ouest, sud-ouest), en Espagne, en Savoie, en Italie, le métayage subsiste et subsistera longtemps encore, source ici de misère, là de progrès, suivant la richesse du sol, le système de culture, l'intelligence du propriétaire, et aussi suivant le capital agricole dont disposent les cultivateurs ; ce sont ces mêmes circonstances qui règlent le produit attribué à la terre et celui dû à l'industrie. Pour le métayer, la part varie du tiers aux deux tiers, selon que le cheptel lui appartient en entier ou par moitié, ou appartient en totalité au propriétaire, et selon que celui-ci fait des avances en améliorations foncières, comme bâtiments, amendements, drainage, etc.

13° Le *fermage* est d'origine exclusivement romaine. C'est l'abandon de son sol, pour un temps déterminé, par le propriétaire, à un preneur qui en jouira en bon père de famille à charge d'une rente annuelle en argent. Il n'y eut jamais, chez les Romains, dit M. de Gasparin, qu'un petit nombre de véritables fermiers, et Collumelle en parle même comme d'un pis aller qu'on est forcé d'accepter quand les biens sont éloignés de la résidence du propriétaire, et qu'on ne peut se procurer un bon régisseur. Il limite son usage aux terres à grains qu'on ne peut dégrader facilement, et seulement dans des lieux stériles et sous des climats rigoureux. On voit bien par là que les Romains n'ont jamais beaucoup penché pour remettre la culture en mains d'autrui, ce qui devait provenir de la pauvreté de ces colons libres, qui ne leur permettait pas de donner de bonnes cultures, et de leur défaut de solvabilité, comme le même auteur le fait très-bien sentir. Originairement l'État donnait les terres du domaine public divisées par lots de 2 hectares 50 environ, en location à des plébéiens, par de très-longs baux ; seulement, il arrivait le plus souvent, que l'incurie de l'administration laissait les baux se prolonger outre mesure au delà de leur terme et que, par une sorte de prescription tacite, le fermier devenait propriétaire ; ou parfois les plébéiens cédaient leurs biens aux patriciens qui plantaient, construisaient et absorbaient le domaine public dans leur domaine privé. Aussi, les consuls qui voulaient conquérir la popularité, demandaient-ils de temps en temps qu'on forçât les patriciens à restituer ces terres : ainsi firent Spurius, Cassius Viscellinus, en 486 avant J.-C., Licinius Stolen en 374 avant J.-C., etc. D'après la loi de Licinius Stolon, les détenteurs de toutes les terres publiques étaient soumis à un tribut annuel de un cinquième à un dixième du revenu.

Les Romains, à l'époque de la conquête, introduisirent le fermage dans la Gaule ; mais jusqu'à la fin du moyen âge, jusqu'à la fin du dernier siècle, pourrait-on dire, il ne fut qu'une exception ; il ne devint possible que le jour où les capitaux furent assez répandus et assez abondants dans le tiers-état, pour que les propriétaires y pussent trouver des gens habiles et solvables sur lesquels, au moyen d'un contrat qui leur garantissait l'intérêt de leur capital foncier, ils pussent se débarrasser des soins de la culture. Lorsque, après les entreprises antiféodales de Louis XI et de Richelieu, la noblesse rurale eut perdu la plus grande partie des avantages qui la retenaient dans ses terres, lorsque plus tard, Louis XIV, par l'éclat de ses fêtes, par l'ascendant de sa puissance, eut fixé à sa cour les sommités de l'aristocratie, il ne fut pas difficile aux métayers enrichis par l'épargne, offrant les garanties d'une longue expérience, d'obtenir la concession momentanée des plus vastes domaines moyennant une rétribution en argent ; de là le fermage. Les plus anciens baux à ferme stipulaient le paiement en quantités déterminées de grains et de produits, et ajoutaient à ces quantités une petite somme d'argent ; on en a, en Normandie, des exemples qui datent du XIIᵉ siècle. Aujourd'hui, le fermage se paie presque exclusivement en argent, et les redevances en nature disparaissent chaque jour.

Le fermage est resté à peu près inconnu dans les contrées pauvres, où les classes rurales manquent d'avances, et dans les pays méridionaux, où les cultures industrielles et arbustives forment le principal revenu du sol (vigne, olivier, mûriers, etc.). En revanche, dans les pays riches et prospères, il paraît être, au double point de vue des intérêts associés, le contrat le plus avantageux à la production, à l'amélioration du sol et à la prospérité publique, lorsque surtout les deux parties, le propriétaire et le fermier, comprennent leur intérêt réciproque et solidaire. Aussi, a-t-on cherché, en Angleterre surtout, à égaliser, par des clauses nouvelles, les chances favorables et contraires pour les deux contractants.

14° La *régie* fut, à Rome, comme sans doute

chez toutes les nations, adoptée par l'aristocratie foncière qui, non pas tant par dédain peut-être qu'entraînée par les préoccupations politiques, sociales ou de famille, y trouvait un moyen d'exploiter, avec une surveillance peu absorbante, ses propriétés comme source de revenu. C'est parmi les esclaves d'abord, puis parmi les affranchis, que les patriciens choisirent leurs régisseurs ; plus tard, on recourut aux *ingénus*, aux hommes de condition libre. Le majordome (maître de la maison) du moyen âge, l'intendant, l'homme d'affaires de la fin du XVIIIe siècle, dont les friponneries sont devenues proverbiales, ont un moment jeté la défaveur sur ce mode d'exploitation. La jeune et toute récente génération de régisseurs sortis des écoles a ramené la confiance et la sécurité. En Allemagne, la régie est devenue le complément d'éducation pratique des jeunes gens appartenant aux plus honorables familles, après leur sortie des écoles ; elle constitue même souvent leur seule base d'éducation agricole. Ces jeunes gens forment une pépinière précieuse de bons fermiers, possédant à la fois une solide instruction théorique et pratique, et des capitaux. Mieux considérés, traités avec plus d'égards que les régisseurs français, ils se trouvent dans toutes les exploitations importantes de la Saxe, du Wurtemberg, de la Prusse, etc., au nombre de trois ou quatre, ayant chacun des attributions spéciales, et dont le premier et le second seuls reçoivent ordinairement des appointements ; les autres, considérés comme surnuméraires, sont seulement logés et nourris.

15° L'*exploitation directe*, *faire valoir*, *valetage*, etc., est le mode naturel et primitif d'exploitation du sol : le propriétaire cultivant lui-même sa terre, aidé de sa famille, et pour subvenir à ses be-

soins propres et à ceux des siens ; à mesure que l'é-
tendue possédée et cultivée s'accrut, il fallut employer des esclaves ou des domestiques dans la
surveillance desquels le propriétaire se fit remplacer par un homme de confiance chargé en même
temps de faire exécuter ses ordres. Dans la régie,
le propriétaire ne fournit le plus généralement que
le capital ; le régisseur apporte l'intelligence, l'industrie et la surveillance. Dans l'exploitation directe,
le propriétaire, en même temps qu'il fournit les capitaux, reste la tête dirigeante, et le maître valet
n'est que le premier domestique chargé de faire exécuter les ordres du maître.

16° L'*exploitation par société*. L'exploitation
sociétaire existe depuis longtemps en Hollande et
en Allemagne, ainsi que le témoignent les sociétés
des frères Moraves d'Utrecht, des anabaptistes de
Worms, des colonies des marais du Danube. En
Espagne, nous trouvons l'association de la Mesta
(1350). En France, nous avons eu, jusqu'en 1840,
dans le Morvand, la communauté agricole des Jauds
qui remontait au xv° siècle. Plus récemment, nous
avons vu se fonder les sociétés agricoles de Grignon (1829), de Bresle (1849), des Polders de
l'Ouest (1862). La Hollande et la Belgique ont tiré
un parti fort avantageux de l'association pour les
dessèchements du lac de Harlem et le défrichement
de la Campine.

Il est vraiment regrettable qu'on ne fasse pas
plus souvent appel, en France, à cette puissante
réunion de capitaux et d'intelligences qui pourrait
transformer l'agriculture de tant de contrées jusqu'ici misérables.

§ 13. Des achats et des ventes.

Les achats et les ventes supposent de la part du cultivateur une habileté de paroles, une justesse de coup d'œil, une rapidité d'appréciation qui se perfectionnent par la pratique, mais qui ne sauraient s'acquérir. On naît maquignon ou commerçant, on devient habile par la fréquentation des foires et des marchés, parce que l'œil et l'esprit se forment ; mais c'est là une qualité presque intuitive et dont tout le monde n'est pas doué. Savoir acheter à bas prix et vendre cher ne suffisent pas, il faut encore savoir ce qu'on achète et trouver le moment opportun de la vente. L'agriculteur commençant fera donc bien de suivre les marchés et les halles à grains, les foires et les marchés de bestiaux, même les abattoirs, afin d'apprendre à apprécier rapidement et justement la marchandise. Nous ne lui conseillons, bien entendu, ni de se faire maquignon, ni surtout d'employer les ruses déloyales de certains commerçants, mais il devra les connaître pour les déjouer à son profit. Sans se faire commerçant, il faut qu'il sache vendre en prévision de la baisse, acheter en prévision de la hausse, conserver jusqu'au moment favorable, en profitant des variations des cours et des intempéries des saisons. Une fois son éducation faite, il s'abstiendra soigneusement, hors les cas de toute nécessité, d'absences qui ne peuvent que préjudicier à la marche de son exploitation.

§ 14. De la comptabilité.

La comptabilité enregistre tous les résultats de la culture. Mais comme elle n'agit que sur des valeurs fictives, il faut savoir raisonner les conséquences qu'elle annonce. Tous les systèmes de comptabilité sont bons, s'ils sont simples surtout, et si le cultivateur sait n'y voir que ce qui s'y trouve sans se laisser séduire par des chiffres hypothétiques. Si sa comptabilité est tenue avec ordre, il y trouvera tous les renseignements dont il peut avoir besoin, il y découvrira la source de tous les abus, de tous les gaspillages qui auraient pu sans cela, échapper à son attention. Enfin, c'est là qu'il pourra chaque jour trouver la situation exacte de sa fortune, l'appréciation de ses progrès culturaux ; c'est en elle qu'il trouvera la meilleure source de crédit. La comptabilité, et une comptabilité rigoureuse, est aussi indispensable à une ferme que le capital dont elle indique l'emploi et toutes les transformations diverses.

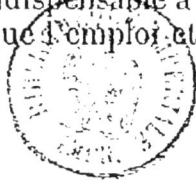

FIN.

TABLE DES MATIÈRES

CHAPITRE II.

CHAPITRE III.

CHAPITRE IV.

CHAPITRE V.

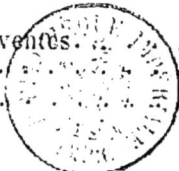

FIN DE LA TABLE DES MATIÈRES.

Imprimerie Polytechnique de E. LACROIX, à St-Nicolas-de-Port (Meurthe).

PUBLICATIONS DE E. LACROIX, 54, RUE DES SAINTS-PÈRES

LA CONSTRUCTION

COURS PRATIQUE

D'ARCHITECTURE CIVILE

D'ARCHITECTURE RURALE

ET DE CONSTRUCTIONS FORESTIÈRES

AVEC QUELQUES NOTIONS SUR LA CONSTRUCTION
ET L'ENTRETIEN DES MACHINES ET DE L'OUTILLAGE EMPLOYÉS
DANS LES CONSTRUCTIONS ET L'AGRICULTURE

PAR M. TOUSSAINT LEMAISTRE

ARCHITECTE

Avec la collaboration de MM. les Rédacteurs des *Annales du Génie civil*

Eug. LACROIX, Directeur de la publication

L'ouvrage complet (48 livraisons). . . . . **200** fr.
Prix des séries (12 livraisons) . . . . **60** fr.
Prix de chaque livraison composée d'une feuille in-4 sur
    deux colonnes, et de trois planches d'ensemble, de
    plans, et de détails avec les teintes conventionnelles. .   **6** fr.

Les publications concernant les constructions agricoles ont toutes eu jusqu'ici un défaut capital :

Ou bien elles se bornaient à donner à leurs abonnés des spécimens de maisons, de fermes, d'écuries, fort bien exécutés, il est vrai, et parlant aux yeux. Seulement, c'étaient des images qui pouvaient trouver place dans un album, mais qui ne donnaient aucune donnée pratique pour l'exécution des constructions si bien représentées ;

Ou bien elles constituaient un cours de construction, œuvre sèche et didactique, sans modèles, sans exemples et, par conséquent, dépourvue de toute application pratique.

Le recueil que nous annonçons sait éviter les deux écueils : il se compose de gravures magnifiques, mais le texte contient des explications claires, nettes, précises, qui rendent facile l'exécution pratique des modèles donnés. D'ailleurs, tous les détails sont élucidés par des dessins placés dans l'intérieur de l'ouvrage, de manière à faire de l'œuvre un guide pratique pour l'homme qui conçoit et pour l'artiste et l'ouvrier qui exécutent.

ANNALES

DU GÉNIE CIVIL

ET RECUEIL DE MÉMOIRES

**Sur les Ponts et Chaussées, — les Routes et Chemins de fer
les Constructions et la Navigation maritime et fluviale
l'Architecture, — les Mines, — la Métallurgie, — la Chimie
la Physique, les Arts mécaniques, — l'Économie industrielle
le Génie rural**

Renfermant des données pratiques sur les Arts et Métiers et les Manufactures

Annales et Revue descriptive de l'industrie française et étrangère ;
Répertoire de toutes les inventions nouvelles, publiées par une
réunion d'ingénieurs, d'architectes, de professeurs et d'anciens
élèves des Écoles d'Arts et Métiers, avec le concours d'ingénieurs
et de savants étrangers.

EUGÈNE LACROIX

Membre de la Société industrielle de Mulhouse, de l'Institut royal des Ingénieurs
hollandais et de la Société des Ingénieurs de Hongrie

DIRECTEUR DE LA PUBLICATION

Les **Annales du Génie civil** paraissent mensuellement depuis le 1er janvier 1862, par brochures de 5 feuilles grand in-8, avec figures intercalées dans le texte et 4 planches in-4 et in-folio, de manière à former chaque année un volume d'environ 1,000 pages et un atlas de 40 planches.

Prix de l'abonnement annuel :

Pour la France et l'Algérie (*franco*)....................	20 fr.	»
Pour l'étranger (*id.*)......................	25 fr.	»
Les numéros ou articles se vendent séparément..........	4 fr.	»
Pour l'étranger (*id.*)....................	4 fr.	50

Pour les années écoulées, il n'est pas toujours possible de vendre des livraisons séparées.

Prix de chaque année écoulée prise séparément, pour la
France (*franco*)............................... 25 fr. »
Pour l'étranger (*franco*)........................... 30 fr. »

Les recouvrements sur la province étant très-onéreux pour des sommes au-dessous de 100 francs, et quelquefois impossibles pour certaines localités, nous prions instamment nos Abonnés de suivre le mode que nous leur indiquons :

On s'abonne en adressant (franco), à l'ordre de M. *Eugène LACROIX, propriétaire-gérant*, demeurant à *Paris*, 54, *rue des Saints-Pères*, un mandat sur la poste ou un effet à vue sur Paris de la somme de *VINGT FRANCS*. Les nouveaux abonnés qui prennent en même temps ou qui s'engagent à prendre dans un temps déterminé les années parues ne les payeront que VINGT FRANCS.

LES ABONNEMENTS PARTENT DU 1er JANVIER DE CHAQUE ANNÉE.

EXTRAIT DU CATALOGUE
De la Librairie scientifique, industrielle et agricole
Eugène Lacroix, — Imprimeur-Éditeur

~~~⚬⚬⚬~~~

Imprimerie Polytechnique de E. Lacroix, à Saint-Nicolas-de-Port (Meurthe).

www.ingramcontent.com/pod-product-compliance
Lightning Source LLC
Chambersburg PA
CBHW060521220326
41599CB00022B/3387